アナログ電子回路
－集積回路化時代の－　第2版

藤井信生 著

Ohmsha

本書を発行するにあたって，内容に誤りのないようできる限りの注意を払いましたが，本書の内容を適用した結果生じたこと，また，適用できなかった結果について，著者，出版社とも一切の責任を負いませんのでご了承ください．

本書は，「著作権法」によって，著作権等の権利が保護されている著作物です．本書の複製権・翻訳権・上映権・譲渡権・公衆送信権（送信可能化権を含む）は著作権者が保有しています．本書の全部または一部につき，無断で転載，複写複製，電子的装置への入力等をされると，著作権等の権利侵害となる場合があります．また，代行業者等の第三者によるスキャンやデジタル化は，たとえ個人や家庭内での利用であっても著作権法上認められておりませんので，ご注意ください．

本書の無断複写は，著作権法上の制限事項を除き，禁じられています．本書の複写複製を希望される場合は，そのつど事前に下記へ連絡して許諾を得てください．

出版者著作権管理機構
（電話 03-5244-5088，FAX 03-5244-5089，e-mail: info@jcopy.or.jp）

JCOPY <出版者著作権管理機構 委託出版物>

まえがき

　近代のエレクトロニクスの発達は著しく，その進路を予測することさえ困難である．このエレクトロニクスの中枢を成しているのが電子回路である．電子回路の発展の歴史は，それに使用される能動素子の歴史でもある．真空管の発明により，信号の増幅，発振が可能になった時点に端を発し，真空管からトランジスタへ，またトランジスタから集積回路（IC），大規模集積回路（LSI）へと変遷してきた過程をみると，その技術革新の速度は，指数関数的に増大している．このように急速な進歩，変革を遂げる電子回路を学ぶことは，極めて難しい事と思われがちであるが，その基礎となるべき事を十分理解しておくことにより，新しい素子，回路等に容易に対処することができる．

　電子回路には，特有の計算手法があり，特に目的の結果を効率的に得るための等価回路による考え方，適当な近似による計算の簡略化等は，本書で最も重点を置いた部分である．電子回路を学ぶ上での最大の難関は，等価回路の取り扱いであろう．等価回路を自由に操れるようになれば，電子回路に関してはほとんど修得したといっても過言ではない．しかし，これは簡単に教科書を読むだけで達成できるものではなく，数多くの演習問題や，実際の回路を自らの手により計算することによって，体得できるものである．その意味から，本書では実際の数値の入った演習問題を用意してあるので，ぜひ，自ら鉛筆と電卓を用いて解いてほしい．

　本書は10章より成っており，第1章は導入部分で，交流回路，電気回路の復習の章である．第2章は，トランジスタの動作原理を，できるだけ半導体物性理論を用いることなく，電子回路を学ぶ上で十分と思われる事項に絞り，平易に説明した．また等価回路の考え方について，多くのページを割いた．第3章はトランジスタを1本用いた基本増幅回路について，特に直流バイアスと信号成分の分離計算を中心として述べてある．複雑な電子回路も，基本的な回路の組合せにすぎず，この章は非常に重要な意味を持つ章である．第4章は，高周波でのトランジ

スタの動作について，その高周波等価回路の導出を中心にして述べた．

第5章以後は，第1～4章を基礎編とすれば，応用編に属する部分である．第5章は電子回路の安定化に欠くことのできない負帰還回路について，その効果を中心にして説明した．第6章は集積回路に用いられる基本的な回路について述べた．個別部品による回路とは異なり，集積回路では，特有の回路形式が使われている．それらの回路の考え方，特徴を述べ，第7章の演算増幅器回路への導入を行った．演算増幅器は，電子回路技術と半導体技術が，巧みに結合した部品で，これを使用することにより種々の機能を有する回路を，少数の部品で実現することができる．第7章では，演算増幅器の等価回路の考え方および，各種回路の構成原理について述べた．

第8章は，正弦波を発生する発振回路を中心にして述べ，各種の応用が考えられるPLLについても言及した．第9章は変復調回路を，その原理を中心にして説明した．

第10章は，電子回路の計算機による解析について，その概略を述べた．

本文中の，問という形の設問は，例題的な問題である．また章末の演習問題は，応用問題的なものとなっており，その中のいくつかは，本来本文中で説明すべき回路であるが，ページ数の関係上，演習問題としたものもある．解答は出来るだけ途中を省略せず述べてあるので，自分の解き方と比較してほしい．

本書は，トランジスタ2本程度の回路を読むことができ，また設計できることを目標としているが，最終的には演算増幅器による回路設計も，ある程度出来るようになることを望んでいる．電子回路に使用される素子等の値には，常識的な範囲があり，あまり特殊な値は使用できない．教科書は理論に偏る傾向があるが，できるだけ数値の入った例題，演習問題を取り入れているので，これらの常識的な値も身につけるようにしてほしい．

1984年1月

藤 井 信 生

第2版にあたって

　本書は1984年に昭晃堂より刊行され，その後2014年の昭晃堂廃業に伴いオーム社に引き継がれ発行されてきた．1984年に本書が刊行されて以来，改訂することなく35年が経過し，この間電子工学は著しく発展した．特に集積回路の分野では，ムーアの法則（18か月ごとに集積度が2倍になるという法則）にしたがって集積度は急速に向上し，電子機器の小型軽量化，高信頼性化に大きな進展をもたらした．特にディジタル回路は素子の微細化の恩恵を大いに受け，メモリ容量の増大，計算速度の向上が現在の高度なディジタル信号処理を支えている．

　一方，アナログ信号の処理を目的とする電子回路では，仕様が多彩で製品も少数多種の場合が多く，メモリのように均一の回路構造の繰り返しとは異なり微細化の恩恵は少ない．アナログ回路のようにエネルギーを扱う場合は，むしろ熱の問題等により素子にある程度のサイズが必要になる．そのため，アナログ回路の集積化はディジタル回路ほど進んではいない．

　35年にわたり印刷を繰り返してきた本書は，印刷原版のいたみが激しく早急に改訂をする必要が生じた．これを機に内容の見直しを行ったが，本書は進歩の激しい最先端技術は扱わず，アナログ電子回路を学習する上で必要な事項に内容を絞って記載しているため，35年経過した後でも大きな変更は不必要と思われる．しかし，アナログ電子回路の基礎を学習する上では不必要と思われる詳細な式の導出，複雑な等価回路の厳密な解析等，簡略化可能な部分も散見された．

　第2版を発行するにあたって，主に以下の修正を行った．第4章では，バイポーラトランジスタ高周波等価回路の導出過程を簡略化した．第6章の集積基本電子回路では，章題を集積化アナログ電子回路に変更し，アナログ電子回路を集積化する上での問題点を検討して，その解決法が差動増幅回路の導入につながることを説明した．第10章では，コンピュータによる回路解析について，PC上で動作する無料ソフトウェアによる解析例を示し，初学者も容易にコンピュータによる

回路解析の有効性を理解できるようにした．

　ディジタル信号処理全盛の時代にあっても，自然界から受ける種々の情報はアナログであり，これを処理するアナログ電子回路は，今後も信号処理の重要な役割を担い続けるであろうことを確信している．

　2019 年 9 月

藤 井 信 生

目　　次

まえがき …………………………………………………………………… iii
第2版にあたって ………………………………………………………… v

第1章　電子回路に必要な基礎

1・1　電源 ………………………………………………………………… 1
1・2　重ねの理 …………………………………………………………… 7
1・3　テブナンの定理 …………………………………………………… 8
1・4　電力比，電圧比，電流比の表し方 ……………………………… 9
1・5　周波数特性の表現 ………………………………………………… 11
　　　演習問題 …………………………………………………………… 15

第2章　トランジスタの動作と等価回路

2・1　真性半導体と不純物半導体 ……………………………………… 17
2・2　半導体中のキャリアの移動 ……………………………………… 21
2・3　pn接合とダイオード ……………………………………………… 25
2・4　バイポーラトランジスタの動作と特性 ………………………… 30
2・5　FETの動作と特性 ………………………………………………… 39
2・6　トランジスタの等価回路 ………………………………………… 43
　　　演習問題 …………………………………………………………… 50

第3章　小信号基本増幅回路

- 3・1　直流と交流の分離 …… 53
- 3・2　トランジスタのバイアス回路 …… 54
- 3・3　FETのバイアス回路 …… 62
- 3・4　増幅回路の特性を表す諸量 …… 64
- 3・5　トランジスタ基本増幅回路 …… 65
- 3・6　FET基本増幅回路 …… 73
- 3・7　基本増幅回路の縦続接続 …… 77
- 演習問題 …… 80

第4章　トランジスタの高周波等価回路と小信号増幅回路の周波数特性

- 4・1　トランジスタの高周波等価回路 …… 85
- 4・2　増幅回路のミラー効果 …… 89
- 4・3　ミラー効果を考慮した増幅回路の周波数特性 …… 89
- 4・4　多段増幅回路の周波数特性 …… 92
- 4・5　広帯域増幅回路 …… 95
- 演習問題 …… 96

第5章　負帰還増幅回路

- 5・1　負帰還の原理 …… 99
- 5・2　負帰還の効果 …… 101
- 5・3　負帰還の種類 …… 103
- 5・4　負帰還による入出力インピーダンスの変化 …… 104
- 5・5　負帰還回路の実際 …… 106
- 5・6　負帰還回路の安定性 …… 110
- 5・7　負帰還回路の位相補償 …… 112
- 演習問題 …… 113

第6章　集積化アナログ電子回路

- 6・1　アナログ電子回路を集積化する際の問題点 …………………… 117
- 6・2　差動増幅回路 ……………………………………………………… 119
- 6・3　直流電流源回路 …………………………………………………… 124
- 6・4　単一出力差動増幅回路 …………………………………………… 127
- 6・5　高利得増幅回路 …………………………………………………… 128
- 6・6　ダーリントン接続トランジスタ ………………………………… 129
- 6・7　直流増幅回路 ……………………………………………………… 131
- 6・8　乗算回路 …………………………………………………………… 137
- 6・9　大信号増幅回路 …………………………………………………… 138
- 6・10　集積回路の概要 …………………………………………………… 145
- 　演習問題 ……………………………………………………………… 149

第7章　演算増幅器回路

- 7・1　理想演算増幅器と等価回路 ……………………………………… 153
- 7・2　演算増幅器の基本回路 …………………………………………… 158
- 7・3　演算増幅器の線形演算回路への応用 …………………………… 162
- 7・4　演算増幅器の非線形演算回路への応用 ………………………… 166
- 7・5　演算増幅器の内部回路 …………………………………………… 173
- 　演習問題 ……………………………………………………………… 175

第8章　発振回路

- 8・1　発振回路の発振条件 ……………………………………………… 179
- 8・2　低周波 RC 発振回路 ……………………………………………… 180
- 8・3　高周波 LC 発振回路 ……………………………………………… 182
- 8・4　電圧制御発振回路とPLL ………………………………………… 188
- 　演習問題 ……………………………………………………………… 194

第9章 変復調回路

- 9・1 振幅変調回路 …………………………………… 197
- 9・2 振幅変調波の復調回路 …………………………… 202
- 9・3 周波数変調回路 …………………………………… 205
- 9・4 周波数変調波の復調回路 ………………………… 210
- 演習問題 ……………………………………………… 215

第10章 コンピュータによる電子回路解析の概要

- 10・1 コンピュータによる解析の意義 ……………… 217
- 10・2 回路解析手法の概要 …………………………… 218
- 10・3 コンピュータによる解析例 …………………… 220

問題解答 ………………………………………………… 224

索引 ……………………………………………………… 251

第 1 章
電子回路に必要な基礎

　電子回路の解析でよく使われる計算手法は，電気回路の場合とほとんど同じである．しかし，電子回路では，いかに効率よく求めるべき結果を得るかが重要で，このために近似計算，等価回路の考え方など電子回路特有の計算手法がある．本章では，電子回路の学習上特に有用と思われる事項について，電源，各種定理などを中心として，電気回路の復習をする．

1・1 電　源

　回路に電気エネルギーを供給する目的の装置を電源という．電源には電圧により電気エネルギーを供給する**電圧源**と，電流により電気エネルギーを供給する**電流源**がある．電流源は，各種電池や家庭内の 100 V の交流電源などで代表される電圧源と比較して，我々にあまり身近なものではないが，電子回路では電圧源と同様に非常に重要な電源である．

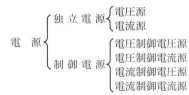

図 1・1　電源の分類

　電源は**図 1・1** のように分類することができる．

1・1・1　独　立　電　源
〔1〕 **電圧源**
　独立電圧源の代表例は，前述の各種電池や家庭内の 100 V の電源が挙げられる．前者は直流の独立電圧源，後者は交流の独立電圧源である．単に電源といえば，独立電源を指す場合が多い．**図 1・2**

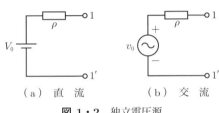

図 1・2　独立電圧源

に独立電圧源の記号を示す．図（a）が直流，図（b）が交流である[1]．交流の場合も電子回路では，位相を考慮する必要があるので，図に示すように電圧の正負を定めておくことにする[2]．

図 1·2 の電圧 V_0，v_0 を**起電力**といい，電源の端子 1–1′ 間を開放したときに現れる電圧である（これを電源の**開放電圧**という）．また，起電力と直列に接続されている抵抗 ρ を，電圧源の**内部抵抗**という．

図 1·3 のように電圧源（起電力 V_0，内部抵抗 ρ）に抵抗 R_L（**負荷抵抗**という）を接続したとき，R_L に取り出される電力 P_L を求めると

$$P_L = I^2 R_L$$
$$= \frac{R_L}{(\rho + R_L)^2} V_0^2 \qquad (1·1)$$

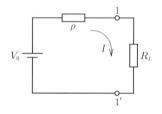

図 1·3　負荷抵抗を接続した電圧源

となる．P_L は R_L に対して**図 1·4** のような変化をし

$$R_L = \rho \qquad (1·2)$$

のとき，P_L は最大値 $P_{\max}$ となる．このとき $P_{\max}$ の値は

$$P_{\max} = \frac{V_0^2}{4\rho} \qquad (1·3)$$

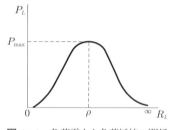

図 1·4　負荷電力と負荷抵抗の関係

である．

式（1·3）の $P_{\max}$ は，その電圧源が負荷に供給可能な最大の電力を表し，これを電源の**有能電力**という．また，最大の電力を取り出すために，負荷抵抗を電源の内部抵抗の値に一致させることを，**インピーダンス整合**という．

〔2〕 電流源

図 1·2 の電圧源は，その電源の流すことのできる最大の電流を用いて表現することもできる．起電力 V_0，内部抵抗 ρ の電圧源の最大電流 I_0 は，電源を短絡したときの電流であるから

---

1) 本書では原則として直流の電圧電流は大文字で，また交流は小文字で表し，また交流電圧電流の複素表示も混同の恐れがない限り，小文字をそのまま使用することにする．
2) ある時刻における電流の向きを指定しておくと，次の時刻に電圧の正負が変化しても，電圧を負の値と考えればよい．

$$I_0 = \frac{V_0}{\rho} \tag{1・4}$$

である．この電流を用いて**図 1·5**のように表現した電源を**電流源**という．ここで矢印の付いている記号は，矢印の方向に電流 I_0 または i_0 を，まわりの回路の状態に無関係に流すという記号である．

電圧源と同様に，抵抗 ρ を内部抵抗という．この場合内部抵抗は，図 1·5 のように電源の端子 1–1′ に並列に入ることに注意しておく必要がある．

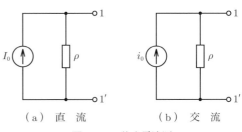

図 1·5 独立電流源

〔3〕 **電圧源と電流源の等価性**

図 1·5（a）の電流源に，**図 1·6** のように負荷抵抗 R_L を接続し，R_L の電力 P_L を求めると

$$\begin{aligned}P_L &= I^2 R_L \\ &= \frac{\rho^2 R_L}{(\rho + R_L)^2} I_0{}^2\end{aligned} \tag{1・5}$$

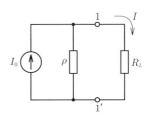

図 1·6 負荷抵抗を接続した電流源

となる．式 (1·4) を式 (1·5) に代入すると，式 (1·5) は，式 (1·1) と同一となる．すなわち，図 1·3 の電圧源と，図 1·6 の電流源は任意の負荷抵抗 R_L に対して，同じ働きをしている．このような電圧源と電流源は互いに等価であるという．

一般に**図 1·7**（a）の電圧源と，（b）の電流源は，次の関係が成立するとき互いに等価となる．

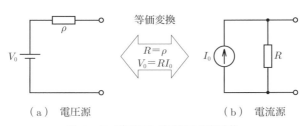

図 1·7 電圧源と電流源の等価変換

$$\left.\begin{array}{l}R = \rho \\ V_0 = RI_0\end{array}\right\} \quad (1\cdot 6)$$

【問 1・1】 起電力 10 V,内部抵抗 10 Ω の電圧源を電流源に変換せよ.

〔4〕 理 想 電 源

電圧源の有能電力は,式 (1·3) で与えられるように,内部抵抗 ρ で制限される. $\rho = 0$ とすると,有能電力は無限大となり,電圧源からいくらでも電力を取り出すことができる.このような電圧源を**理想電圧源**という.

また電流源では,内部抵抗が無限大のとき取り出し得る電力が無限大となる.これを**理想電流源**という.**図 1·8** に理想電源の記号を示す.理想電源は次のような性質を有している.

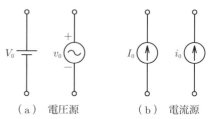

(a) 電圧源　　(b) 電流源

図 1・8　理 想 電 源

(1) 理想電圧源は接続される負荷の大小に無関係に一定の電圧を供給する.
(2) 理想電流源は接続される負荷の大小に無関係に一定の電流を供給する.
(3) 電圧が零の理想電圧源は短絡と等価である(**図 1·9**(a)).
(4) 電流が零の理想電流源は開放と等価である(図 1·9(b)).
(5) 理想電源は互いに等価変換できない.

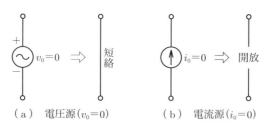

(a) 電圧源($v_0=0$)　　(b) 電流源($i_0=0$)

図 1・9　理想電源の一性質

【問 1・2】 理想電源はなぜ等価変換できないか考えてみよ.

1・1・2　制 御 電 源

理想独立電圧源の電圧および理想独立電流源の電流は,まわりに接続される回路に無関係で,その電源固有の値であった.これに対し,電源の電圧や電流の値

が，回路のある部分の電圧や電流の大きさによって制御される電源を**制御電源**[3]という．制御電源には，制御する量が電圧であるか電流であるか，また制御される電源が電圧源か電流源かにより，図 1·1 に示すように 4 種類考えられる．

表 1·1 にこれら 4 種類の制御電源の記号を示す．表に示すように，制御電源は制御する量を加える入力端子 1–1′ と，電源の出力端子 2–2′ を有する 4 端子回路である．

表 1·1 制御電源の記号

		電源の種別	
		電圧源	電流源
制御する量	電圧	電圧制御電圧源 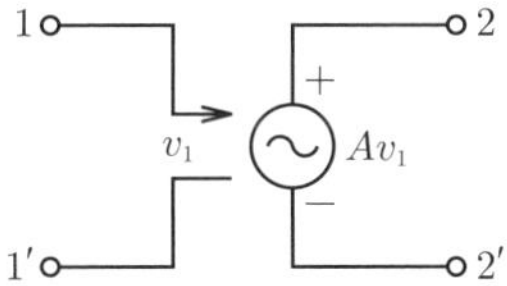 Av_1	電圧制御電流源 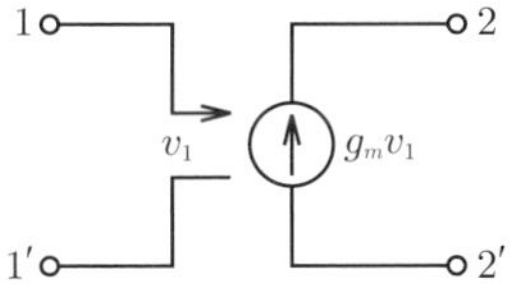 $g_m v_1$
	電流	電流制御電圧源 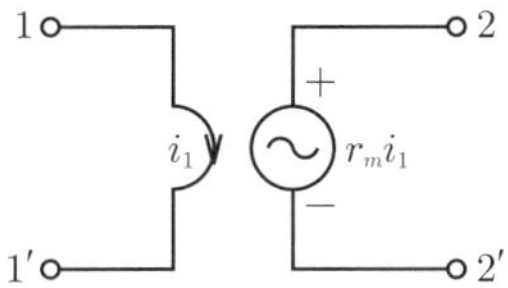 $r_m i_1$	電流制御電流源 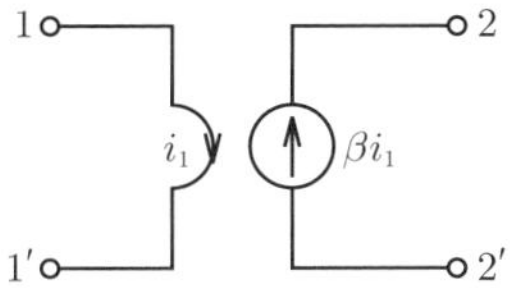 βi_1

〔1〕 **電圧制御電圧源**

出力端子の電圧が，入力端子に加えられた電圧 v_1 によって決定される電圧源で，A は比例定数である．この場合 1–1′ 間は電圧が加えられても電流は流れない．すなわち入力端子間のインピーダンスは無限大である．

〔2〕 **電圧制御電流源**

出力端子の電流が入力端子に加えられた電圧 v_1 によって決定される電流源で，g_m は〔S〕の単位をもつ定数であり，**相互コンダクタンス**と呼ばれる．この場合も電圧制御電圧源と同様，入力端子のインピーダンスは無限大で，1–1′ 間には電

---

[3] 制御電源を**従属電源**と呼ぶ場合もある．

流が流れない．

〔3〕 **電流制御電圧源**

出力端子の電圧が，入力端子間に流れる電流 i_1 によって決定される電圧源で，r_m は〔Ω〕の単位をもつ定数であり，相互抵抗と呼ばれる．1–1′ 間には電流 i_1 は流れるが，短絡されているため，入力端子間の電圧は常に零である．すなわち，入力端子間のインピーダンスは零となる．

〔4〕 **電流制御電流源**

出力端子の電流が，入力端子間に流れる電流によって決定される電流源で，β は比例定数である．この場合も，電流制御電圧源と同様に，入力端子間のインピーダンスは零で，1–1′ 間の電圧は零である．

〔5〕 **制御電源による増幅作用の表現**

制御電源の重要な働きの一つに増幅作用の表現がある．例えば電圧制御電圧源は $A>1$ とすると，電圧制御電圧源だけで電圧の増幅作用を表している．その他の制御電源も増幅作用を表すことができる．図 1·10 は電圧制御電流源を用いた回路である．この回路について次式が成立する．

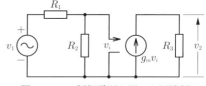

図 1·10　制御電源を用いた回路例

$$v_2 = g_m R_3 v_i \tag{1·7}$$

$$v_i = \frac{R_2}{R_1 + R_2} v_1 \tag{1·8}$$

式 (1·7)，(1·8) より v_i を消去すると

$$v_2 = \frac{g_m R_2 R_3}{R_1 + R_2} v_1 \tag{1·9}$$

となり，$\dfrac{g_m R_2 R_3}{R_1 + R_2} > 1$ となるよう各素子値を選ぶことにより，図 1·10 は電圧を増幅することができる．

このように，制御電源は電圧，電流や電力を増幅する作用を表現でき，後章で学ぶトランジスタ等の増幅素子や，増幅器を等価的に書き表す際に使用される．

【問 1·3】 電流制御電流源を用いて，電圧の増幅ができる回路を考えてみよ．

1・2 重ねの理

抵抗，コンデンサ，コイル等の線形素子[4]だけで構成されている回路（**線形回路**という）について，次の**重ねの理**が成立する．

「多数の電源を含む線形回路の電圧または電流は，個々の電源が単独に存在している場合の電圧または電流の和である．ただし考慮していない電圧源は短絡，電流源は開放するものとする．」

例えば**図 1・11**（a）は，電圧源と電流源を含む回路である．この回路のインピーダンス Z_L の電流 i_L は，図（b），（c），（d）のそれぞれの電流の和として求められる．すなわち

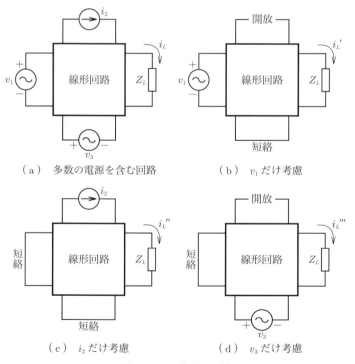

（a）多数の電源を含む回路　　（b）v_1 だけ考慮

（c）i_2 だけ考慮　　（d）v_3 だけ考慮

図 1・11　重ねの理

---

4) 素子の電圧と電流の関係が比例関係にある素子．

$$i_L = i_L' + i_L'' + i_L''' \tag{1・10}$$

となる．

トランジスタやダイオード等の非線形な素子が含まれる場合には，一般には成立しないが，後章で述べるように，ある一定の条件のもとでは，トランジスタやダイオード等の非線形素子も，線形素子とみなすことができ，重ねの理を使うことができる．

1・3 テブナンの定理

線形回路中のあるインピーダンスを流れる電流を求める際に便利な計算手法がある．図 1·12（a）のような線形回路のあるインピーダンス Z_L を流れる電流 i_L は

$$i_L = \frac{v_0}{Z_0 + Z_L} \tag{1・11}$$

で求められる．これをテブナンの定理[5]という．ただし v_0 は，図 1·12（b）のように，インピーダンス Z_L を取り除いたときに，a–a′ 間に現れる電圧であり，また Z_0 は，図 1·12（c）のように電圧源を短絡，電流源を開放して，a–a′ 間より回路を見たインピーダンスである．

式（1·11）は，図 1·13 のインピーダンス Z_L を流れる電流と全く同一の式である．したがって，図 1·12（a）の a–a′ より左側は，図 1·13 のように，内部インピーダンス Z_0，起電力 v_0 をもつ電圧源と等価となる．図 1·13

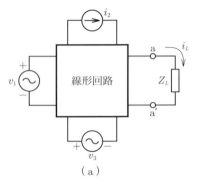
(a)

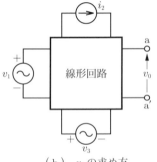
(b) v_0 の求め方

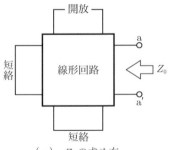
(c) Z_0 の求め方

図 1・12 テブナンの定理

---

[5] 鳳–テブナンの定理とよばれる場合もあるが，本書では，テブナンの定理と呼ぶことにする．

を図1·12（a）の**等価電源表示**という．テブナンの定理は，このような等価電源を求める定理でもあり，別名，**等価電源定理**とも呼ばれる．

図1·13の電圧源を1·1·1項（3）で述べた方法により電流源に変換して表示することもできる．

【**問1·4**】 図1·13の電流源表示はどのようになるか．

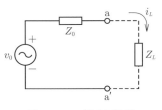

図 1·13 等 価 電 源

1·4　電力比，電圧比，電流比の表し方

電子回路では，二つの同じ単位をもつ量の比が良く用いられる．例えば電圧を増幅する目的の増幅器では，入力に加えた電圧と，出力に出てくる電圧の比を，その増幅器の増幅度として使う．このような場合，電圧などの比は0に近い小さな値から10^6以上の大きな値まで，非常に幅広い値を取り扱う必要がある．広い数値の範囲を効率良く表す手段として，対数を用いる方法があり，次のように定義されるデシベル〔dB〕という単位が，電子回路では使われる．

（**1**）　**電力比**：$\dfrac{P_2}{P_1}$

$$A_P \text{〔dB〕} = 10 \log \frac{P_2}{P_1} \tag{1·12}$$

（**2**）　**電圧比**：$\dfrac{V_2}{V_1}$

$$A_V \text{〔dB〕} = 20 \log \left| \frac{V_2}{V_1} \right| \tag{1·13}$$

（**3**）　**電流比**：$\dfrac{I_2}{I_1}$

$$A_I \text{〔dB〕} = 20 \log \left| \frac{I_2}{I_1} \right| \tag{1·14}$$

デシベルで表された量は，対数の数学的な性質をそのまま受け継いでいる．いくつかの有用な性質を次に示す．

(a) 積の計算

例えば，$G = \dfrac{V_2}{V_1} \cdot \dfrac{V_4}{V_3} \cdot \dfrac{V_6}{V_5} \cdots\cdots$ のように電圧比などの積で表されている量は，デシベルで表示すると

$$A = 20\log|G| = 20\log\left(\left|\dfrac{V_2}{V_1}\right| \cdot \left|\dfrac{V_4}{V_3}\right| \cdot \left|\dfrac{V_6}{V_5}\right| \cdots\cdots\right)$$

$$= 20\log\left|\dfrac{V_2}{V_1}\right| + 20\log\left|\dfrac{V_4}{V_3}\right| + 20\log\left|\dfrac{V_6}{V_5}\right| + \cdots\cdots \qquad (1\cdot15)$$

のように，項ごとにデシベルで表し，和を求めることにより，全体のデシベル表示が得られる．

(b) 逆数の計算

$A = 20\log\left|\dfrac{V_2}{V_1}\right|$ の値がわかっているとき，$\left|\dfrac{V_1}{V_2}\right|$ のデシベル表示 A' は

$$A' = 20\log\left|\dfrac{V_1}{V_2}\right| = 20\log\left(\left|\dfrac{V_2}{V_1}\right|\right)^{-1}$$

$$= -20\log\left|\dfrac{V_2}{V_1}\right| = -A \, [\mathrm{dB}] \qquad (1\cdot16)$$

と，もとのデシベル表示に負号をつけるだけで求めることができる．

(c) 割り算

(a) と (b) の性質を用いると

$$A = 20\log\left(\left|\dfrac{V_2}{V_1}\right| \Big/ \left|\dfrac{V_4}{V_3}\right|\right) \qquad (1\cdot17)$$

のような割算は

$$A = 20\log\left|\dfrac{V_2}{V_1}\right| - 20\log\left|\dfrac{V_4}{V_3}\right| \qquad (1\cdot18)$$

のように，それぞれのデシベル量の引き算として求めることができる．

電圧比，電流比をデシベルで表す場合には，これらの比の絶対値の対数を求めるため，電圧，電流の位相角の情報が全く失われてしまうことに注意が必要である．例えば，-100 倍の電圧比と，100 倍の電圧比は，ともにデシベルで表すと $40\,\mathrm{dB}$ となり，前者の負号は表示できない．

【問 1・5】 $20\log 2 = 6.0\,\mathrm{dB}$，$20\log 3 = 9.5\,\mathrm{dB}$，$20\log 10 = 20\,\mathrm{dB}$ が与えられているとき，$20\log 6$，$20\log 5$，$20\log 15$ を求めよ．

1・5 周波数特性の表現

1・5・1 電圧比,電流比の周波数特性

コンデンサやコイルなどを含む回路では,一般に回路中の電圧や電流は,周波数によって,その大きさと位相角が変化する.このような場合,回路中の任意の二つの電圧の比,または電流の比もまた周波数の関数となる.すなわち,交流を複素表示すると

$$電圧比: K_v(j\omega) = \frac{v_j}{v_i} \tag{1・19}$$

$$電流比: K_i(j\omega) = \frac{i_j}{i_i} \tag{1・20}$$

のように,電圧比,電流比は複素数で表示される.

複素数はその振幅と位相角で表すこともでき

$$K_v(j\omega) = |K_v(j\omega)|\angle\theta_v(\omega) \tag{1・21}$$

$$K_i(j\omega) = |K_i(j\omega)|\angle\theta_i(\omega) \tag{1・22}$$

と書くことができる.$K_v(j\omega)$,$K_i(j\omega)$ の周波数を変えた場合の特性は,その振幅 $|K_v(j\omega)|$,$|K_i(j\omega)|$ と位相角 $\theta_v(\omega)$,$\theta_i(\omega)$ をそれぞれ周波数に対して描くことによって表すことができる.

振幅は前節で学んだデシベルで表示し,また位相角は角度(度(°),またはラジアン(rad))で表して,**図1・14** のようなグラフを描くことにより,周波数特性の様子を調べる方法が電子回路ではよく使われる.このとき,グラフの横軸(周波数軸)も対数目盛とすることが多い.

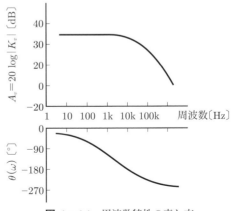

図 1・14 周波数特性の表し方

1・5・2 RC 回路の周波数特性

電圧比の周波数特性の例として,RC

回路の周波数特性を調べてみよう．**図 1·15** に示す抵抗 1 個とコンデンサ 1 個により構成される回路の電圧比 $K_v(j\omega)$ は，次のようになる．

$$K_v(j\omega) = \frac{v_2}{v_1} = \frac{1}{1+j\omega CR} \quad (1 \cdot 23)$$

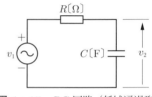

図 1·15　RC 回路（低域通過形）

振幅と位相角で表すと

$$|K_v(j\omega)| = \frac{1}{\sqrt{1+\omega^2 C^2 R^2}} \quad (1 \cdot 24)$$

$$\theta(\omega) = -\tan^{-1}\omega CR \quad (1 \cdot 25)$$

となる．式 (1·24) をデシベル表示すると

$$\begin{aligned} A_v &= 20\log|K_v(j\omega)| \\ &= -20\log\sqrt{1+\omega^2 C^2 R^2} \end{aligned} \quad (1 \cdot 26)$$

である．式 (1·26) を次の 3 領域に分けて考える．
 （a）　$\omega CR \ll 1$
 （b）　$\omega CR \gg 1$
 （c）　$\omega CR = 1$
（a）の周波数範囲では，式 (1·26) は

$$A_v = -20\log 1 = 0\,\mathrm{dB} \quad (1 \cdot 27)$$

となり，A_v は一定値となる．また（b）の周波数範囲では

$$A_v = -20\log\omega CR \quad (1 \cdot 28)$$

となる．式 (1·28) は，周波数が 10 倍になるごとに A_v は 20 dB ずつ減少する特性（または，周波数が 2 倍になるごとに A_v が 6 dB ずつ減少する特性）となる．（c）の周波数では

$$\begin{aligned} A_v &= -20\log\sqrt{2} \\ &= -3.0\,\mathrm{dB} \end{aligned} \quad (1 \cdot 29)$$

となり，（a）の周波数範囲の電圧比より 3 dB 低下する．

以上をグラフに表すと，式 (1·27) および式 (1·28) の特性は，**図 1·16** (a) の点線で示す折れ線となる．実際の特性は，この折れ線の折れ点 ($\omega CR = 1$) で，電圧比が 3 dB 低下し，$\omega CR \ll 1$ および $\omega CR \gg 1$ では，折れ線に漸近する特性となる．

一方，位相の特性は，同図 (b) に示すように $0° \sim -90°$ まで変化し，$\omega CR = 1$ では $-45°$ の位相となる．

次に**図 1·17** のように抵抗とコンデンサを入れ換えた回路の特性を調べてみよう．

電圧比は

$$K_v(j\omega) = \frac{j\omega CR}{1 + j\omega CR} \tag{1·30}$$

であるから

$$|K_v(j\omega)| = \frac{\omega CR}{\sqrt{1 + \omega^2 C^2 R^2}} \tag{1·31}$$

$$\theta(\omega) = \tan^{-1}\frac{1}{\omega CR} \tag{1·32}$$

となり，これらの特性は図 1·16 の場合と同様に 2 本の折れ線で近似でき，**図 1·18** のような特性となる．

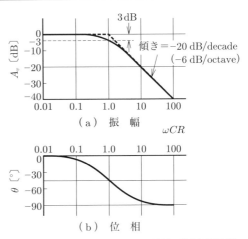

図 1·16 RC 回路の周波数特性（低域通過形）

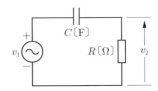

図 1·17 RC 回路（高域通過形）

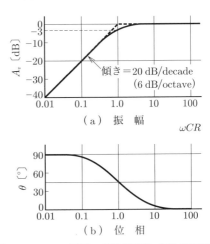

図 1·18 RC 回路の周波数特性（高域通過形）

1·5·3 複雑な RC 回路の特性

一般に RC 回路の電圧比は，次のように表すことができる．

$$K_v(j\omega) = \frac{(j\omega + \omega_{z1})(j\omega + \omega_{z2})\cdots\cdots(j\omega + \omega_{zm})}{(j\omega + \omega_{p1})(j\omega + \omega_{p2})\cdots\cdots(j\omega + \omega_{pn})} \quad (1\cdot33)$$

ただし，$\omega_{zi} \geq 0$，$\omega_{pi} > 0$，$m \leq n$

である．図1·15 は $m = 0$, $n = 1$, 図1·17 は $m = n = 1$ の例である．式 (1·33) の振幅特性は，デシベルで表すと

$$A_i = 20 \log \omega_i \sqrt{1 + \left(\frac{\omega}{\omega_i}\right)^2} \quad (1\cdot34)$$

$(\omega_i = \omega_{zi}$ または $\omega_{pi})$

で表される各項の和または差となる．式 (1·34) は，式 (1·26) と同様に折れ線で近似できる．したがって，式 (1·33) の振幅特性は，複数個の折れ線で近似することができる．

例えば

$$K_v(j\omega) = \frac{(j\omega + \omega_{z1})}{(j\omega + \omega_{p1})(j\omega + \omega_{p2})} \quad (1\cdot35)$$

$\omega_{p1} \ll \omega_{z1} \ll \omega_{p2}$

を折れ線で近似すると，**図1·19** の点線が得られる．実際の特性は実線で示す特性である．

このように，RC 回路では，折れ線を用いることにより，容易にその振幅特性の概形を描くことができる．

【問 1·6】 図1·19の折れ線を式(1·35)より求めてみよ．

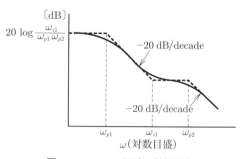

図 1·19 RC 回路の特性近似

演 習 問 題

1・1 図 1・20 に示す複素内部インピーダンス Z_1 を持つ交流電圧源より，最大の電力を取り出すための負荷 Z_2 の条件を求めよ．

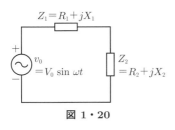
図 1・20

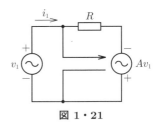
図 1・21

1・2 図 1・21 の回路で，i_1 と v_1 の比 i_1/v_1 を求めよ．また $A = -2$ としたとき，i_1/v_1 はどうなるか．

1・3 重ねの理を用いて，図 1・22 の v_2 を求めよ．

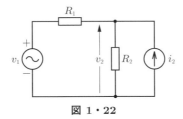
図 1・22

1・4 図 1・23（a）の回路を図（b）のように表したい．R, V の値を求めよ．

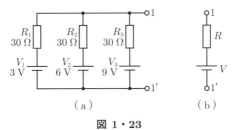
図 1・23

1・5 **図 1・24** の電圧 V_2 の値を，テブナンの定理により求めよ（**ヒント** a–a′ および b–b′ で，それぞれテブナンの等価電源定理を用いよ）．

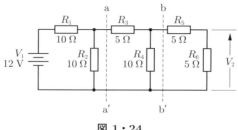

図 1・24

1・6 **図 1・25** に示す RC 回路の電圧比 $K_v = \dfrac{v_2}{v_1}$ の振幅特性を折れ線近似で求めよ．

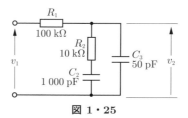

図 1・25

1・7 **図 1・26** の 1–1′ よりみたインピーダンス $Z_i = \dfrac{v_1}{i_1}$ を求めよ．

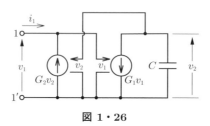

図 1・26

第2章
トランジスタの動作と等価回路

　電子回路のもっとも重要な目的に電気信号の増幅がある．抵抗，コンデンサ，コイルは受動素子と呼ばれ，電気信号を増幅する働きはない．電気信号を増幅するには能動素子を必要とする．能動素子には，1960年代ごろまでは主として真空管が使用されていたが，その後トランジスタと呼ばれる小形，軽量の能動素子が，次第にその主流を占めるようになり，現在では，真空管は特殊な場合を除き，ほとんど使用されていない．本章ではトランジスタの動作原理とその等価回路を中心として，増幅とは何かの基礎概念を述べる．

　トランジスタの動作を厳密に学ぶには，半導体物理についての知識を必要とするが，本書では，トランジスタを使うという立場から，電子回路の設計・解析に十分であろうと思われる程度の説明にとどめることにする．

2・1 真性半導体と不純物半導体

　金属のように電気を良く通す物質を**導体**といい，また，ガラスやゴム等電気をほとんど通さない物質を**絶縁体**という．この両者の中間の電気伝導度を有する物質が**半導体**であり，トランジスタの材料に使われるゲルマニウム（Ge）やシリコン（Si）は半導体の一種である．

2・1・1　真性半導体の性質

　不純物の入っていない純粋の半導体を真性半導体という．ゲルマニウムやシリコンは，周期表の14族に属する元素で，**図2・1**のように原子核を回っている電子の最も外側の軌道（これを最外殻という）の電子（価電子）の数は4個である．このような元素は，結晶を構成するとき，共有結

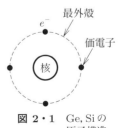

図2・1　Ge, Siの原子構造モデル

合と呼ばれる結合で互いに原子どうしが結合する．

安定な結晶は最外殻の電子数が8個の場合で，平面的なモデルで表すと，**図2·2**のように，互いに隣り合った原子が価電子を共有して，みかけ上最外殻電子の数が8個であるような結合をしている．ゲルマニウムやシリコンはこのような結晶構造となっている．

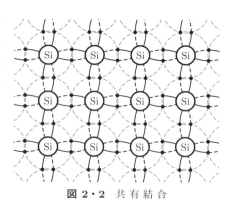

図 2・2 共 有 結 合

外部よりエネルギーを結晶に与えない限り，最外殻電子は原子核との結び付きを切ることができないため，シリコンやゲルマニウムの結晶には電流は流れない．

共有結合を行っているシリコンやゲルマニウムの結晶に，外部より温度，光，電界などによりエネルギーを与えると，最外殻の電子は原子核との結び付きを離れ，自由に結晶内を移動できるようになる．このように原子核の束縛を離れた電子を**自由電子**という．自由電子が抜け出た跡には，**図2·3**に示すように，正の電荷を帯びた穴が残る．これを**正孔**（**ホール**）という．

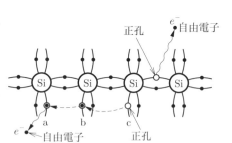

図 2・3 自由電子と正孔の発生

正孔は自由電子と異なり，それ自体は移動することができないが，図2·3のa点の正孔にb点より電子が移り，さらにb点の正孔にc点より電子が移るという方法により，あたかも正孔自体がa点よりb点へ，そしてさらにc点へ移ったように見える．このように正の電荷を持った正孔も，外部から見ると移動しているように見える．正孔の移動は電子が次々に移ることによるため，自由電子の移動に比較して，動く速度が遅い．

半導体では，負の電荷を持つ自由電子と正の電荷を持つ正孔が移動することによって電流が流れる．電荷を運ぶものという意味で，自由電子と正孔を総称して**キャリア**と呼ぶ．真性半導体では，以上の説明からわかるように，自由電子の数 n_i と，正孔の数 p_i は同一である．すなわち

$$n_i = p_i \tag{2・1}$$

である．

　自由電子と正孔は互いに逆の電荷を持っているため，両者が出合うと再び結合して消滅する．これをキャリアの**再結合**という．外部より一定のエネルギーが加えられている半導体では，キャリアの発生と再結合が常に行われており，統計的にみるとある一定のキャリアが常に半導体内に存在しているようにみえる．熱的平衡状態のもとでは，真性半導体中のキャリアの数は，フェルミ・ディラックの分布則より

$$n_i = p_i \approx 4.8 \times 10^{21} T^{\frac{3}{2}} e^{-\frac{E_G}{2kT}} \quad \text{〔個/m}^3\text{〕} \tag{2・2}$$

で与えられる．ただし，T：絶対温度，k：ボルツマン定数，E_G は半導体特有の定数で，シリコンの場合 $E_G = 1.1\,\text{eV}$，ゲルマニウムの場合 $E_G = 0.7\,\text{eV}$ である．
　式(2・2)より，半導体は温度に対して非常に敏感な材料であることがわかる．

2・1・2　不純物半導体

　真性半導体では常に自由電子の数と正孔の数は同一であるが，外部より真性半導体に特定の元素を混入することにより，自由電子または正孔のいずれか一方のキャリアを，他方のキャリアより人為的に多くすることができる．このような半導体を不純物半導体という．いずれのキャリアが多いかにより，n形半導体とp形半導体がある．

〔1〕　n形半導体

　周期表の15族の元素，例えばリン（P），ひ素（As），アンチモン（Sb）などを，ゲルマニウムやシリコンに微少量加えて結晶を作ると，これらの15族の元素は，14族の元素と性質が似ているため，結晶構造を乱すことなくゲルマニウムやシリコンの原子と入れ替わって結晶を構成する．

　15族の元素の原子は，図 2・4 に示すように5個の価電子を持っている．そのため，図 2・5 に示すように共有結合の際，価電子が1個余ってしまう．この余った価電子は外部からのわずかなエネルギーにより，容易に原子核

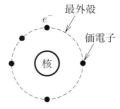

図 2・4　15族の元素の価電子

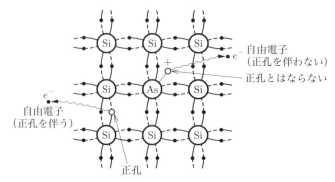

図 2・5 15族の元素が混入された結晶

からの束縛を離れ自由電子となる．この場合，価電子の抜けた跡には正の電荷が残るが，近くの電子を取り込むことはできないため正孔とはならない．15族の元素の原子1個当たり1個の自由電子が発生し，さらに真性半導体の場合と同様に，共有結合を構成している電子が抜け出し，自由電子と正孔が発生するから，このような半導体では，自由電子の数の方が正孔の数より非常に多くなる．

15族の元素を混入し，自由電子の数を正孔の数より人為的に多くした半導体をn形半導体という．このとき混入する15族の元素を**ドナー**という．また数の多い方のキャリアを**多数キャリア**，少ない方を**少数キャリア**という．

混入するドナーの量を増すと，n形半導体中の自由電子は増加する．一方，少数キャリアである正孔は，自由電子の増加とともに，再結合の確率が増し，その数は逆に減少する．自由電子の数を n_n，正孔の数を p_n とすると

$$n_n \cdot p_n = n_i^2 \tag{2・3}$$

という関係がある．ただし n_i は式（2・2）で与えられ，ドナーを混入する前の真性半導体のキャリアの数である．上式より，n形半導体では，自由電子が増加した分だけ，正孔が減少し，その積は熱的平衡状態では常に一定となる．

〔2〕 p形半導体

周期表の13族の元素，例えばアルミニウム（Al），ガリウム（Ga），インジウム（In）は，**図 2・6** に示すように3個の価電子を有している．13族の元素も14族の

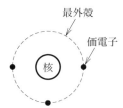

図 2・6 13族の元素の価電子

ゲルマニウムやシリコンと性質が類似しているため，これを微量混入した結晶は，図 2・7 に示すように共有結合を構成する．このとき，価電子が 1 個不足するため，他の原子より価電子を取り込む．この価電子の抜けた跡は正孔となるが，この正孔は自由電子の発生を伴わない．

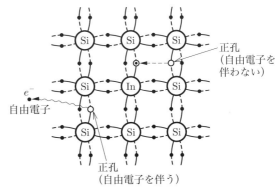

図 2・7 13 族の元素が混入された結晶

このように，13 族の元素が混入された半導体では，正孔の数が自由電子の数に比較して多くなる．この半導体を p 形半導体という．p 形半導体では，多数キャリアは正孔で少数キャリアは自由電子である．p 形半導体を作るために混入する 13 族の元素を**アクセプタ**と呼ぶ．

n 形半導体の場合と同様に，p 形半導体でもキャリアの総数は混入したアクセプタの数だけ増加するのではなく，再結合により少数キャリアの自由電子が減少し

$$p_p \cdot n_p = n_i^2 \qquad (2 \cdot 4)$$

の関係がある．ただし，p_p は正孔の数，n_p は自由電子の数である．

2・2　半導体中のキャリアの移動

半導体中の電気伝導は，キャリアが移動することによって行われる．このキャリアの移動は，電界によってキャリアが受ける力によるものと，キャリアの濃度差によるものの 2 種類がある．

2・2・1　電界によるキャリアのドリフト

電荷 q をもつキャリアが，E〔V/m〕の電界中に置かれている場合，キャリアは電界により速度 v〔m/s〕で移動する．このとき

$$v = \mu E \qquad (2 \cdot 5)$$

という関係が成立する．ここで μ はキャリアの動きやすさを表す定数で，キャリアの**移動度**といい，$[m^2/(V \cdot s)]$ の単位を持つ．電流は単位時間に移動した電荷の量であるから

$$i = qv = q\mu E \tag{2・6}$$

となる．いま，**図2・8**のように断面積 $A[m^2]$，長さ $l[m]$，キャリア濃度 $n[個/m^3]$ の半導体に直流電圧 $V[V]$ をかけた場合を考えてみよう．電流 I は，式 (2・6) を用いて

$$I = Anqv = Anq\mu E \tag{2・7}$$

となる．

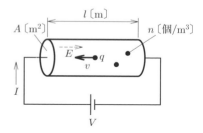

図2・8 半導体のドリフト電流

$$\sigma = nq\mu \tag{2・8}$$

と表し，σ をその半導体の**導電率**という．電界 E は

$$E = \frac{V}{l} \tag{2・9}$$

であるから，式 (2・7) は

$$I = \sigma \frac{A}{l} V \tag{2・10}$$

となり，電流が電圧に比例する関係，すなわちオームの法則に従う電圧電流関係が得られる．

半導体中には，自由電子と正孔の二種のキャリアが存在するから，それぞれのキャリア濃度を n, p, また移動度を μ_n, μ_p とすると

$$\begin{aligned} I &= I_n + I_p \\ &= Aq(n\mu_n + p\mu_p)E \end{aligned} \tag{2・11}$$

となる．ただし I_n は自由電子による電流，I_p は正孔による電流である．

正孔の移動は 2・1・1 項で述べたように，電子の移動とは異なり，同一電界のもとでは正孔の移動の方が遅い．したがって移動度も μ_p の方が μ_n より小さくなる．

2・2・2 キャリアの濃度差による拡散

半導体の一部に外部よりエネルギーを与えたり，あるいは電界をかけるようなことがなければ，半導体中のキャリアの分布は均一になる性質がある．図2·9のように，半導体の一部に集中的にキャリアを発生させたり，外部よりキャリアを送り込むと，このキャリアは次第に半導体中を広がり，十分時間が経過した後には図（c）のようにキャリアは一様に分布する．このような現象をキャリアの拡散という．

拡散により単位時間に移動するキャリアの密度 J は，キャリアの濃度勾配に比例し，次のように表される．

$$J = -D\frac{dn(x)}{dx} \quad (2・12)$$

ここで，比例定数 D〔m^2/s〕を**拡散定数**という．この拡散による電流は，式(2·12)にキャリアの電荷を乗じて得られる．

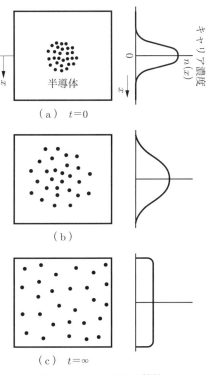

図2・9 キャリアの拡散

2・2・3 注入された少数キャリアの拡散

図2·10に示すように，n形半導体の一端に何らかの方法により，正孔を多数注入した場合を考えてみよう．

この正孔は x 方向に拡散するが，その際n形半導体中の多数キャリアである自由電子と再結合して消滅する．正孔の注入量を一定とすると，定常状態では図（b）に示すように，正孔濃度は $x=0$ で注入量 $p(0)$，$x=\infty$ でn形半導体の正孔濃度 p_n となるような分布をする．

いま，断面積が単位面積である半導体の $x=x$ と，$x+dx$ の微小な区間を考えると，この区間内で単位時間に再結合により失われる正孔の数 $-\frac{\partial p}{\partial t}dx$ は，$p(x)-p_n$

に比例し

$$\frac{\partial p}{\partial t}dx = \frac{p(x) - p_n}{\tau_p}dx \tag{2・13}$$

と表される.ただし $p(x)$ は x での正孔濃度,また定数 τ_p をキャリア(正孔)の**生存時間**という.

一方,拡散による正孔の流入,流出の差により,この区間内に単位時間に蓄積される正孔の数は

$$\begin{aligned}\frac{\partial p}{\partial t}dx &= -D_p\frac{\partial p(x)}{\partial x} \\ &\quad - \left\{-D_p\frac{\partial p(x)}{\partial x} + \frac{\partial}{\partial x}\left(-D_p\frac{\partial p(x)}{\partial x}\right)dx\right\} \\ &= D_p\frac{\partial^2 p(x)}{\partial x^2}dx\end{aligned} \tag{2・14}$$

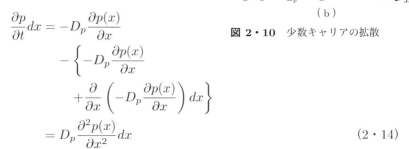

図 2・10 少数キャリアの拡散

となる.ただし,D_p は正孔の拡散定数である.

定常状態では,式 (2・14) で表される正孔数は,ちょうど式 (2・13) の再結合により消滅する正孔数と一致し,この区間内での正孔の時間的変化はない.したがって,式 (2・13),(2・14) より

$$\frac{\partial^2 p(x)}{\partial x^2} = \frac{p(x) - p_n}{L_p^2} \tag{2・15}$$

が得られる.ただし,$L_p = \sqrt{D_p \cdot \tau_p}$ とし,L_p をキャリア(正孔)の**拡散長**という.また式 (2・15) で表される微分方程式を,**拡散方程式**といい,後で述べるダイオードや,トランジスタのキャリアの動きを求める際に使われる.

式 (2・15) を,境界条件 $x=0$ のとき $p(x) = p(0)$,$x=\infty$ のとき $p(\infty) = p_n$ として解くと,次式が得られる.

$$p(x) = (p(0) - p_n)e^{-\frac{x}{L_p}} + p_n \tag{2・16}$$

式 (2.16) より，正孔の濃度は，図 2.10 (b) のようになることがわかる．

【問 2・1】 式 (2.15) を解き，式 (2.16) が得られることを示せ．

2・3　pn 接合とダイオード

2・3・1　pn 接合と固有電位障壁

図 2・11 のように，シリコンまたはゲルマニウムの結晶の一部を n 形に，また他の部分を p 形に形成した半導体を pn 接合という．p 形領域と n 形領域の境界面を**接合面**という．pn 接合を作ると，前節で述べたようにキャリア濃度の差により，図 2・12（a）のように p 形から正孔が，また n 形から自由電子がそれぞれ他の領域へ接合面を通して拡散する．

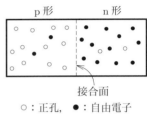

図 2・11　pn 接合

互いに他の領域へ侵入したキャリアは，その領域内では少数キャリアであるため，多数キャリアとの再結合により消滅する．再結合によりキャリアが消滅すると，その後に図 2・12 (b) のように電荷が残る．この電荷が残っている領域ではキャリアはすべて再結合で消滅しているため，キャリアは存在しない．この領域を**空乏層**という．

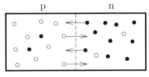

（a）キャリアの拡散

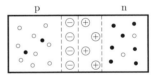

（b）空間電荷層の形成（空乏層）

空乏層内には，正負の電荷が存在しているため，この電荷により図 (c) のように電位差 ϕ_0 が生じ，n 形が p 形より電位が高くなる．この電位差は，図 2・12（a）のキャリアの拡散を妨げる向きであるため，キャリアの拡散は止まる．このとき電位差 ϕ_0 を pn 接合の**固有電位障壁**という．

固有電位障壁は，それぞれの領域の少数キャリアに対しては，逆に移動を促進する向きのため，少数キャリアは互いに他の領域に移動

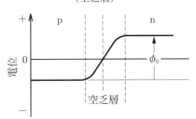

（c）固有電位障壁の発生

図 2・12　pn 接合の固有電位障壁

するが，これと同数の多数キャリアが拡散により逆に移動し，外部からは接合面を通してキャリアの移動が行われていないように見える．また，このような状態になるまで，多数キャリアが拡散し，そのときの電位差が固有電位障壁である．

固有電位障壁の大きさは，それぞれの領域におけるキャリア濃度に関係し，次式で表される[1]．

$$\frac{n_p}{n_n} = \frac{p_n}{p_p} = e^{-\frac{q}{kT}\phi_0} \tag{2・17}$$

【問 2・2】 Si の pn 接合で，$p_p = 10^{21}$ 個/m³, $n_n = 10^{22}$ 個/m³, $n_i = 1.3 \times 10^{16}$ 個/m³ としたとき，$T = 300\,\mathrm{K}$ における固有障壁電圧 ϕ_0 を求めよ．

2・3・2　pn 接合の電流

図 2·13 に示すように pn 接合に直流電圧 V をかけると，電位障壁が $\phi_0 - V$ に減るため，空乏層を通して p 形より正孔が n 形へ，n 形より自由電子が p 形へ注入される．注入されたキャリアは，それぞれの領域では少数キャリアであり，2·2·3 項で述べたように拡散し，その領域での多数キャリアと再結合する．このとき，キャリアの分布は図 2·10 と全く同様に，図 2·14（a）のようになる．

n 形領域内での正孔の拡散による電流 $I_p(x)$ は，式 (2·12)，(2·16) より

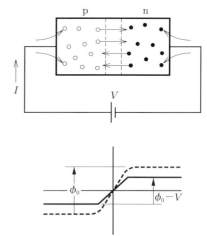

図 2・13　順方向バイアス pn 接合

$$I_p(x) = -qD_p \frac{dp(x)}{dx}$$
$$= \frac{qD_p}{L_p}(p(0) - p_n)e^{-\frac{x}{L_p}} \quad (x \geq 0) \tag{2・18}$$

となる．正孔は n 形領域を拡散する途中で自由電子と再結合するため，式 (2·18) に示すように正孔電流は x とともに減少する．正孔と再結合して失われた自由電子は，直流電源より供給され，正孔電流が減少した分だけ自由電子による電流に変わる．したがって，正孔による電流と自由電子による電流の和は一定となる．

---

1) $\frac{q}{kT}$ の値は 300 K（27°C）で約 $38.6\,\mathrm{V}^{-1}$ である．

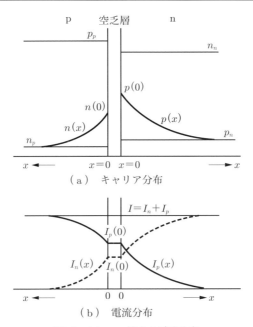

図 2・14　pn 接合の電流分布

一方，p 形領域での自由電子の拡散電流も式 (2·18) と全く同様に

$$I_n(x) = \frac{qD_n}{L_n}(n(0) - n_p)e^{-\frac{x}{L_n}} \quad (x \geq 0) \tag{2・19}$$

と表される．式 (2·19) の電流も自由電子の再結合により x とともに減少するが，その分だけ正孔電流に変わる．

各領域における正孔電流と電子電流の様子を図 2·14（b）に示す．pn 接合の全電流は $x = 0$ の点の電流を用いて

$$\begin{aligned}I &= I_n(0) + I_p(0) \\ &= q\left\{\frac{D_n(n(0) - n_p)}{L_n} + \frac{D_p(p(0) - p_n)}{L_p}\right\}\end{aligned} \tag{2・20}$$

と表される．$n(0)$, $p(0)$ は，電位障壁が $\phi_0 - V$ に変わったときの少数キャリア濃度であるから，式 (2·17) で ϕ_0 を $\phi_0 - V$ に置き換え，また，各領域での多数キャリアの濃度は電圧 V を加えても変化がないと仮定すると

$$\frac{n(0)}{n_n} = \frac{p(0)}{p_p} = e^{-\frac{q}{kT}(\phi_0 - V)} \tag{2・21}$$

が成立する．式 (2·17) と式 (2·21) より ϕ_0 を消去すると

$$\frac{n(0)}{n_p} = \frac{p(0)}{p_n} = e^{\frac{q}{kT}V} \tag{2·22}$$

が得られる．これを式 (2·20) に代入すると

$$I = q\left(\frac{D_n n_p}{L_n} + \frac{D_p p_n}{L_p}\right)(e^{\frac{q}{kT}V} - 1) \tag{2·23}$$

となる．上式は接合面が単位面積の電流であるから，接合面積が A の pn 接合の電流 I_D は

$$I_D = I_S(e^{\frac{q}{kT}V} - 1) \tag{2·24}$$

ただし

$$I_S = qA\left(\frac{D_n n_p}{L_n} + \frac{D_p p_n}{L_p}\right) \tag{2·25}$$

I_S を**飽和電流**という．

次に直流電圧 V の極性を変え，**図 2·15** のように電圧をかけると，電位障壁は $\phi_0 + V$ に増加する．このとき，空乏層の幅 W_D も広がる．多数キャリアに対しては $\phi_0 + V$ は接合面を通しての移動を妨げる方向であるが，一方，各領域の少数キャリアは，この電位差により接合面を通して他の領域に移動し，外部に微小な電流を流す．このときの電流は，式 (2·24) で，$V < 0$ とすると

$$I_D \approx -I_S \tag{2·26}$$

とほぼ一定の値となる．

図 2·13 の向きに pn 接合に直流電圧をかけると，大きな電流が流れ，また図 2·15 のような向きの電圧では流れる電流は少ない．図 2·13 の向きに電圧をかけることを pn 接合の**順方向バイアス**，図 2·15 の電圧の向きを**逆方向バイアス**という．

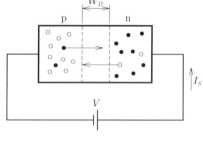
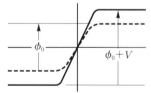

図 2·15 逆方向バイアス pn 接合

【問 2·3】 式 (2·24) で $e^{\frac{q}{kT}V}$ が 0.1 以下では，これを無視でき $I_D \approx -I_S$ となるとし，このときの V の値を求めよ．

2・3・3 pn接合ダイオード

図2・16（a）に示すように，pn接合に金属の電極を付け，これより導線（リード線）を引き出した2端子素子をpn接合ダイオードという．同図（b）はpn接合ダイオードの記号である．

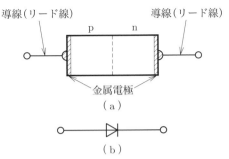

図2・16 pn接合ダイオードと記号

図2・17にpn接合ダイオードの直流電圧-電流特性を示す．シリコンダイオード(Si)，ゲルマニウムダイオード(Ge)のいずれも，順方向では，わずかな電圧で非常に大きな電流が流れる．一方，逆方向バイアスでは，順方向に比較して無視でき得る程度の微小な電流が流れる．ゲルマニウムダイオードは，シリコンダイオードに比較して，低い電圧で電流が流れる．

pn接合ダイオードには，一方向に電流を流しやすい性質があり，これをダイオードの**整流作用**という．整流作用を利用すると，交流から直流を得ることができる．図2・18はその例で，このような回路を整流回路という．

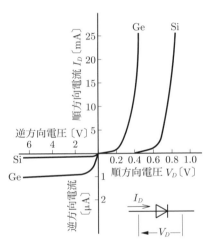

図2・17 ダイオードの特性

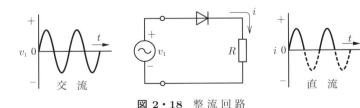

図2・18 整流回路

2・4 バイポーラトランジスタの動作と特性

トランジスタには，正孔と自由電子の両者が動作の主体となるバイポーラ形と，いずれか片方が主体となって動作する電界効果形がある．まず，バイポーラトランジスタから，その動作原理について述べる．

2・4・1 バイポーラトランジスタの構造

バイポーラトランジスタ（以下，特に混乱がない限り，単にトランジスタということにする）は，**図2・19**に示すように，p形半導体の基板の上にn形の領域を作り，さらにその領域の中にp形の領域を作った構造をしている[2]．図（a）の上面図をa–bで切り開いた断面は，図（b）に示すようになっている．図（b）の点線で囲われた部分に注目すると，**図2・20**（a）に示すように，上からp–n–pの3層構造となっている．この構造のトランジスタをpnpトランジスタという．

図2・19のp形をn形に，n形をp形に入れ換えた構造を作ると，点線で囲まれた部分は，図2・20（b）に示すように，上からn–p–nの3層構造となる．このトランジスタをnpnトランジスタという．

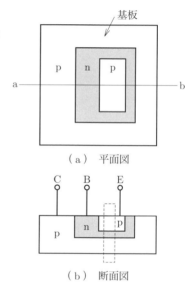

図2・19 バイポーラトランジスタの構造

図2・19（b）に示すように，3層構造のそれぞれの領域に端子を付け，端子Eをエミッタ，端子Bをベース，端子Cをコレクタと呼ぶ．図2・20よりわかるように，トランジスタはE–B間とB–C間の二つのpn接合をもつ3端子素子である．

図2・19のトランジスタは，平面上に作られているため，これをプレーナ（平面）トランジスタといい，第6章で述べる集積回路の基本的な構造である．

---

2) 実際のトランジスタの作り方については，第6章で述べる．

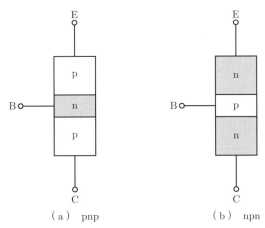

(a) pnp　　　　　　　（b）npn

図 2・20 pnp トランジスタと npn トランジスタ

2・4・2　バイポーラトランジスタの動作原理

トランジスタを動作させるために，二つの pn 接合に次のような直流電圧を加える．

- E–B 間の pn 接合は順方向バイアス
- B–C 間の pn 接合は逆方向バイアス

図 2・21 は pnp トランジスタの場合の直流電圧のかけ方である．

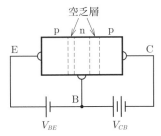

図 2・21 pnp トランジスタの電圧のかけ方

pnp トランジスタと npn トランジスタでは，電圧，電流，キャリアの種類，動きがすべて互いに逆となるだけで，動作原理は両者とも全く同一であるので，ここでは多数キャリアの動きと電流の向きが一致する pnp トランジスタを用いて，トランジスタの動作原理を説明する．

図 2・22 は pnp トランジスタのキャリアの動きをモデル化したものである．E–B 間の pn 接合は順方向バイアスであるから，前節のダイオードと全く同様に

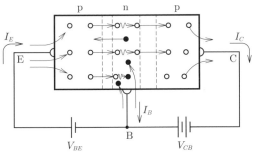

図 2・22 pnp トランジスタのキャリアの動き

キャリアの移動が行われる．すなわち，エミッタ側の p 形（以下，エミッタ領域という）より，ベースの n 形（ベース領域）へ正孔が注入され，またベース領域よりエミッタ領域へ自由電子が注入されて，pn 接合に順方向電流が流れる．これがエミッタ端子を流れる電流 I_E である．次にベース領域に注入された正孔は，ベース領域内を拡散し，一部は多数キャリアの自由電子と再結合し消滅するが，大部分は B–C 間の接合面に到達する．B–C 間に到達した正孔に対しては，V_{CB} は加速電圧であるために，正孔はコレクタ領域に入り，コレクタ端子より電流 I_C となって出る．ベース領域よりエミッタ領域へ注入された電子および，再結合によってベース領域内で失われた電子は，ベース端子より供給され，これがベース端子の電流 I_B となる．

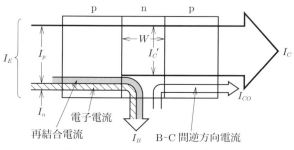

図 2・23　トランジスタの電流配分

以上の電流の分布をまとめると **図 2・23** のようになる．I_{CO} は B–C 間 pn 接合の逆方向電流である．これを**コレクタしゃ断電流**という．図よりわかるように，トランジスタのコレクタ電流 I_C は，エミッタ電流 I_E より小さく

$$I_C = \alpha_0 I_E \tag{2・27}$$

$$\alpha_0 < 1.0 \tag{2・28}$$

と表し，α_0 を**ベース接地電流増幅率**[3]という．また

$$I_E = I_B + I_C \tag{2・29}$$

が成立する．

---

3)　ベース接地とは，図 2・22 のようにベースを基準として直流電圧 V_{BE}，V_{CB} を加える方式で，通常ベース端子 B が接地点に接続されるため，この名が付いている．

以上がpnpトランジスタの動作原理であるが，次の事柄は非常に重要である．
- コレクタ電流 I_C は B–C 間の電圧に依存せず，エミッタ電流 I_E によって決定される．
- エミッタ電流 I_E は，E–B 間の順方向電圧によって決定される．

E–B 間は順方向にバイアスされた pn 接合であるから，図 2·17 に示すようにわずかな E–B 間の電圧 V_{BE} の変化で，電流 I_E を大きく変えることができる．したがって電流 I_C も V_{BE} によって制御される．

2·4·3　電流増幅率 α_0

式 (2·28) に示すように，$\alpha_0 < 1.0$ であるが，α_0 は 1 に近い方が好ましい．図 2·23 より α_0 は次のように書くことができる．

$$\alpha_0 = \frac{I_C}{I_E} = \frac{I_p}{I_E} \cdot \frac{I_C'}{I_p} \cdot \frac{I_C}{I_C'}$$
$$= \alpha_e \cdot \alpha_b \cdot \alpha_c \qquad (2 \cdot 30)$$

α_e, α_b, α_c をそれぞれ，エミッタ注入効率，ベース輸送係数，コレクタ増倍係数という．

〔1〕 **エミッタ注入効率 α_e**

2·3·2 項で述べたように，pn 接合の電流は，電子による電流と正孔による電流の和である．pnp トランジスタでは，エミッタ領域より注入された正孔がベース領域を拡散し，コレクタ領域に到達する．したがって，エミッタ電流（E–B 間の pn 接合の電流）のうち正孔による電流だけが，コレクタに到達する可能性を有するので，エミッタ注入効率 α_e は

$$\alpha_e = \frac{I_p}{I_E} = \frac{I_p}{I_p + I_n} \qquad (2 \cdot 31)$$

とかけ，I_E のうち I_p の占める割合を表している．α_e を 1 に近づけるには，I_n を小さくすればよい．I_n はベース領域よりエミッタ領域へ注入される電子による電流であるから，ベース領域の多数キャリア濃度を下げる（混入する不純物の濃度を下げる）ことにより，I_n を小さくできる．

電流増幅率 α_0 の大きさは，ほぼエミッタ注入効率 α_e の大きさで決定される．

〔2〕 ベース輸送係数 α_b

ベース領域にエミッタ領域より注入されたキャリアが，コレクタ領域に達する割合を表したものが α_b である．ベース領域でのキャリアの再結合を少なくするには，注入されたキャリアが，ベース領域に留まっている時間を短くすればよい．このためトランジスタではベースの幅 W が非常に薄く作られている[4]．したがって，エミッタ領域より注入されたキャリアは，ほとんどすべてコレクタ領域へ到達し，直流では α_b は 1 と考えてもよい．次に，ベース領域の少数キャリア分布について調べてみよう．式 (2·15) で，$0 \leq x \leq W$, $W \ll L_p$, また $x = W$ では少数キャリアはすべてコレクタ領域内に吸い取られ，$p(W) = 0$ とすると，図 2·24 (a) のような直線で表されるキャリア分布となる．この状態でベース内には図の三角形の部分に少数キャリアが蓄えられていることになる．このキャリアの持つ電荷の総量（ベース蓄積電荷）Q_B は

$$Q_B = \frac{qp(0)W}{2}A \qquad (2 \cdot 32)$$

である．

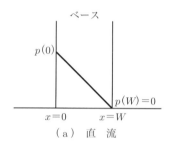

(a) 直流

いま，$p(0)$ を $p(0) + \Delta p$ に変化させると，図 (b) に示す斜線の部分の電荷が新たにベース領域に蓄積される．この電荷の蓄積は瞬時に行われるのではなく，定常状態になるまで時間がかかるため，Δp の変化に対してコレクタ電流の変化が遅れることになる．Δp の変化が急速である場合には，コレクタ電流の変化が追従できなくなる．こ

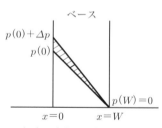

(b) 変化分を加えた場合

図 2·24 ベース領域の少数キャリア分布

れが後で述べるトランジスタの高周波での特性の劣化の原因となる．

電流増幅率 α_0 の周波数特性は，ほぼ α_b の周波数特性によって決定される．

〔3〕 コレクタ増倍係数 α_c

B–C 間に到達した正孔による電流 $I_C{}'$ と，コレクタ端子より流出する電流 I_C の比が α_c である．B–C 間は pn 接合の逆方向バイアスがかけられているが，この逆方向バイアスは，ベース領域を拡散して B–C 接合面に到達したキャリアに対

---

[4] W の値は 0.5〜5μm 程度である．

しては，順方向バイアスであるため，B–C 間の空乏層内でキャリアは加速されコレクタ領域内に突入する．大きな運動エネルギーを持つこのキャリアが，コレクタ領域内で結晶を構成している原子に衝突し，新たにキャリアを発生することにより，I_C' より I_C が大きくなる．しかし，この電流の増加の割合は通常の使用状態における電圧範囲内では非常にわずかで，α_c はほぼ 1 と考えてよい．

ベース幅を狭くし，ベース領域の不純物濃度を下げて作られた実際のトランジスタの電流増幅率 α_0 の大きさは，0.99〜0.998 程度の値で非常に 1.0 に近いものとなっている．

【問 2・4】 pnp と同様に，npn トランジスタのキャリアの動きと各端子の電流について考えてみよ．

2・4・4 トランジスタの静特性
〔1〕 **トランジスタの図記号**

トランジスタの図記号を**図 2·25** に示す．エミッタの矢印は，エミッタ直流電流の流れる方向を示している．文字 B, C, E は各端子の名称をはっきりさせるために特に付したもので，実際の回路図では一般に付けない．

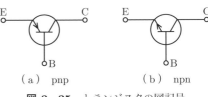

図 2・25　トランジスタの図記号

〔2〕 **トランジスタの静特性**

トランジスタの各電極間の直流電圧や電流を**図 2·26** のように定めたとき，これらの直流電圧，電流の間の関係をトランジスタの静特性という．

静特性の一例を**図 2·27** に示す．I_E–V_{BE} 特性は pn 接合の順方向の特性である．ダイオード電流の式（2·24）と全く同様に，I_E は次式で表される．

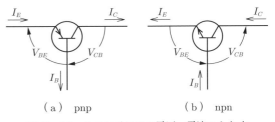

図 2・26　トランジスタの電圧，電流のとり方

$$I_E = I_S(e^{\frac{q}{kT}V_{BE}} - 1) \tag{2・33}$$

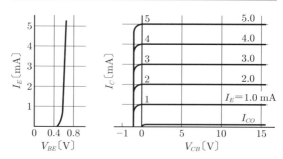

図 2・27 トランジスタの静特性の例（ベース接地）

I_C–V_{CB} 特性で重要なことは，$V_{CB} > 0$ の範囲では，I_C の値は V_{CB} の大きさに無関係で，I_E だけによって決定されることである．$V_{CB} = 0$ の場合でも，トランジスタの B–C 間には固有障壁電圧があり，これはベース領域を拡散してきた少数キャリアに対しては順方向電圧であるため，I_C は零にはならない．固有障壁電圧を打ち消して，B–C 間の逆方向電圧が零になるまで $V_{CB} < 0$ の領域でも I_C は流れ続ける．

$I_E = 0$ のときのコレクタ電流が I_{CO} であり，これは B–C 間の逆方向バイアスの pn 接合電流である．I_{CO} はトランジスタの動作に寄与しない電流である．I_{CO} は温度依存性が強く，トランジスタ回路の温度に対する安定性を考慮する際，注意しなければならないパラメータの一つである．

2・4・5 トランジスタの増幅作用

トランジスタの電流増幅率 α_0 は 1 より小さいため，このままでは電流を増幅することはできない．そこで**図 2・28** のような回路により電圧の増幅を考えてみ

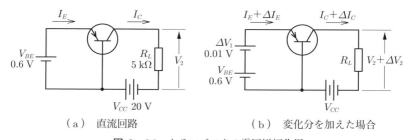

（a） 直流回路　　　　　　（b） 変化分を加えた場合

図 2・28 トランジスタの電圧増幅作用

よう．図（a）はトランジスタに直流電圧をかけ，各端子に直流電流を流す回路である．いま，$V_{BE} = 0.6\,\text{V}$ としたとき，$I_E = 1.5\,\text{mA}$ になったとしよう．コレクタ電流 I_C は $\alpha_0 \approx 1.0$ とすると

$$I_C = \alpha_0 I_E \approx 1.5\,\text{mA} \tag{2・34}$$

となる．このとき，抵抗 R_L の両端の電圧 V_2 は

$$V_2 = R_L I_C = 7.5\,\text{V} \tag{2・35}$$

となる．次に V_{BE} を微小量 $\Delta V_1 (= 0.01\,\text{V})$ 変化させた図（b）を考える．このとき，I_E の変化量 ΔI_E は I_E–V_{BE} 特性より求められる．例えば**図 2・29** の特性で $\Delta I_E = 0.5\,\text{mA}$ であるとすると，コレクタ電流は

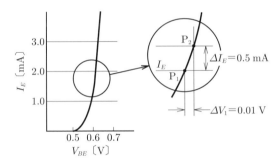

図 2・29 V_{BE} の変化と I_E の変化

$$I_C + \Delta I_C = \alpha_0 (I_E + \Delta I_E) \approx 2.0\,\text{mA} \tag{2・36}$$

となる．このとき，R_L の電圧 $V_2 + \Delta V_2$ は

$$V_2 + \Delta V_2 = \alpha_0 R_L (I_E + \Delta I_E) \approx 10.0\,\text{V} \tag{2・37}$$

である．したがって，R_L の電圧の変化分 ΔV_2 は，2.5 V となる．そこで，図 2・28 の回路の電圧増幅度 A_V を次のように定義する．

$$A_V = \frac{\text{出力電圧の変化分}}{\text{入力電圧の変化分}} \tag{2・38}$$

図 2・28 で出力を R_L の電圧と考えると

$$A_V = \frac{\Delta V_2}{\Delta V_1} = \frac{2.5}{0.01} = 250 \tag{2・39}$$

すなわち，入力電圧の変化分の 250 倍の変化分が出力に現れることになる．

一方，電流の変化分についてみると，直流の場合と同様に

$$A_I = \frac{\Delta I_C}{\Delta I_E} = \alpha_0 \tag{2・40}$$

となっており，電流の変化分は増加していない．

このように，増幅器の**増幅度**とは，入出力の電圧，電流の変化分の比として定義され，増幅したい信号は変化分として，直流に重畳させてトランジスタに加える．このとき，もともとトランジスタに加えられている直流電流，直流電圧（式 (2・34)，式 (2・35)）は，変化の中心値を与えるもので，これをトランジスタの**バイアス**あるいは**動作点**という．

【問 2・5】 図 2・28 で $R_L = 2\,\mathrm{k}\Omega$ としたら，電圧増幅度はいくらになるか．

2・4・6 エミッタ接地トランジスタの静特性

図 2・26 はベースを基準にして，トランジスタに直流電圧をかけていた．**図 2・30** はエミッタを基準にして，トランジスタに直流電圧をかけたもので，エミッタ接地という．B–C 間は pn 接合の逆方向バイアスでなければならないから

$$V_{CE} \geq V_{BE} \tag{2・41}$$

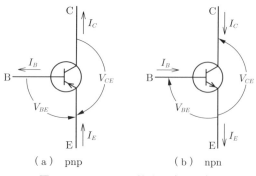

図 2・30 エミッタ接地の電圧・電流

である．

各電極の電流には，式 (2・27)，(2・29) の関係があるから，両式より I_E を消去すると

$$\beta_0 = \frac{I_C}{I_B} = \frac{\alpha_0}{1 - \alpha_0} \tag{2・42}$$

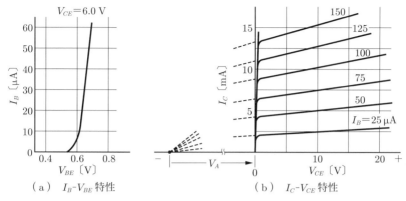

(a) I_B-V_{BE} 特性　　　　(b) I_C-V_{CE} 特性

図 2・31 エミッタ接地トランジスタの静特性

が得られる．β_0 を**エミッタ接地電流増幅率**という．α_0 は 1 に近い値であるため，$\beta_0 \gg 1$ となる．通常 β_0 は 50〜500 程度の値である．

図 2・31 は，エミッタ接地トランジスタの静特性の例である．I_B–V_{BE} 特性はベース接地の I_E–V_{BE} 特性と似ているが，I_C–V_{CE} 特性は I_C の V_{CE} 依存性が大きく，特性を負の電圧方向に延ばすと，ほぼ一点に集まる特性を持っている．この電圧 V_A を**アーリー電圧**といい，通常 50〜100 V 程度の値である．これはベース・コレクタ間の逆方向電圧が大きくなると，ベース・コレクタ pn 接合の空乏層の幅が広くなり，等価的にベース幅が減少し，電流増幅率 α_0 がわずかであるが大きくなるためである．α_0 のわずかな変化も，式（2・42）よりわかるように β_0 の変化にすると大きな値になるため，図 2・31（a）に示すように，I_C の V_{CE} 依存性が大きくなるのである．

【問 2・6】 $\alpha_0 = 0.99$ としたとき，α_0 の 0.1% の変動は β_0 ではいくらの変動に対応するか．

2・5　FET の動作と特性

2・5・1　接合形 FET の動作

pn 接合の空乏層の幅が，pn 接合にかけられた電圧によって変化することを利用して，電流の流れる量を制御する素子が接合形 FET（電界効果トランジスタ，Field Effect Transistor）である．**図 2・32** に接合形 FET の構造原理図を示す．端

子 S をソース，G をゲート，D をドレインという．図に示すように pn 接合（G–S 間）に逆方向電圧 V_{GS} をかけると，n 形領域内に空乏層が広がる．空乏層にはキャリアが存在しないから，n 形領域で電流の流れる通路（これを**チャネル**という）の幅 l が狭くなり，端子 D より S へ流れる電流が減少する．このようにして V_{GS} の値により l を変化させ，電流 I_D を制御できる．

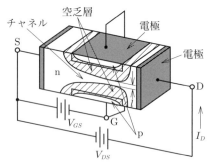

図 2・32 接合形 FET の原理図

このとき，端子 G にはほとんど電流は流れない．

V_{DS} を一定に保ち，V_{GS} を大きくしていくと，チャネルの幅 l が完全に零となり，電流 I_D が流れなくなる．このときの V_{GS} の値 V_P を**ピンチオフ電圧**という．次に，V_{GS} を一定として，V_{DS} を大きくしていくと，D–G 間の逆バイアスのためチャネル幅が狭くなり，通過できる電流が制限され，I_D は V_{DS} の増加に無関係に一定の値となる．

図 2·32 ではチャネルは n 形であるので，これを n チャネル接合形 FET という．図 2·32 の p 形と n 形を入れ替えた構造で，チャネルが p 形のものを p チャネル接合形 FET という．

2・5・2 接合形 FET の特性

図 2·33 に接合形 FET の特性例を示す．I_D–V_{GS} 特性では，I_D はほぼ V_{GS} の 2 乗に比例して増加する性質を持っている．接合形 FET ではゲート・ソース間の pn 接合が順方向となると空乏層がなくなり，I_D を制御できなくなるため，ゲート・ソース間は逆方向バイアスとなる範囲で使用する．

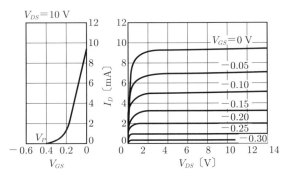

図 2・33 接合形 FET の特性例

2・5・3 MOSFETの動作

MOSとはMetal–Oxide–Semiconductor（金属–酸化膜–半導体）の略で，名前の通り原理的には3層構造をしている．MOSFETにはエンハンスメント形とディプレション形の2種類がある．

〔1〕 **エンハンスメント形 MOSFET**

図2・34にエンハンスメント形 MOSFET の構造を示す．図（a）は平面図，

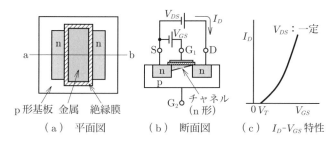

図 2・34　エンハンスメント形 MOSFET

（b）はa–bより切り開いた断面図である．ゲート（G_1），ドレイン（D），ソース（S）および基板ゲート（G_2）の4つの端子があり，G_2は通常Sに接続して，3端子として使用する．図（b）に示すように，ゲートG_1の直下は金属–酸化膜–半導体の3層構造となっている．G_1に電圧をかける前は，ドレイン・ソース間はn–p–nとなっているため電流は流れない．ゲートに正の電圧を印加すると，ゲートの下側にp形半導体の少数キャリアである電子が集まり，薄いn形層（n形反転層という）が形成されて，ドレイン・ソース間がn–n–nとなり電流が流れる．ゲートの下に形成されたn形層を**チャネル**という．チャネルの厚さはゲートに印加される電圧V_{GS}によって制御され，I_D–V_{GS}特性は図（c）のようになる．このとき，I_Dが流れ始める電圧V_Tを**しきい電圧**という．I_Dは

$$I_D = K(V_{GS} - V_T)^2 \tag{2・43}$$

と表される．Kはゲートの寸法，半導体の不純物濃度により決まる定数である．

〔2〕 **ディプレション形 MOSFET**

エンハンスメント形は，$V_{GS}=0$ではドレインに電流が流れないが，ディプレション形では，$V_{GS}=0$の状態でドレインに電流が流れるように，あらかじめドレイン・ソース間にチャネルを形成しておく．図2・35（a）がディプレション形

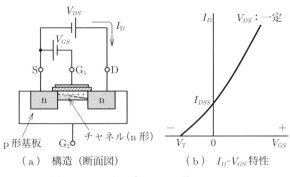

(a) 構造（断面図）　　　（b) I_D-V_{GS}特性

図 2・35 ディプレション形 MOSFET

MOSFET の構造である．ゲートに負の電圧を印加すると，ゲートの下にあらかじめ形成されたチャネル内に，図に示すように正電荷が集まり n 形のチャネル幅が狭くなり，ドレイン電流 I_D が変化を受ける．

ディプレション形 MOSFET の I_D–V_{GS} 特性は図 (b) に示すように，V_{GS} の正負いずれの領域でも V_{GS} により I_D を制御できるのが特長である．

MOSFET はエンハンスメント形，ディプレション形のいずれもゲートは酸化膜で絶縁されているため，ゲートにはほとんど電流が流れない．また動作の主体が単一キャリアであることから，バイポーラトランジスタに対して，FET を**ユニポーラトランジスタ**と呼ぶことがある．

図 2·36 はエンハンスメント形 MOSFET の I_D-V_{DS} 特性の例である．特性は I_D が V_{DS} に対してほぼ一定となる飽和領域と，I_D が V_{DS} に依存して変化する非飽和領域に分けられる．非飽和領域では，ドレイン・ソース間の抵抗が，V_{GS} によって制御される可変抵抗として使用できる．増幅素子として FET を使用する場合は，飽和領域で動作させる．

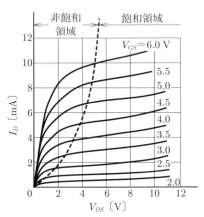

図 2・36 エンハンスメント形 MOSFET の特性例

【問 2・7】　バイポーラトランジスタと FET の違いを考えてみよ．

2・5・4 FETの図記号

FETの図記号を**表2·1**に示す．

2・6 トランジスタの等価回路

2・6・1 トランジスタの直流等価回路

トランジスタは図2·20に示したように2組のpn接合(E-B間, B-C間)から成っている．また，2·4節で述べたようにコレクタ端子にはエミッタ電流のα_0倍が流れる．以上のことを考慮すると，トランジスタは**図2.37**のように書くことができる．これをトランジスタの直流等価回路という．r_bは**ベース広がり抵抗**と呼ばれ，ベース領域の不純物濃度が低いことに起因して生じる抵抗で，通常50〜500Ω程度の値である．

D_1は順方向に，またD_2は逆方向にバイアスされたpn接合ダイオードである．電流源$\alpha_0 I_E$は，I_Eによって制御される電流制御電流源である．

表2·1 FETの図記号（G_2は基板ゲート）

		nチャネル	pチャネル
接合形FET			
MOSFET	エンハンスメント形		
	ディプレッション形		

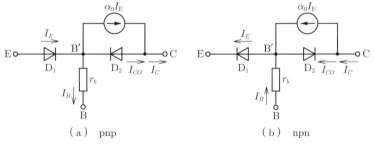

(a) pnp (b) npn

図2·37 トランジスタの直流等価回路

2・6・2 トランジスタの小信号等価回路（交流等価回路）

2・4・5項でトランジスタによる電圧あるいは電流の増幅作用について述べた．増幅したい電気信号はトランジスタの直流電圧，電流の変化分としてトランジスタへ加えられる．増幅度等は図2・37の等価回路を用いて計算できるが，直流分とそれに変化分が重畳されているので計算が複雑である．そこで直流分と変化分をそれぞれ別々に計算できれば便利である．変化分だけについて表した等価回路が交流等価回路である．トランジスタの交流等価回路の考え方を，ダイオードをもとにして説明する．

〔１〕 ダイオードの交流等価抵抗

図 2・38（a）の回路で，ダイオードに I_{DQ} の直流電流が流れ，V_{DQ} の電圧が発生しているとすると

$$V_0 = V_{DQ} + RI_{DQ} \tag{2・44}$$

が成立する．

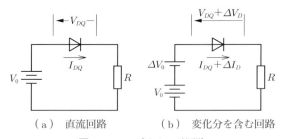

（a） 直流回路　　　（b） 変化分を含む回路

図 2・38 ダイオード回路

次に，図（b）のように微小な電圧 ΔV_0 を新たに印加したとき，ダイオードの電流，電圧が $I_{DQ} + \Delta I_D$，$V_{DQ} + \Delta V_D$ に変化したとすると

$$V_0 + \Delta V_0 = V_{DQ} + \Delta V_D + R(I_{DQ} + \Delta I_D) \tag{2・45}$$

が成立する．式（2・44），（2・45）より次式が得られる．

$$\Delta V_0 = \Delta V_D + R \cdot \Delta I_D \tag{2・46}$$

これを少し変形して

$$\Delta V_0 = \frac{\Delta V_D}{\Delta I_D} \cdot \Delta I_D + R \cdot \Delta I_D \tag{2・47}$$

上式で $\frac{\Delta V_D}{\Delta I_D}$ は抵抗の次元を持ち，これを r_D とおくと，式 (2.47) は，**図 2.39**（a）のような回路を表現する式となる．これは図 2.38 の変化分だけについて表した回路である．ΔV_0 は正負いずれの値をとっ

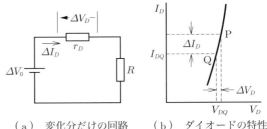

（a）変化分だけの回路　　（b）ダイオードの特性

図 2・39 図 2.38 の変化分に対する回路

てもよいため，図（a）の回路を図 2.38（a）の交流等価回路という．

ここで，r_D の求め方について述べておこう．図 2.39（b）のダイオードの I_D–V_D 特性で，Q 点は図 2.38（a）の直流回路におけるダイオードの電流，電圧を表す点である．また P 点は変化分が印加された図 2.38（b）の場合である．この図より $r_D = \frac{\Delta V_D}{\Delta I_D}$ は，P と Q を結ぶ直線の傾きの逆数であることがわかる．

いま $\Delta I_D \to 0$ とすると，r_D は微分形式で与えられ

$$r_D = \left. \frac{\partial V_D}{\partial I_D} \right|_{I_D = I_{DQ}} \tag{2.48}$$

となる．式 (2.24) を式 (2.48) に代入して r_D を求めると，次式が得られる．

$$r_D = \frac{kT}{q} \cdot \frac{1}{I_{DQ}} \tag{2.49}$$

常温（$T = 300\,\mathrm{K}$）では，$kT/q \approx 0.026\,\mathrm{V}$ であるから

$$r_D \approx \frac{0.026}{I_{DQ}} \quad [\Omega] \tag{2.50}$$

あるいは

$$r_D \approx \frac{26}{I_{DQ}[\mathrm{mA}]} \quad [\Omega] \tag{2.51}$$

となる．

このように，ダイオードが電流，電圧の変化分に対して，式 (2.48) の微分抵抗とみなすことができるのは，変化分が直流分に比較して十分小さい場合だけである．そのため，交流等価回路を小信号等価回路と呼ぶことがある．

【問 2・8】 式 (2.49) を導け．

〔2〕 **ベース接地トランジスタの交流等価回路**

ダイオードが交流等価回路では，抵抗で置き換えられることを用いて，図 2·37 のトランジスタの交流等価回路は，**図 2·40** のように書ける．抵抗 r_e は E–B 間の順方向バイアスダイオードの交流等価抵抗であり，式 (2·49)，(2·50) より

$$r_e = \frac{kT}{q} \cdot \frac{1}{I_E} \approx \frac{0.026}{I_E} \quad [\Omega] \tag{2·52}$$

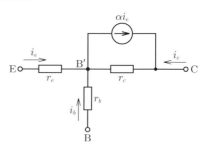

図 2·40 ベース接地トランジスタの T 形等価回路

と表される．ただし，I_E はエミッタの直流電流である．r_c は B–C 間の逆方向バイアスダイオードの等価抵抗であり，これは B–C 間の空乏層の幅が B–C 間の電圧により変化すること（**アーリー効果**という）によって等価的に現れる抵抗で，5〜10 MΩ と非常に高抵抗である．i_e, i_c はエミッタおよびコレクタ電流の微小変化分である．以後本書では，変化分を小文字で，また直流分を大文字で表すことにする．

電流増幅率 α は，低周波でトランジスタを使う場合には，直流の電流増幅率 α_0 とほぼ同じ値である．

交流等価回路では，変化分の電圧，電流の向きは自由に定めて良いため，pnp トランジスタと npn トランジスタは，同一交流等価回路となる．図 2·40 の等価回路を**ベース接地低周波 T 形等価回路**という．

〔3〕 **エミッタ接地トランジスタの交流等価回路**

図 2·40 のエミッタ端子とベース端子を入れ替えると，**図 2·41** のエミッタ接地等価回路が得られる．しかし，このままでは，電流源の電流が i_e で表されているため不便である．そこで，これを入力電流 i_b で表現することを考えてみよう．図 2·41 で

$$i_e = -(i_b + i_c) \tag{2·53}$$

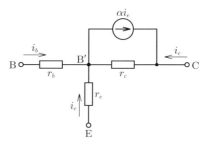

図 2·41 エミッタ接地等価回路

が成立するから，これを電流源の i_e に代入し B′–C 間を取り出した図が，**図 2·42**（a）である．B′–C 間の電圧 $v_{B'C}$ は

$$v_{B'C} = \{i_c - \alpha(i_b + i_c)\}r_c$$
$$= (1-\alpha)r_c i_c - \alpha r_c i_b \quad (2\cdot54)$$

と表され，これは図（b）の電圧と同じである．したがって，図（a）と（b）は全く等価となる．

図（c）は第 1 章で述べた電源の等価変換により，図（b）の電圧源を電流源で表したものである．ただし

$$\beta = \frac{\alpha}{1-\alpha} \quad (2\cdot55)$$

である．

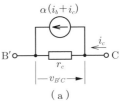
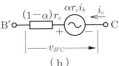
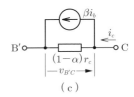

図 2·42 B′–C 間の等価変換

図（c）を B′–C 間に用いると，**図 2·43** の**エミッタ接地 T 形等価回路**が得られる．図 2·41 と比較すると，電流源の向きが変わっていることと，抵抗 r_c が $(1-\alpha)r_c$ になっていることに注意が必要である．$(1-\alpha)r_c$ は，図 2·31（b）の特性の傾きの逆数にほぼ等しく，アーリー電圧 V_A を用いて

$$(1-\alpha)r_c \approx \frac{V_A}{I_C} \quad (2\cdot56)$$

となる．これはコレクタ電流の大きさに反比例する形となっている．

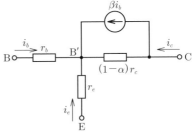

図 2·43 エミッタ接地 T 形等価回路

【問 2·9】 図 2·40，図 2·43 の交流等価回路は，信号電圧，電流が大きい場合は使えない．なぜか．

〔4〕 **h パラメータによる等価回路**

図 2·40 の T 形等価回路はトランジスタの物理的構造より導かれた等価回路であるが，実際のトランジスタの小信号特性を測定して得られるパラメータによる等価回路表現もある．トランジスタの電圧，電流の小信号成分を**図 2·44** のように定めたとき，各変数の間に次式が成立する．

（a）　ベース接地　　　（b）　エミッタ接地

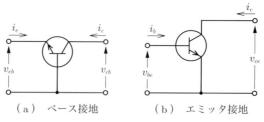

図 2・44　トランジスタの小信号電圧，電流

① ベース接地

$$\left.\begin{aligned} v_{eb} &= h_{ib} i_e + h_{rb} v_{cb} \\ i_c &= h_{fb} i_e + h_{ob} v_{cb} \end{aligned}\right\} \quad (2 \cdot 57)$$

② エミッタ接地

$$\left.\begin{aligned} v_{be} &= h_{ie} i_b + h_{re} v_{ce} \\ i_c &= h_{fe} i_b + h_{oe} v_{ce} \end{aligned}\right\} \quad (2 \cdot 58)$$

ここで，定数 $h_{i\circ}$～$h_{o\circ}$ を **h パラメータ**という．各 h パラメータはトランジスタに適当なバイアスをかけた状態で，微小信号を加えることによって測定される．

h パラメータを用いて等価回路を書くことができる．**図 2·45** はエミッタ接地の場合の等価回路である．h_{re} は逆方向の伝送を表すパラメータであるが，通常非常に小さい値であるため，電圧源 $h_{re}v_{ce}$ は省略されることが多い．

図 2・45　h パラメータによる等価回路（エミッタ接地）

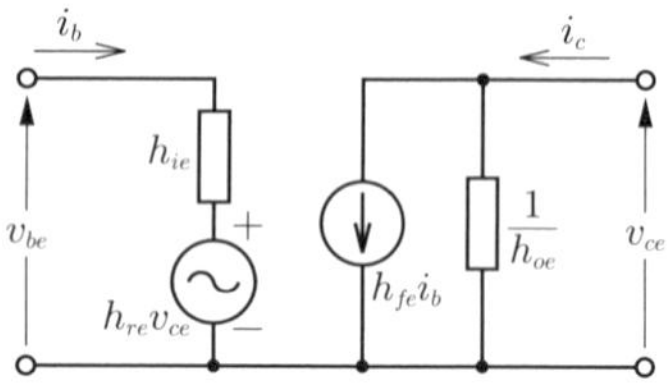

図 2·43 と図 2·45 は同一トランジスタを表したものであるから，T 形等価回路の定数と，h パラメータには一定の関係があり，次式で表される．

$$\left.\begin{aligned} r_e &= h_{ib} - \frac{h_{rb}}{h_{ob}}(1 + h_{fb}) = \frac{h_{re}}{h_{oe}} \\ r_b &= \frac{h_{rb}}{h_{ob}} = h_{ie} - \frac{h_{re}}{h_{oe}}(1 + h_{fe}) \\ r_c &= \frac{1 - h_{rb}}{h_{ob}} = \frac{1 + h_{fe}}{h_{oe}} \\ \alpha &= -\frac{h_{fb} + h_{rb}}{1 - h_{rb}} = \frac{h_{re} + h_{fe}}{1 + h_{fe}} \end{aligned}\right\} \quad (2 \cdot 59)$$

これらの式より逆に，h パラメータを T 形等価回路の定数で表すこともできる．

【問 2・10】 各 h パラメータの単位は何か．

2・6・3　FET の小信号等価回路

バイポーラトランジスタのように直流の特性を良く表現できる等価回路は FET にはない．微小信号における FET の交流等価回路は，次のようにして得られる．FET のドレイン電流 I_D は，ゲート・ソース間電圧 V_{GS} と，ドレイン・ソース間電圧 V_{DS} の関数であるから

$$I_D = f(V_{GS}, V_{DS}) \tag{2・60}$$

と書くことができる．式 (2・60) の全微分より変化分に対する式を求めると

$$dI_D = \frac{\partial I_D}{\partial V_{GS}} \cdot dV_{GS} + \frac{\partial I_D}{\partial V_{DS}} \cdot dV_{DS} \tag{2・61}$$

が得られる．

$$g_m = \frac{\partial I_D}{\partial V_{GS}} \quad [\text{S}]^{5)} \tag{2・62}$$

$$\frac{1}{r_d} = \frac{\partial I_D}{\partial V_{DS}} \quad [\text{S}] \tag{2・63}$$

とおき，変化分を小文字で書くと，式 (2・61) は次のようになる．

$$i_d = g_m v_{gs} + \frac{v_{ds}}{r_d} \tag{2・64}$$

FET のゲートには電流が流れないことに注意して，式 (2・64) を回路図で表すと，**図 2・46** (a) が得られる．これが FET の交流等価回路である．図 (b) は電流源を電圧源に変換したもので

$$\mu = g_m r_d \left(= \frac{\partial V_{DS}}{\partial V_{GS}} \right) \tag{2・65}$$

で表される関係がある．g_m を**相互コンダクタンス**，r_d を**ドレイン抵抗**，μ を**電圧増幅率**という．

図 2・46 は接合形 FET，MOSFET のいずれにも使用できる．

---

5) ジーメンス $= \Omega^{-1}$

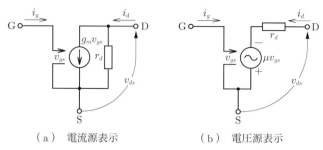

(a) 電流源表示　　　　(b) 電圧源表示

図 2・46　FET の交流等価回路

【問 2・11】　g_m, r_d は図 2.33 のどの部分の傾きを表しているか．

演 習 問 題

2・1　トランジスタのベース幅 W がキャリアの拡散長 L_p に対し，$W \ll L_p$ とするとき，拡散方程式

$$\frac{\partial^2 p(x)}{\partial x^2} = \frac{p(x) - p_n}{L_p{}^2}$$

の解は，図 2.24（a）のような直線で近似できることを示せ．ただし，$x = 0$ で $p(x) = p(0)$, $x = W$ で $p(x) = 0$ とする．

2・2　ダイオードの整流作用を利用して，図 2・47 の抵抗 R の電流波形の概略を示せ．

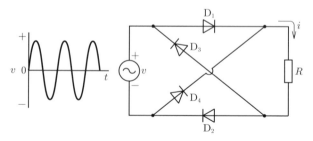

図 2・47

2・3 トランジスタの T 形等価回路を用いた**図 2·48**（a），（b）について，電圧比 $A_v = \dfrac{v_2}{v_1}$ およびインピーダンス $Z_i = \dfrac{v_1}{i_1}$ を求めよ．ただし，$R_L = 5\,\mathrm{k\Omega}$, $r_b = 400\,\Omega$, $r_e = 26\,\Omega$, $\alpha = 0.99$, $r_c = \infty$ とする．

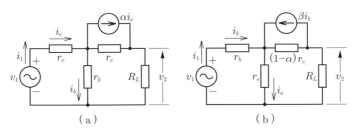

図 2・48

2・4 あるベース接地トランジスタの h パラメータを測定して，次の結果を得た．

$$\begin{bmatrix} h_{ib} & h_{rb} \\ h_{fb} & h_{ob} \end{bmatrix} = \begin{bmatrix} 25.5\,\Omega & 2.5 \times 10^{-5} \\ -0.99 & 5 \times 10^{-7}\,\mathrm{S} \end{bmatrix}$$

これより，ベース接地 T 形等価回路の各パラメータを求めよ．

2・5 FET の等価回路を用いた**図 2·49**（a），（b）の電圧比 $A_v = \dfrac{v_2}{v_1}$ を求めよ．

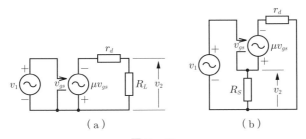

図 2・49

2・6 図 **2·50** の回路で，FET の等価回路を図 2·46（a）としたとき，1–1′ よりみたインピーダンス $Z = \dfrac{v}{i}$ を求め，誘導性（L 性）の成分が現れることを示せ．ただし $\omega CR \gg 1$ とする．

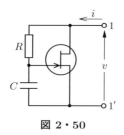

図 2・50

第 3 章
小信号基本増幅回路

　直流バイアス電圧，電流に比較して，振幅が十分小さい信号電圧，電流を増幅する回路を小信号増幅回路という．小信号増幅回路では，直流バイアス電圧，電流と信号電圧，電流を分けて計算することができ，信号成分に対しては線形な等価回路により解析できる．本章では，トランジスタを1個使用した増幅回路について，直流成分と信号成分の分離，直流バイアスの計算，交流等価回路による増幅回路の特性計算について述べる．

3・1　直流と交流の分離

　図 3・1 はダイオードに直流電圧 V_1 と小振幅の交流電圧 v_1 を重畳させて加えた回路である．この回路の電圧，電流は図 3・2 のようになる．ここで Q は $v_1 = 0$ のときのダイオードの電圧，電流の位置であり，これが**動作点**である．動作点を中心として交流分が図のように Q_1–Q_2 間で変化する．いま交流分の振幅が十分小さいとすると，Q_1–Q_2 間はほぼ直線とみなすことができる．このとき交流分の電圧 v_1 と電流 i_1 の間には，次式が成立する．

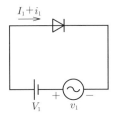

図 3・1　直流と小振幅交流の重畳

$$i_1 = \frac{v_1}{r_D} \tag{3・1}$$

ただし，r_D は点 Q におけるダイオードの交流等価抵抗で式 (2·49) または式 (2·51) で与えられる．ダイオードの電流は直流分 I_1 と，式 (3·1) より得られる交流分 i_1 の和である．直流分 I_1 は，図 3·1 で $v_1 = 0$ として求め，また交流分はダイオードの交流等価抵抗より求められる．このように，重畳された交流の振幅が十分小さい場合は，直流分と交流分を別々に計算することができる．直流分を求めるに

は直流等価回路を，また交流分を求めるには交流等価回路を使用する．

【問 3・1】 図 3·1 で $I_1 = 5\,\mathrm{mA}$, $v_1 = 10\,\mathrm{mV}$ のとき，i_1 を求めよ．

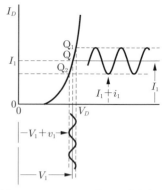

図 3・2 図 3·1 の電圧，電流波形

3・2 トランジスタのバイアス回路

トランジスタを動作させるためには，適当なバイアスをかけなければならない．このための回路をバイアス回路という．バイアスは図 3·2 の Q 点のように，交流分の変化の中心値（動作点）を与えるもので，バイアスが適当でない場合には，波形にひずみを生じたり，時には増幅回路として機能しないこともある．またトランジスタのパラメータは温度に敏感であるため，バイアス回路は温度変化に対して安定であるよう設計しなければならない．

3・2・1 2 電源バイアス回路

E–B 間と B–C 間に別な直流電源を使用して，**図 3·3（a）**のようにバイアスを

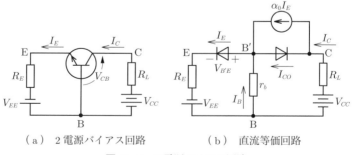

（a）2 電源バイアス回路　　（b）直流等価回路

図 3・3 2 電源バイアス回路

かける回路を2電源バイアス回路という．E–B間はpn接合の順方向バイアスであるため，低い電圧で大きな電流が流れるので，抵抗R_Eを接続して電流I_Eを制限している．抵抗R_Lは出力を取り出すための抵抗である．これを**負荷抵抗**という．

図3·3（b）は図2·37を用いて表した直流等価回路である．これより次式が得られる．

$$I_E = \frac{V_{EE} - V_{B'E} + r_b I_{CO}}{R_E + r_b(1-\alpha_0)} \approx \frac{V_{EE} - V_{B'E}}{R_E} \quad (3 \cdot 2)$$

$$I_C = \alpha_0 I_E + I_{CO} \approx \alpha_0 I_E \quad (3 \cdot 3)$$

$$V_{CB} = V_{CC} - R_L I_C \quad (3 \cdot 4)$$

ただし，$V_{B'E}$はB′–E間のpn接合の順方向電圧である．式（3·4）を用いて，V_{CB}とI_Cの関係を図2·27の特性上に図示すると，**図3·4**の直線ABが得られる．直線ABを**直流負荷線**といい，傾きは$-\dfrac{1}{R_L}$である．V_{CB}とI_CはI_Eを変えるとこの負荷線上を動く．

3・2・2　動作点の選び方

2·4·5項で述べたように，増幅したい信号分は直流バイアスに重畳される．動作点が図3·4のQ点

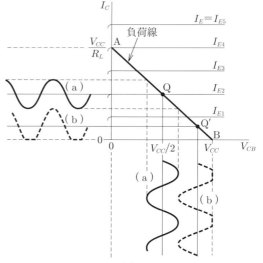

図 3・4　動作点の選び方

にある場合，信号分を含んだ電圧，電流は図の実線（a）のようになり，波形はひずまない．

しかし，動作点をQ′に設定すると，（a）と同一振幅の信号分であっても，電圧はV_{CC}以上にならないため，破線（b）で示すように波形がひずむことになる．したがって，波形にひずみを生じることなく，振幅の大きな信号を取り扱うには，動作点を負荷線のほぼ中央に選ぶことが好ましい．図3·4ではQ点，すな

わち，$I_E = I_{E2}$ の電流がエミッタに流れるように，式 (3·2) より R_E を決定すればよい．

式 (3·2) において，$V_{B'E}$ と I_E は図 2·27 に示すように非線形な関係があるため[1])，式 (3·2) より正確に I_E を求めるのは煩雑である．しかし，図 2·27 よりわかるように電流 I_E がある程度以上流れると，V_{BE}（$\approx V_{B'E}$）の値はほぼ一定になり

$$V_{BE} \approx 0.6 \sim 0.7\,\text{V} \tag{3·5}$$

である．したがって，式 (3·2) の $V_{B'E}$ を I_E に無関係に一定とすれば，直ちに I_E を求めることができる．

2 電源バイアス回路は設計が容易であるが，直流電源を 2 種類必要とするため，一部のベース接地回路を除いてあまり使用されない．

【問 3·2】 図 3·3 において，$V_{CC} = 10\,\text{V}$，$V_{EE} = 5\,\text{V}$，$R_L = 5\,\text{k}\Omega$，$\alpha_0 = 0.99$，$V_{B'E} = 0.6\,\text{V}$ としたとき，$V_{CB} = \dfrac{V_{CC}}{2}$ となるよう R_E の値を決定せよ．

3・2・3　1電源バイアス回路

図 3·5 に直流電源を 1 個用いるバイアス回路を示す．図 (a) の簡易形はバイアスの安定度が悪いため，一部のシリコントランジスタによる回路に使用される程度である．図 (b) はもっとも良く使用されるバイアス回路である．1 電源バイアス回路の電流，電圧を求めてみよう．図 (a) は (b) で $R_2 = \infty$，$R_E = 0$ と考えればよいから，図 (b) の回路について説明しよう．

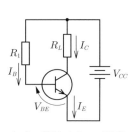　　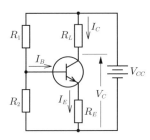

（a）簡易バイアス回路　　（b）電流帰還バイアス回路

図 3·5　1 電源バイアス回路

---

1) B–B′ 間の電圧 $(1 - \alpha_0) r_b I_E$ は非常に小さいので $V_{B'E} \approx V_{BE}$ と考えてよい．

R_1, R_2, V_{CC} より構成されている部分を，第1章で述べたテブナンの定理を使って書き直すと，**図3·6**の直流等価回路が得られる．ただし，V_{BB} および R_B はテブナンの等価電源定理より

$$V_{BB} = \frac{R_2}{R_1 + R_2} V_{CC} \quad (3·6)$$

$$R_B = \frac{R_1 R_2}{R_1 + R_2} = R_1 /\!/ R_2 \quad (3·7)$$

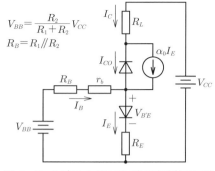

図 3·6 1電源バイアス回路の直流等価回路

本書では抵抗の並列接続を $R_1 /\!/ R_2$ と表すことにする．

図3·6で次式が成立する．

$$V_{BB} = (R_B + r_b)I_B + V_{B'E} + R_E I_E \quad (3·8)$$

$$I_C = \alpha_0 I_E + I_{CO} \quad (3·9)$$

$$I_B = I_E - I_C = (1-\alpha_0)I_E - I_{CO} \quad (3·10)$$

$$V_{CB} = V_{CC} - R_L I_C - (V_{BB} - R_B I_B) \quad (3·11)$$

これらの式から，各直流電流，電圧（バイアス）は

$$I_E = \frac{V_{BB} - V_{B'E} + (R_B + r_b)I_{CO}}{R_E + (R_B + r_b)(1-\alpha_0)} \approx \frac{V_{BB} - V_{B'E}}{R_E} \quad (3·12)$$

$$I_C \approx \alpha_0 I_E \quad (3·13)$$

$$V_C = V_{CC} - R_L I_C \quad (3·14)$$

と得られる．式 (3·12)，(3·13)，(3·14) は，式 (3·2)，(3·3)，(3·4) と同一形であり，$r_b \rightarrow R_B + r_b$，$V_{EE} \rightarrow V_{BB}$ と変更すれば2電源と1電源は全く同一に扱うことができることがわかる．

3·2·4　バイアスの安定度

半導体の特性は温度に対して非常に敏感で，特にトランジスタの I_{CO}，$V_{B'E}$ は温度によって大きく変化する．I_{CO}，$V_{B'E}$ の温度による変化は，**表3·1**で与えら

れる. I_{CO}, $V_{B'E}$ が変化すると, 式 (3·12)〜(3·14) はこれらの関数であるから, バイアス回路の動作点が変動する. 動作点は信号による変化の中心値を与えるものであるから, できるだけ変動しない方が好ましい.

表 3・1 トランジスタパラメータの温度係数

		標準値	温度係数
I_{CO}	Ge	$1 \sim 10\,\mu\text{A}$	10℃上昇ごとに2倍に増加
	Si	$0.1 \sim 10\,\text{nA}$	
$V_{B'E}$	Ge	$0.2 \sim 0.3\,\text{V}$	$-2.2\,\text{mV/℃}$
	Si	$0.6 \sim 0.7\,\text{V}$	

I_{CO}, $V_{B'E}$ の変動に対する動作点の安定度を示す尺度として, **安定指数**を用いる. 安定指数 S_I および S_V を次のように定義する[2].

$$S_I = \frac{\partial I_C}{\partial I_{CO}} \quad \text{(電流安定指数)} \tag{3・15}$$

$$S_V = \frac{\partial V_C}{\partial V_{B'E}} \quad \text{(電圧安定指数)} \tag{3・16}$$

式 (3·15), (3·16) を用いると, トランジスタのコレクタの電圧 V_C の変動は, 式 (3·4) または, 式 (3·14) の場合, 次のようになる.

$$\Delta V_C \approx S_V \cdot \Delta V_{B'E} - R_L S_I \cdot \Delta I_{CO} \tag{3・17}$$

ただし, ΔV_C, $\Delta V_{B'E}$, ΔI_{CO} は微小変化分とする. この式より, S_V, S_I が小である回路ほど, コレクタ電圧の変化は小さいことになる.

式 (3·12)〜(3·14) より, 各安定指数を求めると次式が得られる.

$$S_I = \frac{R_E + R_B + r_b}{R_E + (R_B + r_b)(1 - \alpha_0)} \approx 1 + \frac{R_B + r_b}{R_E} \tag{3・18}$$

$$S_V = -R_L \frac{\partial I_C}{\partial V_{B'E}} = \frac{\alpha_0 R_L}{R_E + (R_B + r_b)(1 - \alpha_0)} \approx \frac{R_L}{R_E} \tag{3・19}$$

上式より, R_E を大きくすることにより, S_I, S_V のいずれも小さくすることができる. しかし, R_E を大きくすると, R_E の直流電圧降下 $R_E \cdot I_E$ が増加し, 電源電圧 V_{CC} が与えられている場合, トランジスタに有効にかけることのできる直流電圧 (V_{CE}) が減少し, 電源の利用効率が悪くなる. 通常, R_L の電圧を V_{RL}, トランジスタの C–E 間の電圧を V_{CE}, R_E の電圧を V_{RE} としたとき

---

[2] $S_V = \dfrac{\partial I_C}{\partial V_{B'E}}$ で定義する場合もあるが, この場合 S_V が〔S〕の次元を持つため, ここでは無次元となるよう式 (3·16) で定義することにする.

$$V_{RL} : V_{CE} : V_{RE} = 1 : 1 : 0.1 \sim 0.5 \qquad (3 \cdot 20)$$

に選ぶのが良い．S_I, S_V の値としては 5〜20 程度の範囲に収まるように，R_B, R_E 等を決定する．

図 3.5（a）の簡易バイアス回路は $R_E = 0$ であるから，非常にバイアスの安定度は悪い．

3・2・5　理想トランジスタによるバイアス回路の簡易計算法
〔1〕 トランジスタの理想化

トランジスタの特性を理想化することにより，バイアス回路の計算が非常に容易になる．トランジスタの直流等価回路で
（a）　$I_{CO} = 0$
（b）　$\alpha_0 = 1.0$
（c）　B′–E 間の順方向バイアスダイオードを $V_{B'E}$ の直流起電力を持つ電池とみなす．

という条件を付けてみよう．この 3 条件を満たすトランジスタを**理想トランジスタ**という．I_{CO} は表 3.1 に示すように非常に小さいため，（a）は満足すると考えてよい．また（b）についても，最近のトランジスタは $\alpha_0 = 0.99 \sim 0.998$ と非常に 1 に近いため，$\alpha_0 = 1.0$ とみなしても良いであろう．$V_{B'E}$ はすでに述べたように，エミッタ電流 I_E がある程度以上流れている状態では，ほぼ一定の電圧となり，式（3.5）の範囲にある．流れる電流の大きさに無関係に一定の電圧を発生するのが電圧源（この場合は直流電圧源）であるから，B′–E 間のダイオードは $V_{B'E}$ の起電力を持つ直流電圧源とみなすことができる．

図 3.7 は（a），（b），（c）の条件を満たす npn トランジスタの直流モデルである．

$$I_B = I_E - I_C = (1 - \alpha_0) I_E \qquad (3 \cdot 21)$$

であるから，$\alpha_0 = 1.0$ とすると，$I_B = 0$ となる．また，B–B′ 間の電圧は $r_b I_B$ であるから，これも零となる．すなわち，図 3.7 の B–B′ 間は

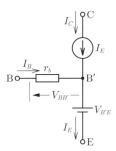

図 3・7 理想トランジスタモデル

$$I_B = 0$$
$$V_{BB'} = 0 \qquad\qquad\qquad\qquad\qquad (3\cdot 22)$$

となっている．このように二つの端子間の電流も電圧も零であることを，**図3・8**（a）の記号で表し，これを**ナレータ**という．また，図（b）の記号で表される2端子素子を**ノレータ**といい，その端子間電圧，電流はまわりの回路を計算することによって決定される．

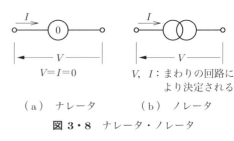

（a） ナレータ　　（b） ノレータ

図3・8 ナレータ・ノレータ

図3・7において，B–B' 間は電圧も電流も零であるから，ナレータで置き換えることができる．一方，制御電源 I_E については，その電流はエミッタの電流 I_E によって定まり，また両端の電圧は C–E 間に接続される外部回路によって決定される．すなわち，制御電源 I_E の電流，電圧はまわりの回路から

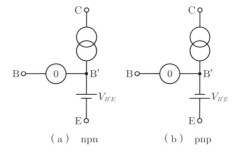

（a） npn　　（b） pnp

図3・9 理想トランジスタのナレータ・ノレータモデル

決定されることになり，これは図3・8（b）のノレータで置き換えることができる．こうして得られた**図3・9**を，理想トランジスタの**ナレータ・ノレータモデル**といい，バイアス回路の簡易計算に非常に有用である．

〔2〕 **ナレータ・ノレータモデルによるバイアス回路の簡易計算**

図3・5（b）の電流帰還バイアス回路を，ナレータ・ノレータモデルで表すと**図3・10**の回路が得られる．この回路のトランジスタの直流電圧，電流を求めてみよう．$I_B = 0$ であるから

$$V_B = \frac{R_2}{R_1 + R_2} V_{CC} \qquad\qquad (3\cdot 23)$$

この電圧は B' の電圧と等しく，V_E はこれより $V_{B'E}$ だけ低いから

$$V_E = V_B - V_{B'E} \qquad\qquad (3\cdot 24)$$

となる.V_E は R_E の電圧と考えられるから,これを流れる電流 I_E は

$$I_E = \frac{V_E}{R_E} \qquad (3\cdot 25)$$

ナレータの電流は零であるから

$$I_C = I_E \qquad (3\cdot 26)$$

したがって,コレクタの電圧 V_C は

$$V_C = V_{CC} - R_L I_C \qquad (3\cdot 27)$$

となり,各部の電圧,電流(バイアス)が求められた.

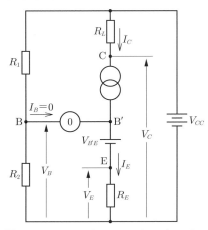

図 3・10 ナレータ・ノレータモデルによるバイアス回路の計算

以上のように,トランジスタを理想化することにより,バイアス回路の計算が非常に容易になる.しかし実際のトランジスタは理想的ではないため,式 (3·23)〜(3·27) によって求めた結果と,式 (3·12)〜(3·14) により正確に求めた結果には数%の誤差が生じる.バイアスは交流信号の変化の中心値となる電圧,電流であり,これらはそれ程正確に求める必要はなく,ナレータ・ノレータモデルによる解析で充分な場合が多い.

図 3·5 (a) の簡易バイアス回路は,この方法では計算できないので注意が必要である.

【問 3・3】 $V_{CC} = 10\,\text{V}$, $R_1 = 42\,\text{k}\Omega$, $R_2 = 8\,\text{k}\Omega$, $R_E = 1\,\text{k}\Omega$, $R_L = 5\,\text{k}\Omega$, $V_{B'E} = 0.6\,\text{V}$ としたとき,簡易計算により図 3·10 の V_B, V_E, V_C, I_E を求めよ.

3・2・6 バイアス回路の温度補償

最近のトランジスタは I_{CO} が非常に小さいため,温度変化に対しては $V_{B'E}$ だけを考慮すれば十分である.S_V を小さくするには,R_E を大きくすれば良いが,電源の利用効率等を考慮するとあまり大きくできない.そこで,バイアス回路に $V_{B'E}$ と同じ温度特性を持たせ,温度による変化を打ち消して,バイアスの安定化を行う方法がある.**図 3·11** はダイオード接続されたトランジスタ Q_2 を用いて,Q_1 の $V_{B'E}$ の変化を補償する回路である.

この回路のエミッタ電流 I_E は，$V_{B'E1} = V_{B'E2} = V_{B'E}$ とすると

$$I_E \approx \frac{R_2(V_{CC} - V_{B'E})}{R_E(R_1 + R_2)} \approx I_C$$

となる．これより安定指数 S_V は

$$S_V = -R_L \frac{\partial I_C}{\partial V_{B'E}} = \frac{R_L R_2}{R_E(R_1 + R_2)} \quad (3\cdot 28)$$

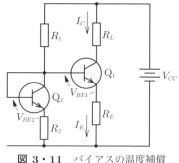

図 3・11 バイアスの温度補償

となり，式 (3.19) より $\dfrac{R_2}{R_1 + R_2}$ 倍小さくなる．

3・3 FET のバイアス回路

バイポーラトランジスタは，その名称が異なっても共通の直流等価回路で表すことができるため，特性曲線等を使用せずにバイアス回路を計算することができた．しかし FET の場合は，共通の直流等価回路が存在しないため，個々の FET の特性曲線を使用しなければ，バイアス回路を設計することができない．

MOSFET にはディプレション形とエンハンスメント形があり，バイアス回路はそれぞれ異なる回路形式が使われる．また接合形 FET はディプレション形 MOSFET と同じ回路形式となる．

3・3・1 ディプレション形 FET のバイアス回路

ディプレション形 MOSFET および接合形 FET のゲート・ソース間の電圧とドレイン・ソース間の電圧は極性が逆であるため，n チャネル形では $V_{DS} > 0$, $V_{GS} < 0$ となり，また p チャネル形では $V_{DS} < 0$, $V_{GS} > 0$ となるようにバイアスをかける．図 3・12 に 2 種のバイアス回路を示す．

図 (a) は**固定バイアス回路**と呼ばれ，2 電源を必要とするが設計は容易である．V_{DS} と I_D の間には次式が成立する．

$$V_{DS} = V_{DD} - R_L I_D \quad (3\cdot 29)$$

例えば，$V_{DD} = 12\,\mathrm{V}$, $R_L = 2\,\mathrm{k\Omega}$ として，これを図 2・33 の V_{DS}–I_D 特性曲線上に記入すると，図 3・13 の負荷直線 AB が得られる．動作点 Q を V_{DD} の 1/2

3・3 FETのバイアス回路

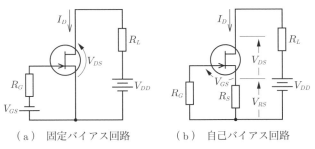

（a）固定バイアス回路　　（b）自己バイアス回路

図 3・12 接合形 FET のバイアス回路

に選ぶことにすると，$V_{GS} \approx -0.16\,\mathrm{V}$ となり，図 3・12（a）の V_{GS} に $0.16\,\mathrm{V}$ の直流電圧源を接続すればよい．ゲートには電流が流れないから，抵抗 R_G は任意の値で良く，普通 $1\,\mathrm{M\Omega}$ 程度の高抵抗が使用される．

図 3・12（b）は**自己バイアス回路**と呼ばれ，ドレイン電流 I_D によりソース抵抗 R_S に生じた電圧降下が V_{GS} となる．すなわち

$$V_{GS} = -R_S I_D \tag{3・30}$$

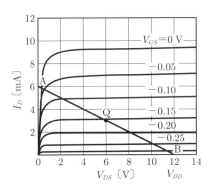

図 3・13 FET の負荷線

また

$$V_{DS} = V_{DD} - (R_L + R_S)I_D \tag{3・31}$$

である．普通 $R_L \gg R_S$ の場合が多く，負荷直線はほぼ図 3・13 と同じになる．図 3・13 の例では

$$R_S = \frac{-V_{GS}}{I_D} = \frac{0.16\,\mathrm{V}}{3\,\mathrm{mA}} \approx 53\,\Omega \tag{3・32}$$

と R_S は決定される．この場合も，R_G には電流が流れないから，$1\,\mathrm{M\Omega}$ 程度の高抵抗が使われる．

3・3・2　エンハンスメント形 FET のバイアス回路

エンハンスメント形は，バイポーラトランジスタと同様の電圧の向きになるため，**図 3・14**（a）のバイアス回路が使われる．このとき

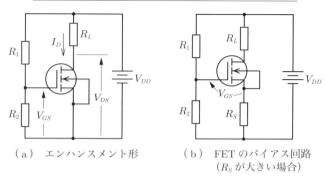

（a）エンハンスメント形　　（b）FETのバイアス回路
　　　　　　　　　　　　　　　　（R_Sが大きい場合）

図 3・14　FETのバイアス回路

$$\left.\begin{array}{l} V_{GS} = \dfrac{R_2}{R_1+R_2}V_{DD} \\ V_{DS} = V_{DD} - R_L I_D \end{array}\right\} \quad (3 \cdot 33)$$

が成立し，これらの式と特性曲線を使用してバイアス回路が決定される．

　図3・14（b）は，ディプレション形，エンハンスメント形のいずれのFETにも使用できるバイアス回路である．特にR_Sの値を大きくしなければならない場合等に有効である．V_{GS}は次式で与えられる．

$$V_{GS} = \dfrac{R_2}{R_1+R_2}V_{DD} - R_S I_D \qquad (3 \cdot 34)$$

R_1，R_2，R_Sの選び方により，V_{GS}は正負のいずれの値も得ることができる．図3・14のバイアス回路では，R_1，R_2は数百kΩ程度の値を使用する．

3・4　増幅回路の特性を表す諸量

　増幅回路は一般に**図3・15**に示すように，4端子として表すことができる．増幅

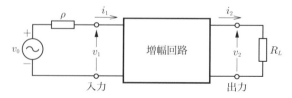

図 3・15　増幅回路の動作量

したい信号は内部インピーダンス ρ の電圧源により供給し，出力は抵抗 R_L を出力端子に接続し，この抵抗より取り出す．抵抗 R_L を増幅器の**負荷抵抗**という．

図 3·15 の各電圧，電流を用いて次のような量（**動作量**）により，増幅器の特性を表すことにする．

（1） **入力インピーダンス**：$Z_i = \dfrac{v_1}{i_1}$

（2） **電圧利得**：$A_v = \dfrac{v_2}{v_1}$

（3） **電流利得**：$A_i = \dfrac{i_2}{i_1}$

（4） **電力利得**：$A_p = \dfrac{v_2 i_2}{v_1 i_1}$

（5） **出力インピーダンス**：$Z_o = \dfrac{v_2}{-i_2}$

ただし（5）の出力インピーダンスは，**図 3·16** のように，入力信号電圧 v_0 を零とし，出力より適当な電源で電圧を加えたときの電圧 v_2 と，電流 $i_2'(=-i_2)$ の比である．

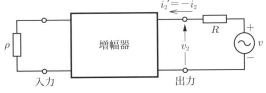

図 3·16 出力インピーダンスの求め方

3·5 トランジスタ基本増幅回路

トランジスタには，ベース，エミッタ，コレクタの 3 端子があり，いずれの端子を基準として入力を加えるかにより，3 種類の増幅回路形式が得られる．それぞれの増幅回路には固有の特徴があり，どの増幅回路を使用すべきかは，その特徴により選定することができる．

3·5·1 ベース接地基本増幅回路

図 3·17（a）にベース接地基本増幅回路を示す．直流バイアスを乱すことなく，信号電圧を加えるため，コンデンサ C_1 を通して信号源 v_0 が接続されている．また C_2 は出力 v_2 に信号成分だけを取り出すためのコンデンサである．C_1，C_2 ともに信号の周波数に対して，十分インピーダンスが低くなるような容量を持つコン

デンサを使用する．直流動作点は式 (3·2)
〜(3·4) を用いて求めることができる．

図 (b) は交流等価回路である．C_1, C_2
は短絡，また直流電圧源も交流等価回路
では短絡される．普通

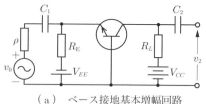
（a）ベース接地基本増幅回路

$$r_c \gg R_L, r_b \qquad (3·35)$$

が成立するため，r_c は無視でき，図（c）
のような等価回路が得られる．この回路
により動作量を求めてみよう．

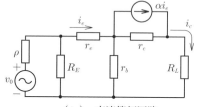
（b）交流等価回路

（1）　入力インピーダンス：$Z_{ib} = \dfrac{v_1}{i_e}$

図 3·17（c）で次式が成立する

$$\left.\begin{array}{l} v_1 = r_e i_e + r_b i_b \\ i_b = i_e - i_c = (1-\alpha) i_e \end{array}\right\}$$
$$(3·36)$$

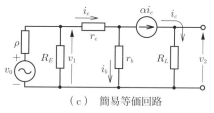
（c）簡易等価回路

図 3·17 ベース接地基本増幅回路

これより，i_b を消去して Z_{ib} を求めると

$$Z_{ib} = \frac{v_1}{i_e} = r_e + (1-\alpha) r_b \qquad (3·37)$$

が得られる．

（2）　電圧利得：$A_v = \dfrac{v_2}{v_1}$

出力電圧 v_2 は

$$v_2 = R_L i_c = \alpha R_L i_e \qquad (3·38)$$

となる．式 (3·37) を代入し i_e を消去すると

$$A_v = \frac{v_2}{v_1} = \frac{\alpha R_L}{r_e + (1-\alpha) r_b} \qquad (3·39)$$

（3） 電流利得：$A_i = \dfrac{i_c}{i_e}$

$i_c = \alpha i_e$ であるから，直ちに

$$A_i = \frac{i_c}{i_e} = \alpha \tag{3・40}$$

（4） 電力利得：$A_p = \dfrac{v_2 i_c}{v_1 i_e}$

式 (3・39)，(3・40) より

$$A_p = \frac{v_2 i_c}{v_1 i_e} = \frac{\alpha^2 R_L}{r_e + (1-\alpha)r_b} \tag{3・41}$$

（5） 出力インピーダンス：Z_{ob} $(v_0 = 0)$

入力電圧 v_0 を零にすると，i_e が流れなくなるため，電流源 αi_e の電流が零となる．したがって出力インピーダンス Z_{ob} は

$$Z_{ob} = \infty \tag{3・42}$$

となる．

【問 3・4】 図 3・17（c）で $r_b = 400\,\Omega$，$r_e = 26\,\Omega$，$\alpha = 0.99$，$R_L = 5\,\mathrm{k}\Omega$ としたとき，動作量を求めてみよ（各動作量がどの程度の値になるかが重要である）．

3・5・2　エミッタ接地基本増幅回路

図 **3・18**（a）はエミッタ接地基本増幅回路である．エミッタ接地回路は通常 1 電源電流帰還バイアス回路が使用される．コンデンサ C_1 は交流信号をベースに加えるために，また C_2 は出力より直流分を取り除くために接続されている．C_E はエミッタを信号成分に対して，接地するための大容量のコンデンサであり，**バイパスコンデンサ**と呼ばれる．

直流動作点は式 (3・23)〜(3・27) により容易に求められる．

図（b）は図（a）の交流等価回路である．直流電圧源 V_{CC} は交流等価回路では短絡される．

$$(1-\alpha)r_c \gg R_L,\ r_e \tag{3・43}$$

と仮定すると，図（b）は図（c）のような簡易等価回路で表すことができる．図（c）により各動作量を求めてみよう．

（1） 入力インピーダンス： $Z_{ie} = \dfrac{v_1}{i_b}$

図3·18（c）では次式が成立する．

$$v_1 = r_b i_b + r_e i_e \\ i_e = i_b + \beta i_b = (1+\beta) i_b \Bigg\} \quad (3 \cdot 44)$$

これより，Z_{ie} を求めると

$$Z_{ie} = \dfrac{v_1}{i_b} = r_b + (1+\beta) r_e \quad (3 \cdot 45)$$

（2） 電圧利得： $A_v = \dfrac{v_2}{v_1}$

$$v_2 = -R_L \beta i_b \\ i_b = \dfrac{v_1}{Z_{ie}} \Bigg\} \quad (3 \cdot 46)$$

この2式より

$$A_v = \dfrac{v_2}{v_1} = -\dfrac{\beta R_L}{r_b + (1+\beta) r_e} \quad (3 \cdot 47)$$

（3） 電流利得： $A_i = \dfrac{i_c}{i_b}$

$i_c = -\beta i_b$ であるから

$$A_i = \dfrac{i_c}{i_b} = -\beta \quad (3 \cdot 48)$$

（4） 電力利得： $A_p = \dfrac{v_2 i_c}{v_1 i_b}$

式（3·47），（3·48）より

$$A_p = \dfrac{\beta^2 R_L}{r_b + (1+\beta) r_e} \quad (3 \cdot 49)$$

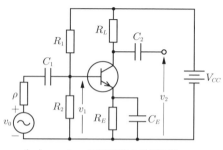

（a） エミッタ接地基本増幅回路

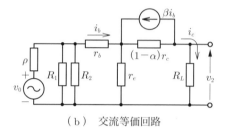

（b） 交流等価回路

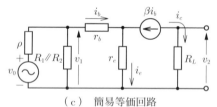

（c） 簡易等価回路

図 3・18 エミッタ接地基本増幅回路

(5) 出力インピーダンス：Z_{oe} $(v_1 = 0)$

$v_1 = 0$ のとき，ベース接地の場合と同様に $\beta i_b = 0$ となるため

$$Z_{oe} = \infty \qquad (3 \cdot 50)$$

となる．

エミッタ接地の場合，電圧利得と電流利得に負号がついているのは，入力と出力で位相が反転していることを示している．このような増幅回路を**逆相増幅回路**（または**反転増幅回路**）という．これに対してベース接地では，入力と出力は同位相であり，これを**正相増幅回路**（または**非反転増幅回路**）という．

【問 3・5】 問 3・4 と同一数値により，エミッタ接地基本増幅回路の動作量を求めよ．

3・5・3 コレクタ接地基本増幅回路

図 3・19 にコレクタ接地基本増幅回路を示す．エミッタ接地回路と同様に電流帰還バイアス回路が使用されている．コレクタは直流電源 V_{CC} を通して交流的に接地される．出力はエミッタからコンデンサ C_2 を通して取り出すため，この回路を**エミッタフォロワ**と呼ぶことがある．

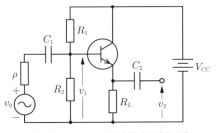

（a）コレクタ接地基本増幅回路

$$(1-\alpha)r_c \gg r_b + \rho, \ r_e + R_L$$

と仮定すると，図（c）の簡易等価回路が得られる．各動作量は次のようにして求められる．

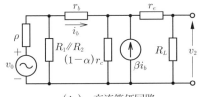

（b）交流等価回路

（1） 入力インピーダンス：$Z_{ic} = \dfrac{v_1}{i_b}$

図（c）で次式が成立する．

$$\left. \begin{array}{l} v_1 = r_b i_b + (r_e + R_L)i_e \\ i_e = i_b + \beta i_b = (1+\beta)i_b \end{array} \right\}$$

$$(3 \cdot 51)$$

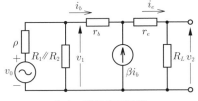

（c）簡易等価回路

図 3・19 コレクタ接地基本増幅回路

これより，i_e を消去すると

$$Z_{ic} = \frac{v_1}{i_b} = r_b + (1+\beta)(r_e + R_L) \tag{3・52}$$

（2）**電圧利得**：$A_v = \dfrac{v_2}{v_1}$

$$\left.\begin{aligned} v_2 &= R_L i_e \\ i_e &= (1+\beta)i_b \\ i_b &= \frac{v_1}{Z_{ic}} \end{aligned}\right\} \tag{3・53}$$

これらの式より

$$A_v = \frac{v_2}{v_1} = \frac{(1+\beta)R_L}{r_b + (1+\beta)(r_e + R_L)} \quad (<1.0) \tag{3・54}$$

となる．$R_L \gg r_e$，$(1+\beta)R_L \gg r_b$ とすると

$$A_v \approx 1.0 \tag{3・55}$$

となり，コレクタ接地増幅回路の電圧利得は，ほぼ 1 であることがわかる．

（3）**電流利得**：$A_i = \dfrac{i_e}{i_b}$

式（3・51）よりただちに

$$A_i = 1 + \beta \tag{3・56}$$

（4）**電力利得**：$A_p = \dfrac{v_2 i_e}{v_1 i_b}$

$$A_p = \frac{(1+\beta)^2 R_L}{r_b + (1+\beta)(r_e + R_L)} \tag{3・57}$$

（5）**出力インピーダンス**：Z_{oc}

コレクタ接地回路の出力インピーダンスを求めるため，図 3・19（c）で $v_0 = 0$ とし，出力より電圧を加えた回路が**図 3・20** である．この場合 $v_0 = 0$ としても，$i_b = 0$ とならないため制御電流源の電流は零にならない．図 3・20 で次式が成立する．

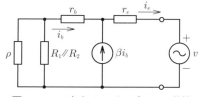

図 3・20 出力インピーダンスの計算

$$\left.\begin{array}{l} v = -r_e i_e - (r_b + R_0) i_b \\ i_e = i_b + \beta i_b = (1+\beta) i_b \end{array}\right\} \quad (3\cdot 58)$$

ただし，$R_0 = \rho /\!/ R_1 /\!/ R_2$ とする．

式 (3·58) より i_b を消去し，出力インピーダンスを求めると

$$Z_{oc} = \frac{v}{-i_e} = r_e + \frac{r_b + R_0}{1+\beta} \qquad (3\cdot 59)$$

が得られる．

コレクタ接地の場合，他の 2 接地形式と異なり，入出力インピーダンスは，負荷抵抗，信号源のインピーダンスの関数となる．

【問 3・6】 問 3·4 と同一定数の場合，コレクタ接地の動作量を求めよ．ただし $R_0 = 500\,\Omega$ とする．

3・5・4 各接地形式の特徴と精密動作量

r_c または $(1-\alpha)r_c$ がまわりの抵抗に比較して十分大きいという近似を用いると，各動作量を容易に求めることができた．しかし，近似が成立しない場合はこれを無視せず正確に結果を求めなければならない．計算が煩雑になるので，ここでは結果だけを示すことにする．表3·2 は各接地形式における動作量を，近似を使用せず厳密に求めたものである．参考として簡易等価回路による近似式も合わせて示してある．代表的な数値による動作量の数値例を比較すると，一部の動作量には 20 % 程度の誤差が見られるが，電圧利得を求める場合は近似計算で十分である．これらの数値は各接地形式の特徴を知る上で重要であり，概略の値を記憶しておくことが望ましい．

各接地形式の特徴は次のとおりである．

〔1〕 ベース接地

低入力インピーダンス，高出力インピーダンスであり，電流利得はほぼ 1 である．入力側の電流をそのまま出力側に伝送できる．

〔2〕 エミッタ接地

中入力，中出力インピーダンスで，各接地形式中もっとも電力利得が大きく，一般に良く使用される接地形式である．

表 3・2 トランジスタ基本増幅回路の動作量

		ベース接地	数値例	エミッタ接地	数値例	コレクタ接地	数値例
Z_i	精密式	$r_e + \dfrac{(1-\alpha)r_b r_c + r_b R_L}{r_c + r_b + R_L}$	30.3 Ω	$r_b + \dfrac{r_e r_c + r_e R_L}{(1-\alpha)r_c + r_e + R_L}$	2.76 kΩ	$r_b + \dfrac{(r_e + R_L)r_c}{(1-\alpha)r_c + r_e + R_L}$	457 kΩ
	近似式	$r_e + (1-\alpha)r_b$	30 Ω	$r_b + (1+\beta)r_e$	3.0 kΩ	$r_b + (1+\beta)(r_e + R_L)$	503 kΩ
A_v	精密式	$\dfrac{\alpha R_L r_c + r_b R_L}{[r_e + (1-\alpha)r_b]r_c + r_b r_e + r_e R_L + R_L r_b}$	163 倍	$\dfrac{-\alpha R_L r_c + r_e R_L}{[r_e + (1-\alpha)r_b]r_c + r_e r_b + r_b R_L + R_L r_e}$	-163 倍	$\dfrac{R_L r_c}{[r_e + R_L + (1-\alpha)r_b]r_c + r_b(r_e + R_L)}$	0.992 倍
	近似式	$\dfrac{\alpha R_L}{r_e + (1-\alpha)r_b}$	165 倍	$\dfrac{-\beta R_L}{r_b + (1+\beta)r_e}$	-165 倍	$\dfrac{(1+\beta)R_L}{r_b + (1+\beta)(r_e + R_L)}$	0.994 倍
A_i	精密式	$\dfrac{\alpha r_c + r_b}{r_e + r_b + R_L}$	0.990 倍	$\dfrac{-\alpha r_c + r_e}{(1-\alpha)r_c + r_e + R_L}$	-90.0 倍	$\dfrac{r_c}{(1-\alpha)r_c + r_e + R_L}$	90.9 倍
	近似式	α	0.99 倍	$-\beta$	-99 倍	$1+\beta$	100 倍
Z_o	精密式	$r_c + \dfrac{r_b(r_e + R_0 - \alpha r_c)}{r_b + r_e + R_0}$	2.86 MΩ	$r_c + \dfrac{(r_b + R_0)(r_e - \alpha r_c)}{r_b + r_e + R_0}$	189 kΩ	$r_e + \dfrac{(1-\alpha)(r_b + R_0)r_c}{r_c + r_b + R_0}$	35 Ω
	近似式	∞	∞	∞	∞	$r_e + (1-\alpha)(r_b + R_0)$	35 Ω
		$R_0 = R_E /\!/ \rho$		$R_0 = R_1 /\!/ R_2 /\!/ \rho$		$R_0 = R_1 /\!/ R_2 /\!/ \rho$	

代表素子値 $r_e = 26$ Ω, $r_b = 400$ Ω, $r_c = 5$ MΩ, $\alpha = 0.99$, $R_L = 5$ kΩ, $R_0 = 500$ Ω

〔3〕 コレクタ接地

高入力インピーダンス，低出力インピーダンスであり，電圧利得はほぼ1である．回路どうしの相互の影響を取り除く目的で，回路と回路の間に挿入され，**緩衝増幅器（バッファ）**として使用される．

基本増幅回路だけでは特性が不足する場合は，適当な接地形式を組み合わせて使用する．これについては，3・7節で述べる．

3・6 FET基本増幅回路

FETの場合は，バイポーラトランジスタと異なり，ゲートに電流が流れないため，動作量の計算は比較的容易である．

3・6・1 ソース接地基本増幅回路

図3・21にソース接地基本増幅回路とその交流等価回路を示す．各動作量は次のようになる．

（1） **入力インピーダンス**：$Z_{is} = \dfrac{v_1}{i_1} = \infty$　　　　　　　　　　　　(3・60)

（2） **電圧利得**：$A_v = \dfrac{v_2}{v_1} = -\dfrac{\mu R_L}{r_d + R_L} = -g_m(r_d /\!/ R_L)$　　　　(3・61)

（3） **出力インピーダンス**：$Z_{os} = \dfrac{v_2}{-i_2}\bigg|_{v_1=0} = r_d$　　　　　　　(3・62)

入力に電流が流れないため，電流利得と電力利得は定義できない．

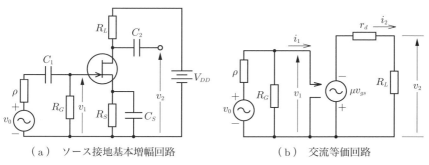

（a）ソース接地基本増幅回路　　　　　　（b）交流等価回路

図3・21 ソース接地基本増幅回路

3・6・2 ドレイン接地基本増幅回路

図 3・22 にドレイン接地基本増幅回路を示す．この回路は，ソースより出力を取り出すため**ソースフォロワ**とも呼ばれる．ドレイン接地の場合，ソースに接続される抵抗は数 kΩ であるため，R_L の直流電圧降下が必要なゲート・ソース間バイアス電圧より大きくなる．そのため抵抗 R_1，R_2 を使用して，適当なバイアスになるようにする（式 (3・34) 参照）．図 (b) の交流等価回路では，次式が成立する．

$$\left. \begin{aligned} v_2 &= \frac{\mu R_L}{r_d + R_L} v_{gs} \\ v_{gs} &= v_1 - v_2 \\ i_1 &= 0 \end{aligned} \right\} \quad (3 \cdot 63)$$

これらの式より次の動作量を得る．

（1） **入力インピーダンス**：$Z_{id} = \dfrac{v_1}{i_1} = \infty$ （3・64）

（2） **電圧利得**：$A_v = \dfrac{v_2}{v_1} = \dfrac{\mu R_L}{r_d + (1+\mu) R_L}$ （3・65）

（3） **出力インピーダンス**：$Z_{od} = \dfrac{v_2}{-i_2} \ (v_0 = 0)$

図 (b) で，$v_0 = 0$ とすると，$v_1 = 0$ となり

$$v_{gs} = -v_2 \quad (3 \cdot 66)$$

また

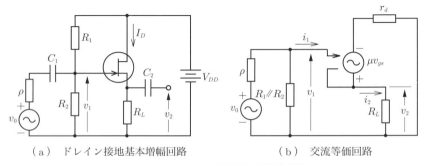

(a) ドレイン接地基本増幅回路　　　(b) 交流等価回路

図 3・22 ドレイン接地基本増幅回路

$$i_2 = \frac{\mu v_{gs} - v_2}{r_d} \tag{3・67}$$

が成立するから，v_{gs} を消去して

$$Z_{od} = \frac{v_2}{-i_2} = \frac{r_d}{1+\mu} \tag{3・68}$$

と出力インピーダンスは求められる．

　ドレイン接地も入力電流が零であるため，電流利得と電力利得は定義できない．ドレイン接地は，電圧利得が式 (3·65) からわかるように 1 より小さい．通常 $(1+\mu)R_L \gg r_d$ であるため

$$A_v \approx 1 \tag{3・69}$$

と考えてもよい．

3・6・3　ゲート接地基本増幅回路

　図 3·23 にゲート接地基本増幅回路を示す．図（b）の交流等価回路で次式が成立する．

$$v_{gs} = -v_1 \tag{3・70}$$

$$v_1 - \mu v_{gs} = (r_d + R_L)i_2 = (r_d + R_L)i_1 \tag{3・71}$$

$$v_2 = R_L i_2 \tag{3・72}$$

これらの式より，次の動作量が得られる．

（1）**入力インピーダンス**：$Z_{ig} = \dfrac{v_1}{i_1} = \dfrac{r_d + R_L}{1+\mu}$ (3・73)

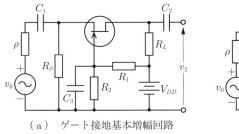
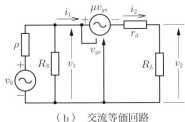

（a）ゲート接地基本増幅回路　　　　（b）交流等価回路

図 3・23　ゲート接地基本増幅回路

(2) 電圧利得：$A_v = \dfrac{v_2}{v_1} = \dfrac{(1+\mu)R_L}{r_d + R_L}$ (3・74)

(3) 電流利得：$A_i = \dfrac{i_2}{i_1} = 1.0$ (3・75)

(4) 出力インピーダンス：$Z_{og} = \dfrac{v_2}{-i_2}$ $(v_0 = 0)$

$v_0 = 0$ とし，$\rho /\!/ R_S = R_0$ とおくと，次式が成立する．

$$\left.\begin{array}{l} v_2 = -r_d i_2 - \mu v_{gs} - R_0 i_1 \\ i_1 = i_2 \\ v_{gs} = R_0 i_1 \end{array}\right\} \quad (3・76)$$

したがって，出力インピーダンスは

$$Z_{og} = \dfrac{v_2}{-i_2} = r_d + (1+\mu)R_0 \quad (3・77)$$

となる．

以上の結果をまとめて**表 3・3** に示す．FET の場合はゲートに電流が流れないため，バイポーラトランジスタの場合に比較して，各動作量を表す式が比較的簡単である．

【問 3・7】 $g_m = 10\,\mathrm{mS}$, $r_d = 50\,\mathrm{k\Omega}$, $R_L = 5\,\mathrm{k\Omega}$, $R_0 = 500\,\Omega$ としたとき，各接地形式における動作量を求めてみよ．

表 3・3 FET 基本増幅回路の動作量

	ソース接地	ドレイン接地	ゲート接地
Z_i	∞	∞	$\dfrac{r_d + R_L}{1+\mu}$
A_v	$-\dfrac{\mu R_L}{r_d + R_L}$	$\dfrac{\mu R_L}{r_d + (1+\mu)R_L}$	$\dfrac{(1+\mu)R_L}{r_d + R_L}$
A_i	—	—	1.0
Z_o	r_d	$\dfrac{r_d}{1+\mu}$	$r_d + (1+\mu)R_0$
備　考			$R_0 = \rho /\!/ R_S$

3・7 基本増幅回路の縦続接続

基本増幅回路だけでは要求される特性が実現できない場合は，基本増幅回路を組み合わせて増幅回路を作る．このとき，**図3・24** のように，各増幅回路の出力を次の増幅回路の入力へ接続する方法を**縦続接続**という．この場合全体の利得は各段の利得の積となるが，各段の利得を求める際，次段の入力インピーダンスが前段の増幅回路の負荷となることに注意が必要である．

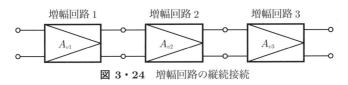

図 3・24 増幅回路の縦続接続

図3・25 に第1段目がエミッタ接地，第2段目がコレクタ接地回路で構成された増幅回路を示す．この回路は電圧利得が大きく，かつ低出力インピーダンスが要求される場合に用いられる．図3・25のように，増幅回路どうしをコンデンサを介して結合している増幅回路を **RC 結合増幅回路**といい，各増幅回路を接続しているコンデンサ（C_1，C_2，C_3）を**結合コンデンサ**という．

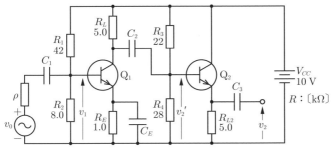

図 3・25 エミッタ接地–コレクタ接地回路

図3・26 はトランジスタの簡易等価回路を使用した交流等価回路である．全体の電圧利得 A_v は

$$A_v = \frac{v_2}{v_1} = \frac{v_2'}{v_1} \cdot \frac{v_2}{v_2'} = A_{v1} \cdot A_{v2} \tag{3・78}$$

で与えられる．

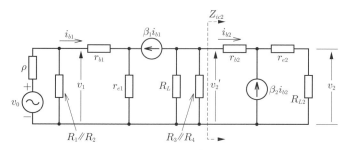

図 3・26 図 3・25 の交流等価回路

ただし，A_{v1} は 1 段目のエミッタ接地回路の利得，A_{v2} は 2 段目のコレクタ接地回路の利得である．

まず，$A_{v1} = \dfrac{v_2'}{v_1}$ を求めよう．第 1 段目のトランジスタ Q_1 の負荷抵抗は，**図 3・27**（a）に示すように R_L，R_3，R_4 および次段のトランジスタの入力インピーダンス Z_{ic2} が並列となる．この並列合成抵抗を R_{L1} とすると

$$R_{L1} = R_L /\!/ R_3 /\!/ R_4 /\!/ Z_{ic2} \tag{3・79}$$

である．Z_{ic2} はコレクタ接地回路の入力インピーダンスであるから，表 3・2 より求められる．一方，1 段目のエミッタ接地の入力インピーダンスは，簡易等価回路では負荷抵抗 R_{L1} に無関係であるから

$$Z_i = \dfrac{v_1}{i_{b1}} = r_{b1} + (1+\beta_1)r_{e1} \tag{3・80}$$

である．したがって 1 段目の電圧利得 A_{v1} は

$$A_{v1} = \dfrac{v_2'}{v_1} = \dfrac{-\beta R_{L1}}{Z_i} = \dfrac{-\beta_1 R_{L1}}{r_{b1} + (1+\beta_1)r_{e1}} \tag{3・81}$$

となる．

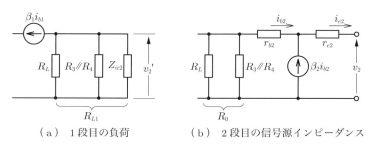

（a）1 段目の負荷　　　　（b）2 段目の信号源インピーダンス

図 3・27 縦続接続による相互の影響

2段目のトランジスタ Q_2 はコレクタ接地であるから，表 3·2 の結果より直ちに

$$A_{v2} = \frac{v_2}{v_2{'}} = \frac{(1+\beta_2)R_{L2}}{r_{b2}+(1+\beta_2)(r_{e2}+R_{L2})} \tag{3・82}$$

が得られる．以上の結果より全体の利得 A_v は

$$\begin{aligned}A_v &= A_{v1}A_{v2} \\ &= \frac{-(1+\beta_2)\beta_1 R_{L1} R_{L2}}{\{r_{b1}+(1+\beta_1)r_{e1}\}\{r_{b2}+(1+\beta_2)(r_{e2}+R_{L2})\}}\end{aligned} \tag{3・83}$$

となる．

出力インピーダンスを求める場合は，図 3·27（b）に示すように，前段のコレクタの抵抗 R_L が 2 段目のトランジスタのベースに接続されることに注意すると

$$R_0 = R_L /\!/ R_3 /\!/ R_4 \tag{3・84}$$

とおいて，表 3·2 の結果より

$$Z_o = \frac{v_2}{-i_{e2}} = r_{e2} + \frac{r_{b2}+R_0}{1+\beta_2}$$

と出力インピーダンスは求められる．

このように，増幅回路を縦続接続すると，相互に入出力インピーダンスが影響するため，各段の利得は基本増幅回路単独の場合と異なってくる．FET のソース接地やドレイン接地については，入力インピーダンスが無限大であるため，縦続接続による影響はない．

【問 3・8】 図 3·25 で $r_{b1}=r_{b2}=400\,\Omega$, $r_e=\dfrac{0.026}{I_E}\,\Omega$, $\beta_1=\beta_2=99$, $V_{B'E}=0.6\,\text{V}$ としたとき，電圧利得を求めよ．また回路を C_2 の部分で切り離してそれぞれの利得を求め，これらの利得の積と全体の利得の違いを調べよ．

演 習 問 題

3・1 図 3・28 の回路の V_B, V_E, V_C の値を，ナレータ・ノレータモデルで計算し，次に $\alpha_0 = 0.99$ としたときの各値と比較せよ．ただし，$V_{B'E} = 0.6\,\text{V}$, $I_{CO} = 0$, $r_b = 400\,\Omega$ とする．

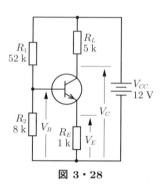

図 3・28

3・2 図 3・29 の回路で，$V_{B'E}$ の温度特性が $-2\,\text{mV/°C}$ とするとき，$V_{CB} = 0$ となってトランジスタが動作しなくなる温度を求めよ．ただし，20°C において $V_{B'E} = 0.6\,\text{V}$ とし，ナレータ・ノレータモデルで計算してよい．

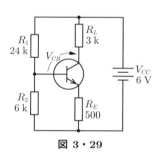

図 3・29

3・3 図 3・30 の温度補償バイアス回路で，ダイオードの順方向電圧と $V_{B'E}$ が同一特性を有するものとして，$\dfrac{\partial V_{CB}}{\partial V_{B'E}}$ を求めよ．次に図 3・29 の $\dfrac{\partial V_{CB}}{\partial V_{B'E}}$ を求め比較せよ．ただし，トランジスタはナレータ・ノレータモデルとしてよい．

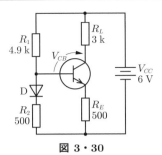

図 3・30

3・4 図 3・31 の FET のバイアス回路で，$V_{DS} = \dfrac{V_{DD}}{2}$ としたい．R_1，R_2 の値を求めよ．ただし FET の特性は，図 3・13 とする．

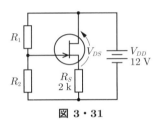

図 3・31

3・5 図 3・32（a）の回路で，トランジスタの直流および交流等価回路が，それぞれ図（b），（c）のように与えられているとき
（1） 直流電位 V_{B1}，V_{E1}，V_{C1}，V_{E2}，V_{C2} を求めよ．
（2） 各コンデンサのインピーダンスが十分低いとして

    （a） 入力インピーダンス $Z_i = \dfrac{v_1}{i_1}$

    （b） 電圧利得 $A_v = \dfrac{v_2}{v_1}$

    （c） 出力インピーダンス $Z_o = \left.\dfrac{v_2}{i_2}\right|_{v_1=0}$

を求めよ．

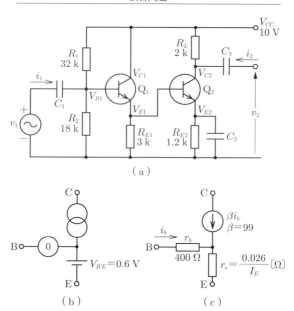

図 3・32

3・6 図 3.33 の回路で,トランジスタの直流および交流等価回路は図 3・32(b),(c)とするとき

(1) 直流電位 V_B, V_E, V_C を求めよ.
(2) 交流等価回路を描け.
(3) 入力インピーダンス $Z_i = \dfrac{v_1}{i_1}$, 電圧利得 $A_v = \dfrac{v_2}{v_1}$ を求めよ.

ただし,交流においては C_1, C_2 のインピーダンスは十分低いとしてよい.

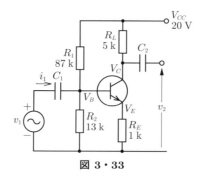

図 3・33

3・7 図 3.32（a）の入力電圧 v_1 として，**図 3.34** に示す電圧を加えた．Q_1 のエミッタの電圧波形，Q_2 のコレクタの電圧波形，および出力の電圧波形の概略を描け．

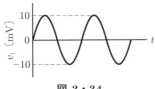

図 3・34

3・8 図 **3.35** の回路で，出力電圧 v_2，v_3 を求め，v_2 と v_3 は振幅が等しく，位相が $180°$ ずれていることを示せ．ただし，$r_d = 10\,\text{k}\Omega$，$g_m = 10\,\text{mS}$ とする．

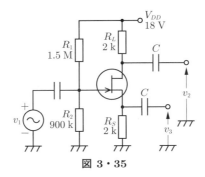

図 3・35

3・9 図 **3.36** はカスコード増幅回路と呼ばれる回路で，Q_1 はエミッタ接地，Q_2 はベース接地で動作する．トランジスタの直流および交流等価回路を，図 3.32（b），（c）とするとき，各部の直流電位 $V_{B1} \sim V_{C2}$，電圧利得 $A_v = \dfrac{v_2}{v_1}$ を求めよ．ただし交流に対して，各コンデンサのインピーダンスは十分低いとしてよい．

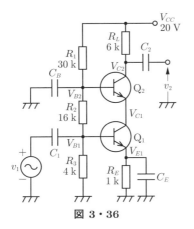

図 3・36

3・10 図 3・37 で,トランジスタの等価回路は図 3・32(b),(c)とするとき,電圧利得が約 -200 倍となるよう各素子値を設計せよ.ただし,$V_{RL}:V_{CE}:V_E \approx 1:1:0.3$ とせよ.また V_{CC} は任意の電圧が得られるものとする.

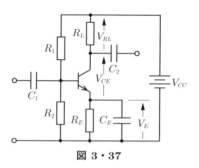

図 3・37

第4章
トランジスタの高周波等価回路と小信号増幅回路の周波数特性

前章ではトランジスタは実数のパラメータだけを有する交流等価回路で表され,また,増幅回路に使用されるコンデンサは,すべて考えている周波数では短絡に見え,増幅回路全体の諸動作量はいずれも実数で,かつ周波数に依らず一定としていた.しかし,実際の増幅回路では,無限大の周波数まで増幅できず,周波数が高くなるにしたがって利得は低下する特性となる.本章ではトランジスタの周波数を考慮した等価回路について述べ,増幅回路の特性が何によって制限されるかを説明する.

4・1 トランジスタの高周波等価回路

4・1・1 バイポーラトランジスタの高周波等価回路
〔1〕 トランジスタの寄生素子

pn接合の空乏層は,一種のコンデンサとみなすことができる.これを**接合容量**という.トランジスタは,エミッタ・ベース間およびベース・コレクタ間にそれぞれpn接合を持っている.したがって,これらのpn接合の接合容量を考慮すると,図4·1のようにトランジスタを表すことができる.ここでC_{je}はエミッタ・ベース間の接合容量,C_{jc}はベース・コレクタ間の接合容量である[1].C_{je}, C_{jc}, r_bを取り除いたトランジスタの部分を**真性トランジスタ**という.

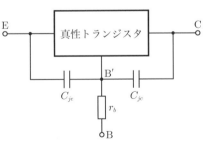

図 4·1 トランジスタの寄生素子

---

1) 0.1～5 pF 程度の微小容量である.

〔2〕 真性トランジスタの拡散容量と α の周波数特性

E–B 間の順方向 pn 接合に,直流電圧 V_{BE} をかけると,エミッタよりベースにキャリア p_{DC} が注入され,ベース領域内を拡散して,コレクタに到達する.コレクタに到達したキャリアは,B–C 間の pn 接合の逆方向電圧により,すべてコレクタ領域に入りコレクタ電流となる.これがトランジスタに直流バイアスをかけた状態である.

つぎに,**図 4·2** に示すように,E–B 間に微小信号電圧 v_{be} を V_{BE} と直列に加えると,新たに信号分のキャリア p_{AC} がベース領域に注入される.この信号分のキャリアはベース領域を拡散するとともに,ベース領域内に一定時間蓄積される.このキャリアの蓄積は,E–B 間に容量(コンデンサ)が存在し,この容量に蓄積していると考えることができる.この容量を**拡散容量**という.

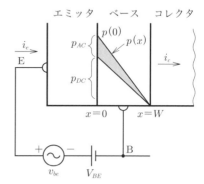

図 4·2 E–B 間に交流成分を重畳した場合

図 4·3 は拡散容量 C_d を考慮した真性トランジスタの等価回路である.

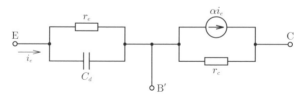

図 4·3 真性トランジスタの等価回路

ベース領域をキャリアが拡散して,コレクタに到達するには時間がかかるため,ベースに注入された信号分のキャリア p_{AC} の変化が早い(信号の周波数が高い)場合は,コレクタ電流の変化の遅れが大きくなる.この遅れは,電流増幅率 α の周波数特性として表すことができる. α を厳密に調べるには,ベース領域に注入されたキャリアの拡散方程式を解かなければならないが,非常に煩雑であるため,結果だけを示す. α は次の式で表すことができる.

$$\alpha = \frac{\alpha_0}{1 + j\dfrac{\omega}{\omega_\alpha}} \qquad (4 \cdot 1)$$

ここで，ω_α を **α−しゃ断角周波数**という[2]．ω は信号の角周波数である．α の大きさは

$$|\alpha| = \frac{\alpha_0}{\sqrt{1 + \left(\dfrac{\omega}{\omega_\alpha}\right)^2}} \tag{4・2}$$

となり，式 (1・24) で与えられる RC 回路の特性と同じであり，その周波数特性は図 1・16 のようになることがわかる．周波数の増加に伴い，α の大きさが減少するとともに，位相も回転する．$\omega = \omega_\alpha$ のとき

$$|\alpha| = \frac{1}{\sqrt{2}} \tag{4・3}$$

となり，α の大きさは直流の電流増幅率より，3 dB 低下する．

ω_α と C_d の間には，次の関係がある．

$$\omega_\alpha = \frac{1}{C_d r_e} \tag{4・4}$$

〔3〕 **β の周波数特性**

エミッタ接地電流増幅率 β の周波数特性を考えてみよう．式 (4・1) より

$$\beta = \frac{\alpha}{1-\alpha} = \frac{\alpha_0}{1-\alpha_0 + j\dfrac{\omega}{\omega_\alpha}} = \frac{\beta_0}{1 + j\dfrac{\omega}{\omega_\beta}} \tag{4・5}$$

$$\beta_0 = \frac{\alpha_0}{1-\alpha_0}$$

$$\omega_\beta = (1-\alpha_0)\omega_\alpha$$

となる．式 (4・5) の特性は式 (4・1) と形は同一で，ω の増加とともに β は減衰する．特に $|\beta|=1$ となる周波数を**遷移周波数**と呼び f_T と書く．f_T はトランジスタの増幅限界を表す周波数と考えてよい．

〔4〕 **トランジスタの高周波等価回路**

図 4・3 の真性トランジスタの等価回路に，図 4・1 の寄生素子を付加すると，トランジスタの高周波等価回路が得られる．普通 $C_d \gg C_{je}$，$r_c \gg 1/\omega C_{jc}$ が成立するため，C_{je}，r_c は省略されることが多い．図 4・4 はこうして得られたトランジスタの**ベース接地高周波 T 形等価回路**である．

---

[2] $f_\alpha = \dfrac{\omega_\alpha}{2\pi}$ を **α−しゃ断周波数**といい，100 MHz〜1 GHz 程度の値である．

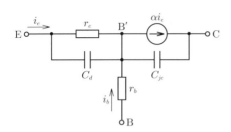
図 4・4 高周波 T 形等価回路

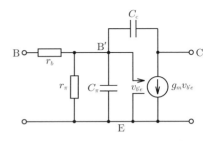
図 4・5 エミッタ接地高周波ハイブリッド π 形等価回路

エミッタ接地の場合は，**図 4.5** に示される**ハイブリッド π 形**と呼ばれる等価回路が使用される．ただし，図 4.5 の素子と図 4.4 の素子には，次のような関係がある．

$$\left.\begin{array}{l} r_\pi = \dfrac{r_e}{1-\alpha_0}, \quad C_\pi = C_d \\ C_c = C_{jc}, \quad g_m = \dfrac{\alpha_0}{r_e} \end{array}\right\} \quad (4 \cdot 6)$$

図 4.4 では電流源 αi_e の係数 α は式 (4.1) の周波数特性を持っているが，図 4.5 では周波数に依存する部分を B′–E 間の抵抗・コンデンサ回路の電圧 $v_{b'e}$ で表すことにより，電流源の係数 g_m は周波数特性を持たないようになっている．

【問 4・1】 $r_e = 26\,\Omega$, $f_\alpha = 500\,\mathrm{MHz}$ としたとき，拡散容量 C_d を求めよ．

4・1・2 FET の高周波等価回路

FET の場合は，キャリアは電界によるドリフトで移動するため，拡散による移動と異なり，キャリアの移動速度はほとんど問題にならない．したがって，FET の高周波領域では，各電極間の容量だけを考慮すれば十分である．

図 4.6 に FET の高周波等価回路を示す．これはバイポーラトランジスタのハイブリッド π 形等価回路と同一の形をしている．各コンデンサはそれぞれの電極間の容量で 0.1～10 pF 程度の値を持つ．

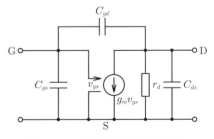
図 4・6 FET の高周波等価回路

4・2 増幅回路のミラー効果

図 4·5, 4·6 のいずれの等価回路にも，入力側と出力側の間にコンデンサ（C_c または C_{gd}）が等価的に入っている．このように増幅回路の入出間にコンデンサが接続された場合，コンデンサの容量値が小さくても，等価的に大きな値を持つコンデンサにみえてしまう．いま，**図 4·7** に示すように，電圧利得 $-A$ 倍の増幅回路の入出間にコンデンサ C が接続された場

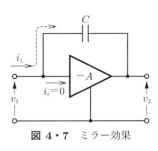

図 4・7 ミラー効果

合の，入力インピーダンスを求めてみよう．増幅回路の入力インピーダンスを無限大とし，入力電流 i_i を無視すると，i_1 はコンデンサを流れる電流に等しく

$$i_1 = j\omega C(v_1 - v_2) \tag{4・7}$$

となる．$v_2 = -Av_1$ であるから

$$Z_{\text{in}} = \frac{v_1}{i_1} = \frac{1}{j\omega(1+A)C} \tag{4・8}$$

が得られる．

式 (4·8) より，図 4·7 の回路では，入力側よりみると，コンデンサ C の $(1+A)$ 倍の容量にみえることがわかる．これを**ミラー効果**という．特に増幅回路の利得が大きい場合は，たとえ C の値が微小であっても，その入力側での影響は大きくなる場合があるので注意が必要である．

4・3 ミラー効果を考慮した増幅回路の周波数特性

図 4·8（a）のエミッタ接地増幅回路を例にして，小信号増幅回路の周波数特性を調べてみよう．図（b）はハイブリッド π 形等価回路を用いて表した図（a）の高周波等価回路である．第 3 章で求めたエミッタ接地増幅回路の利得式 (3·47) は，図（b）で C_π, C_c のインピーダンスが十分大きいとして，これらを開放して求めても得られる．しかし，高周波では，これらのコンデンサの影響は無視することはできない．いま C_c のインピーダンスが R_L に比較して十分大きいとす

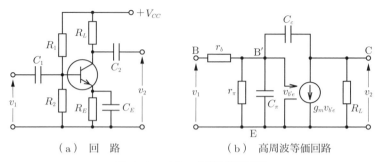

(a) 回路　　　　　　　(b) 高周波等価回路

図 4·8　エミッタ接地増幅回路

ると，C_c は前節のミラー効果により，$(1+g_m R_L)$ 倍に B′–E 側からみえる．したがって，図 4·8（b）は**図 4·9** のように書き直すことができる．ただし，C_t は，ミラー効果を考慮した場合の B′–E 間の等価容量で

$$C_t = C_\pi + (1 + g_m R_L) C_c \quad (4\cdot 9)$$

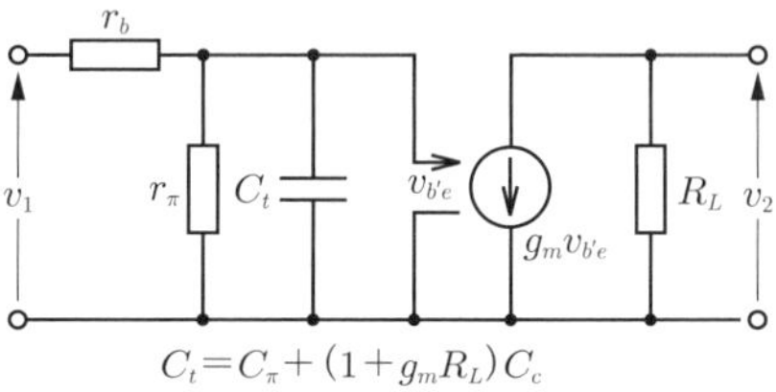

図 4·9　ミラー効果を考慮した等価回路

である．これより，電圧利得 A_h は

$$A_h = \frac{v_2}{v_1} = \frac{-g_m R_L r_\pi}{r_b + r_\pi + j\omega C_t r_\pi r_b}$$
$$= \frac{A_0}{1 + j\omega C_t r_t} \quad (4\cdot 10)$$

となる．ただし

$$r_t = r_\pi /\!/ r_b = \frac{r_b r_\pi}{r_b + r_\pi}$$
$$A_0 = \frac{-g_m R_L r_\pi}{r_b + r_\pi} = \frac{-\beta_0 R_L}{r_b + (1+\beta_0) r_e} \quad (4\cdot 11)$$

である．A_0 は C_c，C_π を開放したときの利得であり，式 (3·47) と同じである．

式 (4·10) は，第 1 章で述べた RC 回路の周波数特性を表す式 (1·23) と，A_0 倍異なるだけである．したがって，式 (4·10) の周波数特性は図 1·16 と同形で，**図 4·10** のようになる．$\omega C_t r_t = 1$ となる周波数で利得は A_0 より 3 dB 低下する（$A_0/\sqrt{2}$ となる）．この周波数を増幅回路の**高域しゃ断周波数**といい，次式で与えら

$$f_{ch} = \frac{1}{2\pi C_t r_t} \qquad (4\cdot 12)$$

次に入力に接続されているコンデンサ C_1 の影響について調べてみよう．C_1 は第 3 章で述べたように，通常，信号周波数において十分インピーダンスが低くなるように大容量のコンデンサが

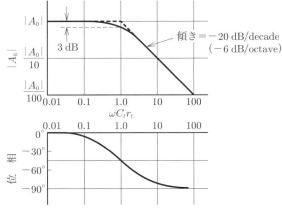

図 4・10 増幅回路の周波数特性

使用されている．したがって C_1 のインピーダンスが問題になるような周波数では，C_c，C_π は開放とみなすことができる．C_1 のインピーダンスが低周波で大きくなると，等価的にトランジスタのベースに入力される電圧が小さくなる．**図 4・11** は図 4・8（a）の C_1 より右側を

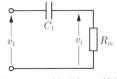

図 4・11 低周波での等価入力電圧

みたトランジスタ回路のインピーダンスを R_{in} としたときの入力側の等価回路である．ただし，C_E のインピーダンスは十分小さいとする．これよりトランジスタに入力される電圧 v_i は

$$v_i = \frac{j\omega C_1 R_{in}}{1 + j\omega C_1 R_{in}} v_1 \qquad (4\cdot 13)$$

となる．これは第 1 章の図 1・18 の特性と全く同一で，周波数が低くなるに従って増幅回路への入力電圧が減少し全体の利得は低下する．このとき増幅回路の利得 A_l は次のように表される．

$$A_l = \frac{v_2}{v_1} = \frac{A_0}{1 + \dfrac{1}{j\omega C_1 R_{in}}} \qquad (4\cdot 14)$$

利得が A_0 より 3 dB 低下する周波数（**低域しゃ断周波数**）f_{cl} は

$$f_{cl} = \frac{1}{2\pi C_1 R_{in}} \qquad (4\cdot 15)$$

となる．

以上は C_E のインピーダンスが十分小さいとして解析したが，この条件が成立するためには，C_E の値としては

$$C_E \gg \frac{1}{2\pi f_{cl} R_o} \qquad (4\cdot 16)$$

のように選ぶ．ただし，R_o は図 4·8（a）の回路の C_E よりトランジスタを見たインピーダンスで，第 3 章 3·5·3 項で述べたコレクタ接地回路の出力インピーダンスと考えてよい．

式（4·15）の低域しゃ断周波数から式（4·12）の高域しゃ断周波数までの周波数帯を，増幅回路の**帯域幅**という．帯域幅の広い増幅回路を得るためには，C_1，C_E 等を十分大きくすると共に，C_c，C_π，r_b の小さな高周波用のトランジスタを使用しなければならない．

【問 4·2】 図 4·8 で $f_\alpha = 500\,\mathrm{MHz}$, $r_b = 50\,\Omega$, $r_e = 26\,\Omega$, $C_c = 1\,\mathrm{pF}$, $\alpha_0 = 0.99$, $R_L = 1\,\mathrm{k\Omega}$ としたときの f_{ch} を求めよ．

4·4 多段増幅回路の周波数特性

4·4·1 利得の折れ線近似

トランジスタを複数個用いて，増幅回路を縦続接続構成した場合，全体の利得は第 3 章 3·7 節で述べたように，各段の利得を相互接続の影響を考慮して求め，これらの積として表される．このとき，各増幅回路間に接続されている結合コンデンサの容量を十分大きくするか，あるいは，4·4·2 項で述べるように各段間に結合コンデンサを使用せず直接接続することにより，各段の低域しゃ断周波数は低くすることができる．しかし，高域しゃ断周波数はほぼトランジスタによって決定されるため，自由に設定できない．

各段の電圧利得および高域しゃ断周波数を**図 4·12** のように A_{0i}, f_{chi} とおくと，n 段接続した場合の全体の利得 A_t は，式（4·10）の積で表され

図 4·12 多段接続増幅回路

$$A_t = \frac{A_{01}A_{02}\cdots\cdots A_{0n}}{\left(1+j\dfrac{f}{f_{ch1}}\right)\left(1+j\dfrac{f}{f_{ch2}}\right)\cdots\cdots\left(1+j\dfrac{f}{f_{chn}}\right)} \quad (4\cdot17)$$

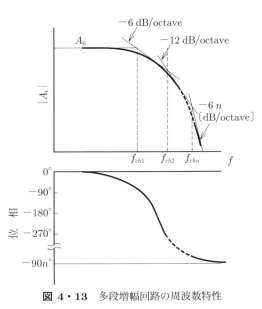

図 4・13 多段増幅回路の周波数特性

となる．この特性は第1章1.5節で述べた折れ線近似を用いると，**図 4・13** のようになる[3]．利得の振幅の傾きは，1段当たり $-6\,\mathrm{dB/octave}$ であるから，高周波においては最大 $-6n$〔dB/octave〕の傾きで利得が低下することになる．また位相回転は1段当たり最大 $-90°$ であるから，n 段では最大 $-90n°$ 位相が回転することになる．位相の回転は次章で述べる帰還回路の安定性にも関係し，振幅特性とともに，位相特性も増幅器の利得の周波数依存性を表す重要な特性である．

【問 4・3】 式（4・17）で $f_{ch1} = f_{ch2} = \cdots = f_{chn}$ の場合，利得の振幅，位相特性はどのようになるか．

4・4・2 入力容量によるしゃ断周波数の低下

式（4・12）で与えられる高域しゃ断周波数は，図4・8のようにトランジスタ1個だけ使用し，出力端子は開放して得られる利得のしゃ断周波数であった．この値は問4・2の数値程度では，数十 MHz 以上の高い周波数となる．しかし，多段接続増幅回路のように，図4・8の回路の出力に次段の増幅回路の入力端子が接続されるような場合，高域しゃ断周波数は著しく低下する．

図 4・14（a）はエミッタ接地2段を縦続接続した回路である．低域しゃ断周波数を下げるため，1段目と2段目の間は，結合コンデンサは用いず，直接接続している．このような回路を**直結増幅回路**という．図（b）は高周波等価回路である．

---

3) 簡単のために $f_{ch1} < f_{ch2} < \cdots < f_{chn}$ とした．

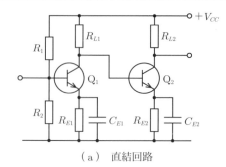

(a) 直結回路

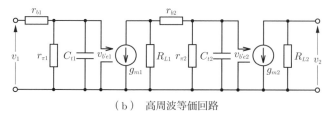

(b) 高周波等価回路

図 4・14 直結増幅回路

v_1 から $v_{b'e1}$ までの回路のしゃ断周波数は，式 (4·12) ですでに求めてあるから，$v_{b'e1}$ から $v_{b'e2}$ までの回路のしゃ断周波数を求めてみよう．$R_{L1} \gg r_{b2}$ とすると

$$\frac{v_{b'e2}}{v_{b'e1}} = -\frac{g_{m1}R_{L1}r_{\pi 2}}{(R_{L1}+r_{\pi 2})\left(1+j\omega C_{t2}\dfrac{R_{L1}r_{\pi 2}}{R_{L1}+r_{\pi 2}}\right)}$$

$$= -\frac{g_{m1}R_L}{1+j\omega C_{t2}R_L} \tag{4·18}$$

が得られる．ただし

$$R_L = R_{L1} /\!/ r_{\pi 2} = \frac{R_{L1}r_{\pi 2}}{R_{L1}+r_{\pi 2}}$$

とする．したがって高域しゃ断周波数は

$$f_{ch} = \frac{1}{2\pi C_{t2}R_L} \tag{4·19}$$

となる．普通 R_L は数 kΩ であるのに対し，r_t は数十～数百 Ω であり，$R_L \gg r_t$ が成立するから，式 (4·19) は式 (4·12) のしゃ断周波数に比較して，著しく低下することがわかる．

【問 4・4】 図 4·14 の回路で，トランジスタの定数が問 4·2 と同一数値で $R_{L1} = 1\,\mathrm{k\Omega}$ としたとき，式 (4·19) の値を求めよ．

4・5 広帯域増幅回路

前節で述べたように,増幅回路の入力容量のため,高域しゃ断周波数は,増幅回路が本来有していた高域しゃ断周波数より著しく低下する. これを広帯域化するためには,**ピーキング**という手法が用いられる. 図 4・15 はコイルと次段の入力容量による共振現象を利用して,利得の低下を抑える回路である. 図 (a) は直列共振を利用しており,これを**直列ピーキング**という. また図 (b) は並列共振を利用し,**並列ピーキング**という.

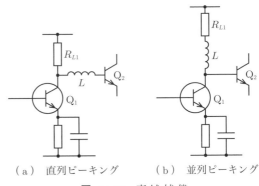

(a) 直列ピーキング　　(b) 並列ピーキング

図 4・15 高域補償

直列ピーキングを例に説明しよう. 高周波等価回路は図 4・14 (b) の r_{b2} の前にコイル L を直列に接続した回路となる. $R_{L1} \gg r_{b2}$, $R_{L1} // r_{\pi 2} = R_L$ とすると,$v_{b'e1}$ から $v_{b'e2}$ への伝送は,次式で与えられる.

$$\frac{v_{b'e2}}{v_{b'e1}} = -\frac{g_m R_L}{\left(\dfrac{j\omega}{\omega_0}\right)^2 + \dfrac{j\omega}{Q\omega_0} + 1} \tag{4・20}$$

ただし

$$\omega_0 = \sqrt{\frac{R_{L1} + r_{\pi 2}}{LC_{t2}r_{\pi 2}}}, \quad Q = \frac{LC_{t2}r_{\pi 2}}{C_{t2}R_{L1}r_{\pi 2} + L}\omega_0 \tag{4・21}$$

とする.

式 (4・20) の振幅特性は,Q の値により図 4・16 のようになる. $Q > \dfrac{1}{\sqrt{2}}$ では特性にピークを生じ,また $Q < \dfrac{1}{\sqrt{2}}$ では帯域が十分広くとれない. $Q = \dfrac{1}{\sqrt{2}}$ のとき

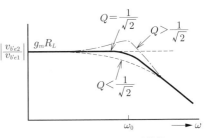

図 4・16 ピーキング特性

ピークを生じることなく最も帯域幅が広くとれる．このとき L の値は，式 (4・21) を解いて次のようになる[4]．

$$L = C_t r_{\pi 2}^2 \left\{ 1 - \sqrt{1 - \left(\frac{R_{L1}}{r_{\pi 2}}\right)^2} \right\} \quad (4・22)$$

また，高域しゃ断周波数 f_{ch} は $\frac{\omega_0}{2\pi}$ となり，式 (4・21) より求められる．

並列ピーキングも全く同様にして計算できる．

図 4・17 は**エミッタピーキング**とよばれる回路である．この回路は次章で述べる負帰還回路の一種であり，厳密な解析は次章に譲るが，その利得はエミッタに接続されているインピーダンス Z_E と，コレクタ側のインピーダンス Z_C の比で与えられ

$$A_v \approx -\frac{Z_C}{Z_E} \quad (4・23)$$

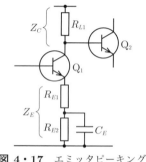

図 4・17 エミッタピーキング

である．高周波になると Z_C は，次段の入力容量のためその大きさが低下するが，そのとき Z_E も同時に低下するように C_E の値を選べば，利得の低下を抑えることができる．C_E の値は次式が成立するように決定すればよい．

$$\frac{1}{C_E R_{E2}} = \frac{1}{C_{t2} R_L} \quad (4・24)$$

【問 4・5】 直列ピーキングで $Q = 1/\sqrt{2}$ となるための L の値，および，このときの高域しゃ断周波数を求めよ．ただし各定数は問 4・4 と同一とする．

演 習 問 題

4・1 図 4・18 (a) の回路で，トランジスタの直流および交流等価回路が (b)，(c) のように与えられているとき，周波数特性の概略を描け．ただし，低域しゃ断周波数は C_1 で決定されるとしてよい．

---

4) 式 (4・22) より，$R_{L1} < r_{\pi 2}$ のときだけ L の値が実数として定められる．

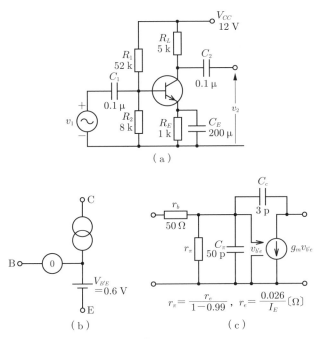

図 4・18

4・2 図 4・19 (a) の回路で, C_1, C_2 のインピーダンスが十分低いとして, C_E の効果を考慮した低周波における利得の周波数特性の概略を描け. ただし, トランジスタの等価回路は図 (b) とする.

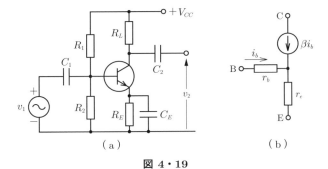

図 4・19

4・3 （1） 図 4・14 の利得 $A_v = \dfrac{v_2}{v_1}$ を求めよ．

（2） $r_{b1} = r_{b2} = 50\,\Omega$, $r_{\pi 1} = r_{\pi 2} = 2\,\mathrm{k\Omega}$, $C_{t1} = C_{t2} = 500\,\mathrm{pF}$, $R_{L1} = R_{L2} = 5\,\mathrm{k\Omega}$, $g_{m1} = g_{m2} = 40\,\mathrm{mS}$ としたとき，高域特性の概略を描け．

4・4 図 4・20 はバイアス回路部分を省略した FET 回路である．FET の等価回路を図 4・6 として，

（1） 図 4・20 の入力アドミタンス $Y_\mathrm{in} = \dfrac{i_1}{v_1}$ を求めよ．

（2） 電力利得 $A_p = \dfrac{1}{R_e(Y_\mathrm{in})|v_1|^2} \cdot \dfrac{|v_2|^2}{R_L}$ が 1 となる角周波数を求めよ．ただし $R_L = r_d$, $g_m r_d = \mu \gg 1$, $C_{gd} \gg C_{ds}$ とする．

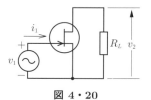

図 4・20

4・5 図 4・21 はコンデンサ C と抵抗から構成される回路である．

（1） 図 (a) の電圧利得 $A_v = \dfrac{v_2}{v_1}$ の低域しゃ断周波数 f_{cl} は

$$f_{cl} = \dfrac{1}{2\pi C(R_1 + R_2)}$$

となることを示せ．ただし，抵抗 R_1, R_2 はコンデンサの端子より抵抗回路 I, II をそれぞれみた抵抗である．

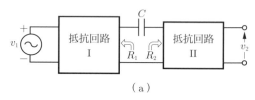

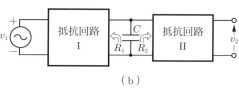

図 4・21

（2） 図 (b) の電圧利得 $A_v = \dfrac{v_2}{v_1}$ の高域しゃ断周波数 f_{ch} は

$$f_{ch} = \dfrac{1}{2\pi C(R_1 /\!/ R_2)}$$

となることを示せ．ただし R_1, R_2 は図 (a) と同じである．

4・6 4・5 の結果を用いて，図 4・18 (a) の f_{cl} と f_{ch} が式 (4・15)，式 (4・12) となることを示せ．

第5章

負帰還増幅回路

バイポーラトランジスタやFETなどの半導体素子は，温度変化によりそのパラメータが著しく変動する．このような素子を利用して構成された増幅器は，構成素子のパラメータ変動により，その特性が変わってしまう．またトランジスタなどの能動素子は，本来非線形素子であるから，これにより構成された増幅器は増幅の過程でひずみを発生する．このように，実際の増幅器はその特性が不完全で，厳しい条件が要求されるような場合，前章までの増幅回路では対処できないことがある．

負帰還は特性が多少不完全ではあるが，大きな利得を有する増幅器と，特性の優れた減衰器を組み合わせて，全体の特性がほぼ理想的になるようにする技術である．ひずみの発生を少なくし，回路を安定に働かせるためには不可欠な技術で，今日の電子回路には必ずと言って良いほど使用されている．

5・1 負帰還の原理

図5・1に示すように，増幅器 (A) の出力を減衰器 (H) に通して得た信号 (Hv_2) と入力 (v_1) との和または差を，再び増幅器に入力する回路を**帰還回路**という．図5・1で次式が成立する．

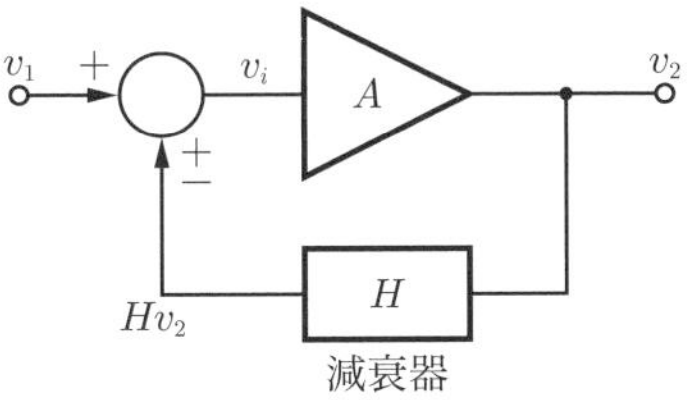

$$\left.\begin{array}{l} v_2 = A v_i \\ v_i = v_1 \pm H v_2 \end{array}\right\} \quad (5・1)$$

図 5・1 帰還回路

これより，v_i を消去して，利得 G を求めると

$$G = \frac{v_2}{v_1} = \frac{A}{1 \mp AH} \qquad (5・2)$$

となる.ただし複号は図 5·1 と同順とする.式 (5·2) の分母の符号が負の場合,すなわち,図 5·1 で正号をとる場合を**正帰還**という.また分母の符号が正(図 5·1 では負号)の場合を**負帰還**という.

正帰還の場合 $AH \geq 1$ のとき,回路が不安定となり発振するため,増幅器にはあまり使用されない.しかし,第 8 章で述べる発振回路は正帰還を積極的に利用して回路を構成する.

負帰還の場合

$$AH \gg 1 \tag{5·3}$$

とすると,式 (5·2) は

$$G \approx \frac{A}{AH} = \frac{1}{H} \tag{5·4}$$

となり,負帰還回路全体の利得は,負帰還回路を構成している増幅器 A の利得には無関係に,減衰器 H の減衰量だけで決定される.

一般に増幅器の利得は非線形性を有していたり,また環境の変化(温度変化,電源電圧変動,経年変化など)により特性が変動する.一方,減衰器は受動素子だけで構成でき,能動素子(トランジスタなど)に比較して,環境の変化に対して安定であるとともに,その周波数特性などの諸特性がきわめて理想的である.したがって負帰還回路とは利得は非常に大であるが,特性が不完全である増幅器と,特性が理想に近い減衰器を組み合わせ,全体の特性が減衰器の理想特性で決定されるようにした回路である.

図 5·1 では入力信号と帰還信号 (Hv_2) との差をとり,負帰還回路を構成していた.**図 5·2** は逆相増幅器を使用することにより,入力側を和の形で実現した負帰還回路である.電子回路では電圧,電流の差を作るより和を作るほうが容易である.したがって,負帰還回路は図 5·2 の回路形式とする場合が多い.この場合利得は

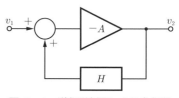

図 5·2 逆相増幅器による負帰還

$$G = \frac{v_2}{v_1} = \frac{-A}{1+AH} \tag{5·5}$$

となり,負帰還回路全体も逆相増幅器となる.

5・2 負帰還の効果

負帰還を増幅器に導入すると,どのような効果があるか調べてみよう.

5・2・1 利得変動の減少

式 (5・4) に示すように,負帰還回路の利得 G は,増幅器の利得 A とはほぼ無関係であるため,A の大きさが変化しても,G は変化しないことが予想される.これを数式的に表してみよう.いま,回路を構成している任意の素子 x が $x + \Delta x$ に変化したとき,利得 G が $G + \Delta G$ に変わったとし,そのときの利得の安定性を表す尺度として,次式を定義する.

$$S_x{}^G = \lim_{\Delta x \to 0} \frac{\frac{\Delta G}{G}}{\frac{\Delta x}{x}} = \frac{x}{G} \cdot \frac{\partial G}{\partial x} \tag{5・6}$$

$S_x{}^G$ を G の x に対する**素子感度**と呼び,$S_x{}^G$ が小さい回路ほど,x の変化に対する G の変化の割合が小さくなり,安定な回路といえる.

式 (5・2),(5・6) より,A が変化した場合の素子感度を求めると

$$S_A{}^G = \frac{1}{1 + AH} \tag{5・7}$$

となる.いま ΔA が微小であるとすると,式 (5・6) より

$$\frac{\Delta G}{G} \approx S_A{}^G \cdot \frac{\Delta A}{A} = \frac{1}{1 + AH} \cdot \frac{\Delta A}{A} \tag{5・8}$$

となり,A の変化率の $\dfrac{1}{1 + AH}$ 倍に G の変化率は低減される.

次に H が変化した場合を考えてみよう.式 (5・2),(5・6) より

$$S_H{}^G = -\frac{AH}{1 + AH} \tag{5・9}$$

が得られる.負帰還では $AH \gg 1$ とするから

$$S_H{}^G \approx -1 \tag{5・10}$$

となる.したがって

$$\frac{\Delta G}{G} \approx S_H{}^G \cdot \frac{\Delta H}{H} \approx -\frac{\Delta H}{H} \qquad (5\cdot 11)$$

となり，H の変化はそのまま直接全体の利得の変化となってしまう．

　以上の結果より，負帰還回路の利得は，使用している増幅器の利得変動に対しては，きわめて安定であるが，帰還路を構成している減衰器に対しては，その変化が直接負帰還回路の利得の変化に対応するため，十分安定になるように注意しなければならない．

　式 (5·7) に示すように，利得変動の低減の割合は，AH に関係している．AH は**図 5·3** に示すように，増幅器 A の入力から減衰器 H の出力までの負帰還回路を一巡する利得であり，これを**ループ利得**という．ループ利得は負帰還回路の諸特性を決定する非常に重要な量である．

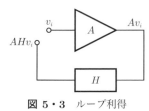

図 5·3 ループ利得

5·2·2　非線形ひずみの低減

　トランジスタなどの能動素子は，もともと非線形な特性を有する素子であり，信号振幅が非常に小さい場合は，線形化することができ，交流等価回路という考え方で線形素子として取り扱ってきた．しかし厳密には非線形性により，増幅器の出力波形にひずみを生じる．この非線形性によるひずみは，信号の振幅が大であるほど大きくなる．したがって**図 5·4** に示すように，信号振幅の大きい増幅器の出力段でひずみは発生すると考えてよい．負帰還路 H を有さない図 5·4 の出力では

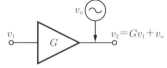

図 5·4 増幅器のひずみ出力

$$v_2 = Gv_1 + v_n \qquad (5\cdot 12)$$

となる．ただし，v_n はひずみ成分である．

　一方，負帰還回路として構成した**図 5·5** の増幅器では，次式が成立する．

$$\left. \begin{array}{l} v_2 = Av_i + v_n \\ v_i = v_1 - Hv_2 \end{array} \right\} \qquad (5\cdot 13)$$

これより，v_i を消去すると次式が得られる．

$$v_2 = \frac{A}{1+AH}v_1 + \frac{v_n}{1+AH} \qquad (5\cdot 14)$$

いま，信号に対する利得の等しい増幅器を，無帰還で作った場合と負帰還回路として作った場合でひずみの大小を比較する．すなわち，式 (5·12) と式 (5·14) の v_1 に対する利得を等しくおくと，式 (5·14) は

$$v_2 = Gv_1 + \frac{v_n}{1+AH} \qquad (5 \cdot 15)$$

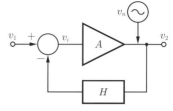

図 5·5 負帰還回路のひずみ出力

となる．増幅器の非線形性によるひずみは，その信号振幅が同一ならば，図 5·4，5·5 の両者とも同一と考えられるから，式 (5·12)，(5·15) より，負帰還をかけることにより，ひずみ v_n は $\dfrac{1}{1+AH}$ 倍に低減されることになる．

図 5·4，5·5 ではひずみが，出力段で発生したとしていたが，これが入力段で発生したとすると，負帰還は全く効果がない．入力段では信号振幅が小さいから，増幅器の非線形性によるひずみに対してはあまり考慮しなくても良いが，v_n を雑音と考えれば，入力段で発生する雑音は負帰還によって低減することはできないから，十分低雑音になるよう注意しなければならない（演習問題 5·1 参照）．

5·3 負帰還の種類

図 5·1 の増幅器 A や減衰器 H は，一般に入出端子をそれぞれ 2 個ずつ有する四端子回路であり，この入出力の端子を互いにどのように接続して，負帰還回路を構成するかにより，**図 5·6** に示す 4 種類の回路が考えられる．これらの回路は単に接続法が異なるばかりでなく，出力の電圧，または電流のいずれを H 倍して，入力へ電圧，または電流のいずれとして戻すかによる区別と考えても良い．例えば図 (a) の直列–直列帰還についてみると，出力電流 i_2 の H 倍を電圧 v_f として入力側に戻している．図 (b) および図 (d) の入力側並列回路では，出力の H 倍が電流 i_f として入力側に戻される．このとき，入力信号との和が増幅器に入力されるように，入力信号源は電流源 i_1 となっている．

いずれの回路も，前節で述べた負帰還の効果には全く差はないが，次節で述べるように，入出力端子の接続の違いによって，負帰還回路の入出力インピーダンスが異なってくる．

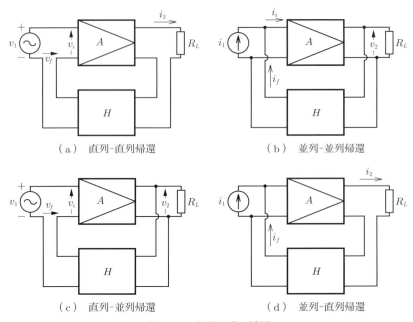

図 5・6　帰還回路の種類

5・4　負帰還による入出力インピーダンスの変化

図5·6のいずれも同様の考え方で解析できるので，図（c）の直列–並列帰還を例に入出力インピーダンスを求めてみよう．

図 5·7（a）は入力側に帰還されて戻ってくる電圧 v_f $(= Hv_2)$ を電圧源で表した等価回路である．Z_i, Z_o は増幅器 A 自身の入力および出力インピーダンスである．図5·7（a）で次式が成立する．

$$\left.\begin{aligned} & v_2 = \frac{AR_L}{Z_o + R_L} v_i \approx A v_i \\ & \text{（ただし，} R_L \gg Z_o \text{とする）} \\ & v_i = v_1 - v_f = v_1 - H v_2 \\ & i_1 = \frac{v_i}{Z_i} \end{aligned}\right\} \quad (5 \cdot 16)$$

これらの式より，v_i, v_2 を消去し v_1 と i_1 の関係を求めると

5・4 負帰還による入出力インピーダンスの変化

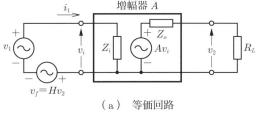

（a） 等価回路

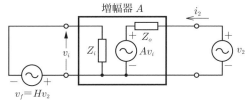

（b） 出力インピーダンスの計算

図 5・7 直列–並列帰還の入出力インピーダンス

$$Z_\mathrm{in} = \frac{v_1}{i_1} = (1+AH)Z_i \tag{5・17}$$

となり，図 5・6（c）の入力インピーダンス Z_in は，もとの増幅器 A の入力インピーダンス Z_i の $(1+AH)$ 倍となる．

次に，出力インピーダンスを求めてみよう．図 5・7（b）は，入力を短絡（$v_1=0$）として，出力より v_2 を加えた場合の等価回路である．この場合次式が成立する．

$$\left.\begin{aligned}i_2 &= \frac{v_2 - Av_i}{Z_o} \\ v_i &= -v_f = -Hv_2\end{aligned}\right\} \tag{5・18}$$

これより，i_2 と v_2 の関係を求めると

$$Z_\mathrm{out} = \frac{v_2}{i_2} = \frac{Z_0}{1+AH} \tag{5・19}$$

となる．すなわち，図 5・6（c）の出力インピーダンス Z_out は，増幅器 A 自身の出力インピーダンス Z_o の $\dfrac{1}{1+AH}$ 倍になる．

同様な計算により他の回路も計算できるが，一般に並列接続された側のインピーダンスは，もとのインピーダンスの $\dfrac{1}{1+AH}$ 倍に低下し，直列接続された側のイ

ンピーダンスは $(1+AH)$ 倍に上昇する．この性質は入出力側ともに共通である．したがって，要求される増幅器の入出力インピーダンスに応じて，負帰還の形式を決定しなければならない．例えば高入力インピーダンス，低出力インピーダンスの増幅器を実現したい場合は図5·6（c）の形式，低入力インピーダンス，高出力インピーダンスの増幅器の場合は図（d）の形式を使用すればよい．

5・5　負帰還回路の実際

負帰還回路は原理的には，増幅器と減衰器によって構成されるのであるが，実際の回路では，増幅器と減衰器とを図5·1や図5·6のように明確に区別するのが困難な場合が多い．ここでは比較的簡単でわかりやすい負帰還の実際例について述べる．

5・5・1　直列–直列帰還

図5·8（a）は直列–直列帰還回路の例である．この回路は，第3章で述べたエミッタ接地基本増幅回路（図3·18）のエミッタに接続されていたコンデンサ C_E を取り除いた回路と同じである．図5·8（b）は図（a）を信号分に対して表したもので，これより，この回路はエミッタ接地回路 A と，抵抗 R_F よりなる回路 H による直列–直列帰還であることがわかる．

図（c）の交流等価回路により，利得等を求めてみよう．

$$\left. \begin{aligned} v_2 &= -\beta R_L i_b \\ v_1 &= r_b i_b + (r_e + R_F)(1+\beta) i_b \end{aligned} \right\} \quad (5 \cdot 20)$$

が成立するから，i_b を消去すると

$$\begin{aligned} G_v = \frac{v_2}{v_1} &= -\frac{-\beta R}{r_b + (1+\beta)(r_e + R_F)} \\ &= -\frac{\beta R_L}{r_b + (1+\beta)r_e} \cdot \frac{1}{1 + \dfrac{(1+\beta)R_F}{r_b + (1+\beta)r_e}} \\ &= -\frac{\beta R_L}{r_b + (1+\beta)r_e} \cdot \frac{1}{1 + \dfrac{\beta R_L}{r_b + (1+\beta)r_e} \cdot \dfrac{(1+\beta)R_F}{\beta R_L}} \end{aligned} \quad (5 \cdot 21)$$

が得られる．

$$A = \frac{\beta R_L}{r_b + (1+\beta)r_e}$$

$$H = \frac{(1+\beta)R_F}{\beta R_L}$$

$$\approx \frac{R_F}{R_L} \quad (5\cdot22)$$

とおくと，G_v は次のようになる．

$$G_v = -\frac{A}{1+AH} \quad (5\cdot23)$$

A はエミッタ接地回路の利得，H は R_F，R_L で決定される減衰量である．この回路では抵抗 R_L は，A および H の両方に含まれている．このように，実際の負帰還回路では増幅器の部分と，減衰器の部分を明確に分けることができず，相互に関係していることが多い．

$AH \gg 1$ とすると

$$G_v \approx -\frac{1}{H}$$

$$= -\frac{R_L}{R_F} \quad (5\cdot24)$$

となる．

次に入力インピーダンスを求めてみると，式 (5·20) より

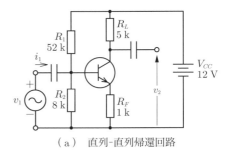

(a) 直列-直列帰還回路

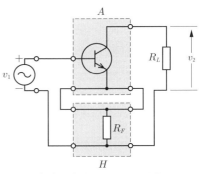

(b) 交流分に対する見方

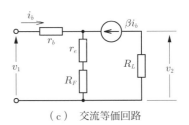

(c) 交流等価回路

図 5·8 直列-直列帰還の例

$$\begin{aligned}
Z_{\text{in}} &= \frac{v_1}{i_b} \\
&= r_b + (1+\beta)(r_e + R_F) \\
&= \{r_b + (1+\beta)r_e\}\left\{1 + \frac{\beta R_L}{r_b + (1+\beta)r_e} \cdot \frac{(1+\beta)R_F}{\beta R_L}\right\} \\
&= Z_{ie}(1+AH) \quad (5\cdot25)
\end{aligned}$$

となり，負帰還なしのエミッタ接地入力インピーダンス Z_{ie} の $(1+AH)$ 倍となっている．

出力インピーダンスは簡易等価回路では無限大である．

【問 5・1】 図 5・8 の直流バイアスを求め，次に電圧利得 $G_v = \dfrac{v_2}{v_1}$ および入力インピーダンス $Z_{\text{in}} = \dfrac{v_1}{i_1}$ を求めよ．ただし，$V_{B'E} = 0.6\,\text{V}$，$r_e = \dfrac{0.026}{I_E}$ 〔Ω〕，$r_b = 400\,\Omega$，$r_c = \infty$，$\beta = 99$ とする．

【問 5・2】 問 5・1 で β が 5% 増加したとき，A の増加率と G_v の増加率を求めてみよ．

5・5・2 並列-並列帰還

図 5・9（a）は並列-並列帰還回路の例である．入力電圧源を電流源に変換し，信号成分に対する回路を図（b）のように表すと，ソース接地増幅回路 A と抵抗 R_F の回路 H より構成される並列-並列帰還回路であることがわかる．図（c）の等価回路より利得を求めてみよう．いま $R_F \gg R_L,\ \rho,\ R_G \gg \rho$ とすると，次式が成立する．

$$\left.\begin{aligned}
v_2 &= -\frac{\mu R_L}{r_d + R_L} v_{gs} \\
v_{gs} &= \frac{R_F /\!/ R_G}{\rho + R_F /\!/ R_G} v_1 + \frac{\rho /\!/ R_G}{R_F + \rho /\!/ R_G} v_2 \\
&\approx v_1 + \frac{\rho}{R_F} v_2
\end{aligned}\right\} \quad (5\cdot 26)$$

これより，v_{gs} を消去し利得を求めると

$$\begin{aligned}
G_v = \frac{v_2}{v_1} &= \frac{-\mu R_L}{r_d + R_L} \cdot \frac{1}{1 + \dfrac{\mu R_L}{r_d + R_L} \cdot \dfrac{\rho}{R_F}} \\
&= \frac{-A}{1 + AH}
\end{aligned} \quad (5\cdot 27)$$

ただし

$$\left.\begin{aligned}
A &= \frac{\mu R_L}{r_d + R_L} \\
H &= \frac{\rho}{R_F}
\end{aligned}\right\} \quad (5\cdot 28)$$

となる．次に入力インピーダンスを求めてみよう．図 5・9（c）で次式が成立する．

$$i_1 = \frac{v_{gs}}{R_G} + \frac{v_{gs} - v_2}{R_F} \tag{5.29}$$

$v_2 = -Av_{gs}$ であるから，抵抗 ρ より右側のインピーダンス Z_{in}' $(= v_{gs}/i_1)$ は

$$\begin{aligned}Z_{\text{in}}' &= \frac{Z_i}{1 + A\dfrac{Z_i}{R_F}} \\ &= \frac{Z_i}{1 + AH'}\end{aligned} \tag{5.30}$$

ただし

$$\left.\begin{aligned}Z_i &= R_G /\!/ R_F \\ H' &= \frac{Z_i}{R_F}\end{aligned}\right\} \tag{5.31}$$

となり，入力インピーダンス Z_{in} は

$$\begin{aligned}Z_{\text{in}} &= \frac{v_1}{i_1} \\ &= \rho + \frac{Z_i}{1 + AH'}\end{aligned} \tag{5.32}$$

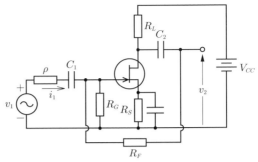
（a）並列-並列帰還回路

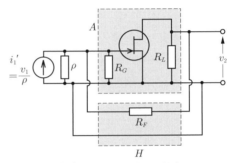
（b）交流分に対する見方

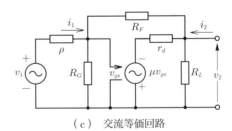
（c）交流等価回路

図 5・9 並列–並列帰還の例

となる．Z_i は負帰還のない場合の入力インピーダンスであるから，ρ より右側のインピーダンスは $\dfrac{1}{1+AH'}$ 倍低くなっている．

出力インピーダンス Z_{out} は，$v_1 = 0$ とすると，式 (5・26) より

$$v_{gs} \approx \frac{\rho}{R_F} v_2 \tag{5.33}$$

であるから

$$i_2 = \frac{v_2}{R_L} + \frac{v_2 + \mu v_{gs}}{r_d}$$
$$= \frac{r_d + R_L}{r_d R_L}(1 + AH)v_2 \qquad (5\cdot34)$$

となり

$$Z_{\text{out}} = \frac{v_2}{i_2} = \frac{r_d R_L}{r_d + R_L} \cdot \frac{1}{1+AH} = \frac{Z_o}{1+AH} \qquad (5\cdot35)$$

が得られる．$Z_o\,(=r_d /\!/ R_L)$ は負帰還のない場合の出力インピーダンスであるから，図 5·9 の出力インピーダンスは $\dfrac{1}{1+AH}$ 倍低下していることが示された．

5・5・3　ループ利得の大きい負帰還回路

負帰還はループ利得が大であるほど，その効果も大きい．図 5·8, 5·9 の回路のようにトランジスタ 1 個だけ使用したのでは，ループ利得が不足な場合がある．このような場合，増幅器を多段に縦続接続した回路が用いられる．**図 5·10** は FET を 3 段縦続接続した増幅器に並列帰還をかけた例である．この回路は $R_F \gg R_{L3}$, ρ とすれば，FET 3 段増幅器の利得を A と考えて，図 5·9 と全く同様に解析できる[1]．

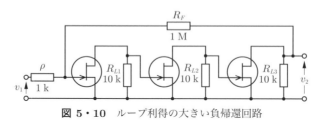

図 5・10　ループ利得の大きい負帰還回路

【問 5・3】　図 5·10 の電圧利得 $G_v = \dfrac{v_2}{v_1}$ を求めよ．ただし，$r_d = 10\,\text{k}\Omega$, $\mu = 100$ とする．このときループ利得はいくらか．

5・6　負帰還回路の安定性

第 4 章で，増幅器の利得は周波数特性を有し，その振幅ばかりでなく利得の位相も周波数とともに変化することを述べた．利得に位相回転がある場合には，負

---

1) 図 5·10 はバイアス回路等を省略し，信号分について表してある．

帰還は不安定となり回路が発振してしまうことがある．本節では，負帰還の安定性と，発振対策について説明する．

5・6・1　負帰還回路の安定条件

負帰還の利得は，一般に

$$G = \frac{A}{1+AH} \quad (5 \cdot 36)$$

で与えられる．ループ利得 AH は周波数とともに，振幅および位相が変化する．したがって，低周波において負帰還となるよう回路を設計しても，AH の位相が $180°$ 回転すると正帰還となってしまう．このとき，$|AH| \geq 1$ ならば回路は不安定となり発振することになる．AH の振幅特性と位相特性を図 5・11 のように表したグラフを，**ボード線図**といい，負帰還回路の安定性を調べる際に有用である．

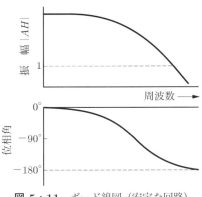

図 5・11　ボード線図（安定な回路）

図 5・11 は安定な負帰還回路のボード線図で，AH の位相角が $180°$ 以上回転しないため，正帰還にはならず安定である．一方，**図 5・12** のボード線図では，AH の位相が $-180°$ 回転する周波数 f_1 で，$|AH| > 1$ となっているため，この回路は不安定となり発振する．

第 4 章で述べたように，一般に増幅器はトランジスタ 1 段当たり $-90°$ 位相が回転するから，トランジスタ 2 段までの場合は，負帰還回路を構成しても発振の危険はない．しか

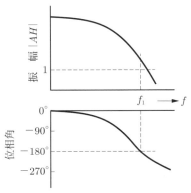

図 5・12　ボード線図（不安定な回路）

し，3 段以上の増幅器では位相は $270°$ 以上回転するため，負帰還回路はそのままでは，ループ利得を大きくとると必ず不安定になるといっても過言ではない．例えば図 5・10 は，FET の電極間容量を考慮すると，高周波で位相が回転し発振する．

不安定な回路は，次に述べる**位相補償**という方法により安定化することができる．

5・7　負帰還回路の位相補償

図5・10を例として，不安定な回路の安定化について述べる．**図5・13**はミラー効果を考慮して求めた図5・10の高周波等価回路である．ただし，各 C_i はミラー効果を考慮した各段の等価入力容量である．また，各 R_i は FET のドレイン抵抗 r_d と負荷抵抗 R_L の並列抵抗である．これよりループ利得 AH の周波数特性は，

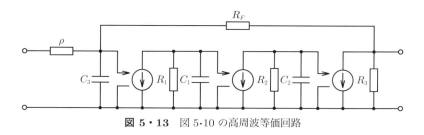

図 5・13　図5・10の高周波等価回路

多段増幅器の周波数特性と同様に求められ，**図 5・14** の曲線Ⓐのようになる．ただし f_{chi} は図5・13 の各段の高域しゃ断周波数である．ループ利得の位相が $-180°$ 回転した周波数 f_1 で，$|AH|>1$ であるため，この回路は不安定である．いま，f_{ch1} を f_{ch1}' に下げたとしてみよう．このとき，AH の特性はⒷのようになり，f_1 では $|AH|<1$ となるため回路は安定になる．

増幅器の高域しゃ断周波数 f_{chi}

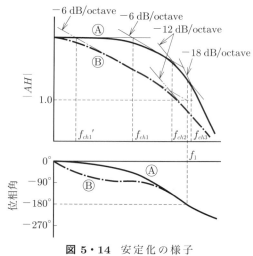

図 5・14　安定化の様子

は，$\dfrac{1}{R_iC_i}$ に比例するから，f_{chi} を下げるには，C_i と並列に外部より別に容量を付加すればよい．例えば，図5・14 の f_{ch1} が図5・13 の R_1C_1 で決定されているとすれば，**図 5・15**（a）に示すように，R_{L1} に並列に C_0 なるコンデンサをつければよい．安定化に必要な C_0 の容量値は，図5・14 からわかるように，必要とする

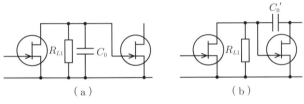

図 5・15 位 相 補 償

ループ利得によって異なるが，C_0 を大きくすれば回路は必ず安定化される．しかし，必要以上に C_0 を大きくすることは，増幅器の帯域幅が狭くなるので注意が必要である．

図 5・15（b）は，ミラー効果を使うことにより，小さな容量値で等価的に大きな容量値を得て，効率的に安定化を行う回路である．C_0' は入力側からは，その増幅段の利得倍に見え，等価的に大きな容量が R_{L1} に並列に入り，図（a）と同じ効果が得られる．

以上のように，不安定な負帰還回路にコンデンサを付加することにより，安定化することができる．これを負帰還回路の**位相補償**[2]という．

演 習 問 題

5・1 図 5・16 のように，負帰還回路の入力段と出力段に雑音 v_{n1}，v_{n2} が発生したとき，出力 v_2 を求めよ．

5・2 増幅器の利得 A が低域しゃ断周波数 f_{cl} と高域しゃ断周波数 f_{ch}，中域利得 A_0 により

$$A = \frac{A_0}{\left(1 + j\dfrac{f}{f_{ch}}\right)\left(1 + \dfrac{f_{cl}}{jf}\right)}$$

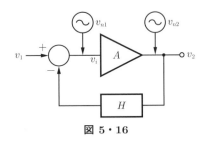

図 5・16

と表されるとき，これに負帰還をかけた場合，低域および高域しゃ断周波数はどうなるか．ただし，$f_{ch} \gg f_{cl}$ とする．

5・3 図 5・17（a）の負帰還回路（電源回路は省略してある）で，C_S は FET の電極間容量，浮遊容量等を総合したものである．また FET の等価回路は図（b）とし，

---
[2] ここで述べた位相補償を**位相遅れ補償**という．この他に帯域幅が狭くならない**位相進み補償**がある（演習問題 5・6 参照）．

$R_F \gg \rho$, R_L とする.

(1) C_0, $C_S = 0$ として,入力インピーダンス:$Z_{\text{in}} = \dfrac{v_1}{i_1}$,出力インピーダンス:

$Z_o = \dfrac{v_2}{i_2}\bigg|_{v_1=0}$ を求めよ.

(2) $C_S = 10\,\text{pF}$, $C_0 = 0$ としたときのループ利得 AH を求めよ.

(3) $\angle AH = -180°$ となる周波数を求め,このとき安定であるための直流でのループ利得 $A_0 H$ の範囲を求めよ.またこれを満たす R_F の範囲はいくらか.

(4) $C_0 = 990\,\text{pF}$ を追加して,位相補償を行ったとき,$\angle AH = -180°$ となる周波数を求めよ.ただし,$\omega(C_0 + C_S) \gg \omega C_S$ としてよい.またこのとき,安定な $A_0 H$ の範囲および R_F の範囲を求めよ.

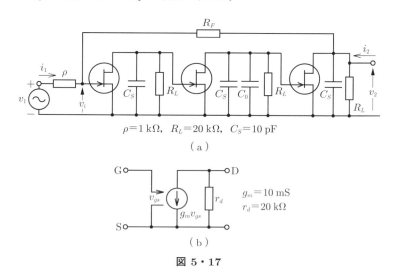

図 5・17

5・4 図 5・18(a)の回路でトランジスタの高周波等価回路が図(b)のように与え

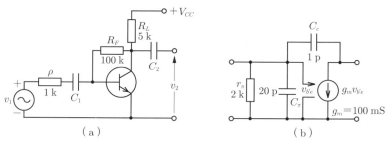

図 5・18

られているとき
(1) C_1, C_2 は短絡, C_π, C_c は開放にみえる周波数での利得 $G_0 = \dfrac{v_2}{v_1}$ (これを**中域利得**という) を求めよ.
(2) 高域しゃ断周波数 f_{ch} を求めよ.

5·5 図 5·19 の負帰還回路について, 次の問に答えよ.
(1) トランジスタをナレータ・ノレータモデル ($V_{B'E} = 0.6\,\text{V}$) で考え, トランジスタの各電極の直流電位を求めよ.
(2) トランジスタの交流等価回路定数を, $r_b = 100\,\Omega$, $r_e = \dfrac{0.026}{I_E}\,[\Omega]$, $r_c = \infty$, $\beta = 99$ として, 電圧利得 $G = \dfrac{v_2}{v_1}$, 入力インピーダンス $Z_{\text{in}} = \dfrac{v_1}{i_1}$, 出力インピーダンス $Z_o = \dfrac{v_2}{i_2}$ ($v_1 = 0$) を求めよ. ただし, 各コンデンサのインピーダンスは十分低いとしてよい.

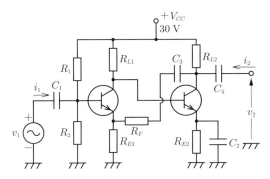

$R_1 = 100\,\text{k}\Omega$, $R_2 = 10\,\text{k}\Omega$, $R_{E1} = 1\,\text{k}\Omega$
$R_{L1} = 10\,\text{k}\Omega$, $R_{E2} = 4\,\text{k}\Omega$, $R_{L2} = 6\,\text{k}\Omega$
$R_F = 50\,\text{k}\Omega$

図 5·19

5·6 図 5·17 の負帰還回路で, $C_0 = 0$ のとき, $\angle AH = -180°$ の角周波数を ω_t (5·3 (3) で求められた値) とする. 図 5·20 に示すように R_F に並列にコンデンサ C_F を接続すると, ω_t における位相は $|\angle AH| < 180°$ となることを示せ. ただし, $R_F C_F = C_S(r_d /\!/ R_L)$ とする. この回路では, AH の位相回転が少なくなるため, これを**位相進み補償**という.

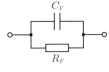

図 5·20

第6章
集積化アナログ電子回路

集積回路（IC）は，5 mm 四方程度のシリコン半導体上に，アナログ回路では数十〜数百ものトランジスタや抵抗を形成したもので，回路の小形化，高信頼化，大量生産に重要な役割を果たしている．集積回路では，同一基板上の部品は互いに近接しており，その電気的特性が非常に良く揃うという特徴を有する反面，大容量のコンデンサや，コイルを集積回路内に作ることができないという欠点もある．このような集積回路では，その特徴を生かした回路構成が行われている．特に大容量のコンデンサが実現できないことから，第3章で述べた RC 結合増幅回路のような回路形式はとれず，回路はすべて直結合となる．また直結合することによって生じる種々の問題点を取り除くような工夫がされている．

本章では，アナログ集積回路で特によく用いられる基本的な回路について述べる．これらの回路は集積回路に限らず，個別の部品を使用して構成した場合にも適用でき，特性の優れた増幅器を実現できる．

6・1 アナログ電子回路を集積化する際の問題点

エミッタ接地増幅回路は，アナログ信号を増幅する最も基本的で，重要な回路である．これを集積回路内に実現するには，解決しなければならない点がいくつかある．**図 6·1** に示すエミッタ接地増幅回路を例に，アナログ回路を集積化することを考えてみよう．集積回路内に作ることができる素子は，トランジスタ，抵抗，小容量（100 pF 程

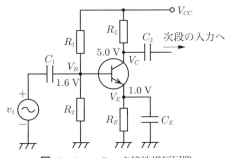

図 6·1　エミッタ接地増幅回路

度以下）のコンデンサである．図 6·1 の各コンデンサは，$1\,\mu F \sim 100\,\mu F$ の値であり，集積回路内に実現できないので，これらのコンデンサを除去しなければならない．

6・1・1 結合コンデンサの除去
[1] C_1 の除去

C_1 を短絡除去して，入力信号源 v_1 を図 6·2 に示すように直接ベースに接続すると，ベースの直流バイアス電圧 V_B は零となる．一方，エミッタ電圧 V_E は V_B より低くなければならないから，V_E は負の電圧となる．この負の電圧は負電源 $-V_{EE}$ を用いて実現する．このようにアナログ集積回路では，正負 2 電源が使用される．

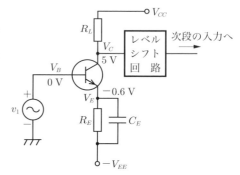

図 6·2 正負 2 電源を使用した回路

[2] C_2 の除去

C_2 を短絡除去して，次段の入力と直接接続すると，1 段目の出力の直流バイアス電圧と 2 段目の入力バイアス電圧が異なる場合，バイアスがずれて正常に動作しなくなる．このバイアス電圧の差を調整する回路が，図 6·2 のレベルシフト回路と表示されている部分である．レベルシフト回路については 6·7 節で述べる．

6・1・2 エミッタバイパスコンデンサの除去

エミッタバイパスコンデンサ C_E は，エミッタを信号に対して接地するために接続されている．これを短絡除去すると抵抗 R_E も短絡され，3·2·4 項で述べたように，バイアスの安定度が悪くなるため短絡除去はできない．しかし，開放除去すると図 5·8 に示した直列–直列帰還回路となり，利得が式 (5·24) のように減少してしまう．

利得を下げることなく，また，エミッタバイパスコンデンサを使用しない回路として，差動増幅回路がアナログ集積回路では使用される．

6・2 差動増幅回路

6・2・1 基本回路

特性の揃った2個のトランジスタのエミッタを結合した**図6・3**の回路を，**差動増幅回路**という．図に示すように二つの入力端子①，②と二つの出力端子③，④を持っている．トランジスタのベースにバイアス回路を設けず，直流的に0Vで動作するように，正の電源（V_{CC}）と負の電源（$-V_{EE}$）の2電源を使用している．v_1，v_2を入力信号電圧としたとき，出力電圧を求めてみよう．

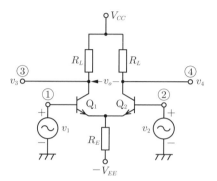

図6・3 差動増幅回路

いま，v_1，v_2を用いて，新しい信号電圧v_c，v_dを次のように定義する．

$$v_c = \frac{v_1 + v_2}{2} \tag{6・1}$$

$$v_d = \frac{v_1 - v_2}{2} \tag{6・2}$$

これらの式から，v_1，v_2を求めると

$$v_1 = v_c + v_d \tag{6・3}$$

$$v_2 = v_c - v_d \tag{6・4}$$

となる．図6・3のv_1，v_2を式(6・3)，(6・4)で置き換えると，**図6・4**に示すように入力信号を表すことができる．v_cの向きは左右のトランジスタで同一であり，これを**同相入力成分**という．v_dは左右で符号が異なっており，これを**逆相入力成分**という．このように，任意の入力信号v_1，v_2は，同相入力成分と逆相入力成分に分けることができる．また，後の説明のために，図6・4では

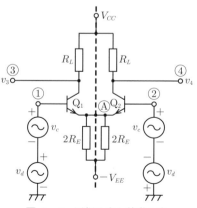

図6・4 同相入力と差動入力

エミッタの抵抗 R_E は二つの抵抗 $2R_E$ の並列接続に置き換えてある．

出力電圧 v_3, v_4 は図 6·3 の交流等価回路を解析することにより，求めることができるが，ここでは，v_c による出力と，v_d による出力の重ね合わせ（重ねの理）で求めることにする．

〔1〕 v_c **による出力**

図 6·4 において，v_c による出力を計算する場合，v_d は短絡して考える．このとき，同じ信号電圧 v_c が二つの入力に加えられるため，回路中のすべての点の信号電圧は，図の点線の左右で等しくなる．したがって，点線を横切って信号電流は流れないから，回路は点線の部分で左右に切り離すことができる．**図 6·5** はこのようにして得られた回路で，二つの回路は全く同じである．この回路を差動増幅回路の**同相半回路**という．図は信号成分について表したもので，電源端子は接地されている．

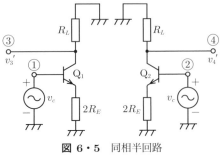

図 6·5　同相半回路

図 6·5 の回路は，図 5·8 と同じであるから，電圧 v_3' は式 (5·21) より

$$v_3' = v_4' = \frac{-\beta R_L}{r_b + (1+\beta)(r_e + 2R_E)} v_c$$
$$= A_c v_c \qquad (6·5)$$

となる．

〔2〕 v_d **による出力**

v_d による出力を求めるために，v_c を短絡除去すると，図 6·4 の点線の左右で信号電圧，電流は向きが逆になる．したがって，Q_1 のエミッタ電流はすべて Q_2 のエミッタに流れ込み，二つの抵抗 $2R_E$ に

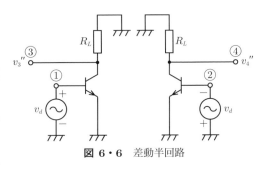

図 6·6　差動半回路

は流れないから，Ⓐ点の信号電圧は 0 となる．すなわち，Ⓐ点は信号に対して接地と考えられる．よって，v_d だけが加えられている場合，回路は**図 6·6** に示すよ

うに分割できる．この回路を差動増幅器の**差動半回路**という．

図 6·6 はエミッタ接地回路であるから，出力電圧 v_3'', v_4'' は式（3·47）より

$$v_3'' = -v_4'' = \frac{-\beta R_L}{r_b + (1+\beta)r_e}v_d$$
$$= A_d v_d \tag{6·6}$$

となる．

〔3〕 **差動増幅回路の利得**

v_d と v_c がともに存在するとき，出力 v_3, v_4 は重ねの理により

$$v_3 = v_3' + v_3'' = A_c v_c + A_d v_d \tag{6·7}$$
$$v_4 = v_4' + v_4'' = A_c v_c - A_d v_d \tag{6·8}$$

と求められる．ここで，Q_1 と Q_2 のコレクタ間電圧 $v_o = v_3 - v_4$ を出力と考えてみよう．

式 (6·7), (6·8) より

$$v_o = v_3 - v_4 = 2A_d v_d \tag{6·9}$$

が得られる．式 (6·2) を代入すると

$$v_o = v_3 - v_4 = A_d(v_1 - v_2) \tag{6·10}$$

となる．これより，A_d は次のように表すことができる．

$$A_d = \frac{v_3 - v_4}{v_1 - v_2} = \frac{-\beta R_L}{r_b + (1+\beta)r_e} \tag{6·11}$$

いま，図 6·3 の差動増幅回路を**図 6·7** に示す 2 入力 2 出力の増幅回路で表すと，式 (6·11) が示す A_d は，二つの入力端子間に加えられた信号電圧 v_i に対する，二つの出力端子間電圧 v_o の比（利得）であることがわかる．A_d を**差動利得**といい，エミッタ接地増幅回路の利得と同じである．このように，差動増幅回路を用

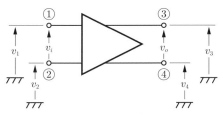

図 6·7 差動増幅回路の入出力

いることにより，エミッタバイパスコンデンサを除去しても利得の低下がなく，エミッタ接地増幅回路と同じ利得を得ることができる．増幅したい信号は，二つの入力端子間に，差の信号として入力し，二つの出力端子間の差の電圧を出力として取り出すのが差動増幅回路である．

次に $v_3 + v_4$ という電圧を求めてみよう．式 (6・1)，(6・7)，(6・8) より

$$v_o' = v_3 + v_4 = A_c(v_1 + v_2) \tag{6・12}$$

となる．これより，A_c は

$$A_c = \frac{v_3 + v_4}{v_1 + v_2} = \frac{-\beta R_L}{r_b + (1+\beta)(r_e + 2R_E)} \tag{6・13}$$

と表すことができる．A_c を**同相利得**という．いま，$v_1 = v_2$ とすると，$v_d = 0$ となり，式 (6・7)，(6・8) より

$$v_3 = v_4 = A_c v_1 \tag{6・14}$$

となる．すなわち，二つのトランジスタのコレクタ電圧は互いに等しくなる．差動増幅回路を構成している二つのトランジスタの特性が等しく，また温度も等しいとすると，両トランジスタの $V_{B'E}$，I_{CO} は等しく，温度に対しても同一の変化をすると考えてよい．このような二つのトランジスタのパラメータの変化は，等価的に $v_1 = v_2$ の状態の入力（同相入力）に換算でき，各部の直流バイアスに影響する．直流バイアスは，トランジスタのパラメータ変化に対しては安定である方が好ましいから，同相利得 A_c は小である方が良いのである．また v_o は $v_1 = v_2$ とすると零となり，等しいトランジスタのパラメータ変化は，v_o を出力とすれば，出力に影響を及ぼさないことになる．

式 (6・7)，(6・8) よりわかるように，各トランジスタのコレクタの出力には同相成分と差動成分が現れるが，v_o ($= v_3 - v_4$) を出力とすれば，同相成分 v_c は出力に現れず，差動成分 v_d だけが利得倍されて出力に出てくる．これが差動増幅回路の大きな利点である．差動増幅回路では二つのトランジスタの特性が揃っている必要があるが，これは集積回路化することにより実現できる．

6・2・2　高 CMRR 差動増幅回路

差動増幅回路では，A_c は小さく，A_d は大きい方が好ましい．そこで A_c と A_d の比を差動増幅回路の良さを表す尺度として用い

$$\mathrm{CMRR} = \frac{A_d}{A_c} \tag{6・15}$$

を，**同相除去比**（Common Mode Rejection Ratio）という．式（6・11），（6・13）を式（6・15）に代入すると，次式が得られる．

$$\mathrm{CMRR} = 1 + 2(1+\beta)\frac{R_E}{R_{ie}} \tag{6・16}$$

ただし

$$R_{ie} = r_b + (1+\beta)r_e \tag{6・17}$$

したがって，CMRR を大きくするには，R_E を大きくすればよい．好都合なことに式（6・11）よりわかるように，R_E の値は差動利得に関係しないため，差動利得を変えずに R_E の値を定めることができる．

差動増幅回路の CMRR を高くするには，式（6・16）からわかるように，R_E の値を大きくすればよい．しかし，R_E には2個のトランジスタのエミッタバイアス電流が流れているため，R_E を高抵抗とすると，それに応じて直流電源 V_{EE} の値も大きくしなければならず，R_E の高抵抗化には限度がある．

信号成分に対しては等価的に高インピーダンスで，直流電流を流し得る直流電流源を使用することにより，高 CMRR を実現できる．図 6・8 は R_E に理想直流電流源を用いた差動増幅回路である．電流源の電流 I_0 が，2個のトランジスタのバイアス電流 $2I_E$ に等しくなるように I_0 を定める．理想直流電源の信号に対するインピーダンスは無限大であるから，図 6・8 の CMRR は無限大となる．しかし，理想的な電流源は

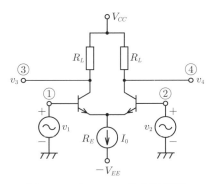

図 6・8 高 CMRR 差動増幅回路

存在しないため，これを回路で実現する必要がある．次節で直流電流源回路について述べる．

【**問 6・1**】 図 6・3 で $R_L = 5\,\mathrm{k\Omega}$，$R_E = 5\,\mathrm{k\Omega}$，トランジスタの小信号パラメータを $r_b = 50\,\Omega$，$r_e = 26\,\Omega$，$\beta = 99$ としたとき，A_c，A_d，CMRR を求めよ．また $v_1 = -v_2 = 1\,\mathrm{mV}$ のとき，v_3，v_4，v_o を求めよ．

6・3 直流電流源回路

　回路に一定の電流を供給する電流源は，トランジスタのバイアス回路や，その高い交流インピーダンスを利用して，高利得増幅回路（6・5節で述べる）を実現する場合などに使用される．特に集積回路では差動増幅回路をはじめとし，各種の回路にしばしば用いられる．直流電圧源は電池により容易に得られるが，電流源はトランジスタを使用して回路的に実現する．

　トランジスタのコレクタ電流は，第2章で述べたように電流源で等価的に表される．これを利用したのが図6・9（a）に示す回路である．Q_1 はダイオードとして使われているトランジスタである．トランジスタのベース電流を無視し，両方のトランジスタの V_{BE} が等しいとすると

$$I_{\text{ref}} = \frac{V_{CC} - V_{BE}}{R_1 + R_{E1}} \tag{6・18}$$

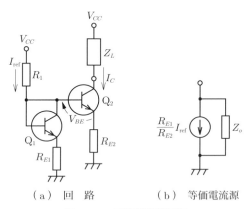

(a) 回　路　　　(b) 等価電流源

図 6・9　直流電流源回路

$$\begin{aligned} I_C &= \frac{R_{E1}}{R_{E2}} I_{\text{ref}} \\ &= \frac{R_{E1}}{R_{E2}} \left(\frac{V_{CC} - V_{BE}}{R_1 + R_{E1}} \right) \approx \frac{R_{E1} V_{CC}}{R_{E2}(R_1 + R_{E1})} \end{aligned} \tag{6・19}$$

となり，Q_2 のコレクタ電流 I_C は，Q_1 のコレクタ電流 I_{ref} によって決定される．

　図6・9の出力インピーダンスは，第3章表3・2に示されているエミッタ接地の出力インピーダンスにおいて，R_0 を Q_2 のベースに接続されているインピーダンスとし，r_e を $r_{e2} + R_{E2}$ と置き換えれば得られる．すなわち

$$Z_o = r_{c2} + \frac{(r_{b2} + R_0)(r_{e2} + R_{E2} - \alpha r_{c2})}{r_{b2} + r_{e2} + R_{E2} + R_0} \tag{6・20}$$

ただし，$R_0 \approx R_1 /\!/ (r_{e1} + R_{E1})$ である．

　したがって，図6・9（a）は（b）のような内部抵抗 Z_o を有する電流源となる．この回路は，温度によるトランジスタの V_{BE} の変化が Q_1，Q_2 で互いに打ち消

し合うため,きわめて安定な電流源が得られる[1]．

図 6·10 は図 6·8 の理想電流源を図 6·9 の回路で実現した高 CMRR 差動増幅回路である．抵抗 R_1, R_{E1}, R_{E2} を式 (6·19) より決定する．この回路の CMRR は,式 (6·16) の R_E を,Q_4 の直流電流源の出力インピーダンス式 (6·20) で置き換えれば得られる．直流電流源を使用することにより,図 6·3 に比較して,CMRR を 100～1 000 倍改善することができる．トランジスタ Q_4 のベース・コレクタ間が逆方向にバイアスされていれば,Q_4 は電流源として動作するから,V_{EE} はトランジスタを動作させるのに十分な電圧でよく,高電圧を必要としない．

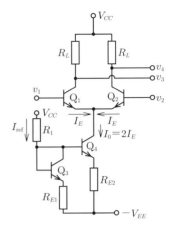

図 6·10 直流電流源を用いた高 CMRR 差動増幅回路

集積回路では,抵抗よりトランジスタの方が小さく作ることができるため,できるだけ抵抗の使用は避けたい．そのため R_{E1}, R_{E2} は省略され,**図 6·11**(a)の電流源が使われることが多い．図 6·11(a)は図 6·9 の R_{E1}, R_{E2} を取り除いた回路である．Q_1, Q_2 の特性が等しいとすると

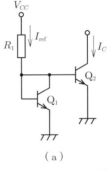
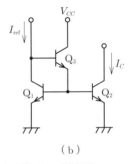

(a)　　　　　(b)

図 6·11 集積回路で良く使われる電流源

$$I_C = \frac{1}{1+\dfrac{2}{\beta}} I_{\text{ref}} \qquad (6\cdot 21)$$

となり,$\beta \gg 1$ の場合は $I_C \approx I_{\text{ref}}$ の電流源となる．この場合 I_{ref} は次式で与えられる．

$$I_{\text{ref}} = \frac{V_{CC}-V_{BE}}{R_1} \qquad (6\cdot 22)$$

トランジスタのエミッタ電流は,式 (2·24),(2·25) に示したように,エミッ

---

[1] 式 (6·18) の V_{BE} の変動分は I_{ref} に残るが,普通 $V_{BE} \ll V_{CC}$ であるから,この変動は小さいと考えられる．

タ・ベース間の pn 接合の面積に比例するから，図 6·11（a）の Q_1，Q_2 のこれらの面積をそれぞれ A_1，A_2 とすると

$$I_C = \frac{A_2}{A_1} \frac{1}{1+\dfrac{m}{\beta}} I_{\text{ref}} \approx \frac{A_2}{A_1} I_{\text{ref}} \quad \left(m = 1 + \frac{A_2}{A_1} \right) \tag{6・23}$$

となる．集積回路では，エミッタ・ベース間の pn 接合の面積は，エミッタの面積に等しい（集積回路の構造については，6·10 節で述べる）ので，エミッタ面積を変えることにより任意の電流値を有する電流源を実現でき，図 6·9 の R_{E1}，R_{E2} を変えたものと等価になる．エミッタ面積比により電流を決定するという方法は，集積回路では良く用いられる手法であり，これは回路図だけからでは，判断できない要素である．

図 6·11（b）は（a）をさらに高性能化した回路で，この場合 I_C は，次のようになる．ただし，Q_1 と Q_2 のエミッタ面積は等しいとする．

$$I_C = \frac{1}{1+\dfrac{2}{\beta^2+\beta}} I_{\text{ref}} \tag{6・24}$$

となり，β の小さなトランジスタを使用しても

$$I_C \approx I_{\text{ref}} \tag{6・25}$$

が成立する．この回路は**カレントミラー回路**とも呼ばれ，I_{ref} を正確に I_C 側に移すことができる回路である．

電流源の電流が温度変化等に対して安定であるためには，トランジスタの特性が揃っていることが必要である．この条件は個別部品で回路を構成するより，集積回路化された場合の方が容易に満足できる．集積回路は多くのトランジスタや抵抗を，非常に小さな面積の中に同一プロセスで同時に作るため，その電気的，温度的特性はきわめて揃ったものとなる性質がある．

個別部品を用いても，これらの回路はある程度の優れた特性を得ることができる．特に図 6·11（b）の回路は，β の依存性が小さく有用な回路である．

複数個の電流源が必要な場合，**図 6·12** のように，ベースのダイオード Q_1 を共通とした回路が良く用いられる．トランジスタの特

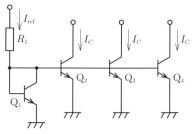

図 6·12 複数個の電流源

性が等しいとすると，$Q_2 \sim Q_4$ のコレクタ電流はすべて I_{ref} と等しくなる．

【問 6・2】 図 6・9 で $R_{E1} = R_{E2} = 1\,\text{k}\Omega$，$V_{CC} = 15\,\text{V}$，$V_{BE} = 0.6\,\text{V}$ としたとき，$I_C = 2\,\text{mA}$ としたい．R_1 の値を決定せよ．また，このとき出力インピーダンス Z_o はいくらか．ただし $\alpha = 0.99$，$r_b = 50\,\Omega$，$r_c = 5\,\text{M}\Omega$ とする．

【問 6・3】 $R_{E1} = R_{E2} = 1\,\text{k}\Omega$，$R_1 = 6.2\,\text{k}\Omega$ としたとき，図 6・10 の CMRR を求め，問 6・1 と比較せよ．ただし他の定数は問 6・1 と同一とする．

6・4 単一出力差動増幅回路

差動増幅回路は，図 6・7 のように二つの入力端子と二つの出力端子を有し，入力端子間の差の電圧を増幅し，出力端子間に出力する増幅器である．一般に増幅回路では，一つの出力端子と接地点との間の電圧または電流を出力としたい場合が多い．**図 6・13** は出力を v_4 だけから取り出した場合の差動増幅回路である．この場合，出力 v_4 は式 (6・8)，(6・15) より

$$v_4 = A_c v_c - A_d v_d$$
$$= -A_d \left(v_d - \frac{v_c}{\text{CMRR}}\right) \tag{6・26}$$

となり，同相成分も出力に出てくる．差動増幅回路では同相成分が出力に現れないことが特長であったが，図 6・13 の回路ではこの特長が失われてしまう．

図 6・11 (b) の電流源では，I_C が I_{ref} に等しくなることを 6・3 節で述べた．**図 6・14** はこれを利用して単一出力で差動出力と同等の働きをするようにした回路である．トランジスタ Q_5，Q_6，Q_7 は，図 6・11 (b)

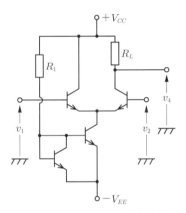

図 6・13　単一出力差動増幅回路

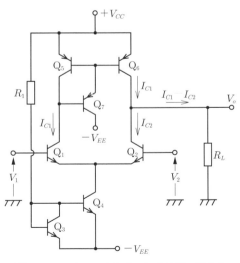

図 6・14　カレントミラーによる単一出力化

のカレントミラー回路を pnp トランジスタで実現したものである．したがって，Q_6 のコレクタ電流は Q_5 のコレクタ電流（Q_1 のコレクタ電流と等しい）に等しい．いま差動増幅回路を構成しているトランジスタ Q_1，Q_2 のコレクタ電流を，それぞれ I_{C1}，I_{C2} とすると，図 6·14 の出力端子には両トランジスタのコレクタ電流の差 $(I_{C1} - I_{C2})$ が流れ，単一出力端子で差動出力と同一の出力が得られる．同相成分は I_{C1}，I_{C2} に共通に含まれるため，出力端子には同相入力成分の電流は流れない．したがって，CMRR が非常に大きい差動増幅回路を単一出力回路で実現できる．

Q_3，Q_4 は Q_1，Q_2 のエミッタバイアス電流用の直流電流源である．

この回路は，電流源出力 $(I_{C1} - I_{C2})$ となるため，出力端子に高インピーダンスの負荷 R_L を接続することにより，高差動利得の差動増幅回路となる．

6・5 高利得増幅回路

高利得の増幅回路を得たい場合，第 3 章で述べたようにエミッタ接地増幅回路を縦続接続し，多段増幅回路とする場合が多い．しかし多段増幅回路は利得の位相回転が大きく，負帰還回路に使用する場合安定性が問題となる．

図 6·15（a）はエミッタ接地 1 段増幅回路である（バイアス回路は省略してある）．この回路の電圧利得は，第 3 章で述べたように，次式で与えられる．

$$A_v = \frac{v_2}{v_1} = -\frac{\beta R_L}{r_b + (1+\beta)r_e} \tag{6・27}$$

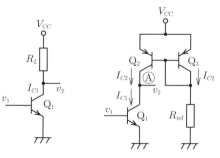

（a）抵抗負荷　　（b）能動負荷

図 6・15　カレントミラーによる能動負荷

したがって，高い利得を得るには抵抗 R_L を大きくしなければならない．しかし，R_L には直流バイアス電流が流れているため，R_L を高抵抗とした場合，電源電圧 V_{CC} が非常に高くなり不都合である．

図 6·15（b）は，図 6·11（a）の直流電流源を pnp トランジスタ Q_2, Q_3 で実現し，この電流源をエミッタ接地トランジスタ Q_1 の負荷とした回路である．これを**能動負荷**という．Q_2 の電流は Q_3 の電流に等しいから，抵抗 R_{ref} を調整して，I_{C2} と I_{C1} を等しくする．この回路では，Q_1 の信号分に対する等価的な負荷は，直流電流源 Q_2 の出力インピーダンス Z_o と考えられるから，非常に高インピーダンスとなる．この場合，Q_1 のコレクタ抵抗 $(1-\alpha)r_c$ は無視できないから，利得は表 3·2 の精密式を使わなければならない．すなわち

$$A_v = \frac{v_2}{v_1} = \frac{-\alpha Z_o r_c + Z_o r_e}{[r_e + (1-\alpha)r_b]r_c + r_e r_b + r_b Z_o + Z_o r_e} \tag{6·28}$$

となる．

Q_1 と Q_2 のコレクタが互いに接続されている点Ⓐのインピーダンスは非常に高いため，バイアス電流 I_{C1}, I_{C2} のわずかな誤差でも，点Ⓐの直流電位が変動し回路は安定に動作しない．したがって，注意深く R_{ref} を設定し，また負帰還を用いて，バイアスの安定化を図る等の工夫が必要である．

図 6·15（b）の出力に負荷あるいは，多段接続のための回路を接続する場合，そのインピーダンスは大きくなければ利得が低下し，高利得増幅回路の特徴が生かせないことになる．

【問 6·4】 図 6·15（b）の電圧利得を求めよ．ただし，トランジスタの定数はすべて等しいとし，$r_b = 50\,\Omega$, $r_e = 26\,\Omega$, $r_c = 5\,\text{M}\Omega$, $\beta = 99$ ($\alpha = 0.99$), $R_{\text{ref}} \gg r_e$ とする．

6·6　ダーリングトン接続トランジスタ

トランジスタの電流増幅率 β は，トランジスタのベース幅によってほぼ決定され，最大数百程度が限度である[2]．高入力インピーダンスのエミッタ接地増幅回路を実現したい場合などでは，β の大きなトランジスタが必要になる．**図 6·16** はトランジスタを2個使用して，等価的に β の大きなトランジスタを実現するもの

---

[2] 特にベース幅を薄くし，$\beta = 2000$ 程度のトランジスタ（**スーパーベータトランジスタ**）もある．

で，**ダーリントン接続**という．直流電流源 I_{E1} は，トランジスタ Q_1 のエミッタバイアス電流を流すための電流源である．この電流源は抵抗（数～数十 kΩ）で置き換えたり，あるいは省略される場合もある．

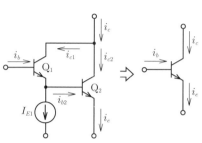

図 6・16 ダーリントン接続

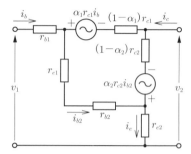

図 6・17 ダーリントン接続の交流等価回路

図 6・17 は図 2・42（b）の電圧源表示のトランジスタ等価回路を用いた図 6・16 の交流等価回路である．図 6・17 より次式が成立する．

$$\left.\begin{aligned}
v_1 &= r_{b1}i_b + (r_{e1} + r_{b2})i_{b2} + r_{e2}i_e \\
v_2 &= (1-\alpha_2)r_{c2}(i_c + i_b - i_{b2}) - \alpha_2 r_{c2}i_{b2} + r_{e2}i_e \\
(r_{e1} + r_{b2})i_{b2} &= \alpha_1 r_{c1}i_b + (1-\alpha_1)r_{c1}(i_b - i_{b2}) \\
&\quad + (1-\alpha_2)r_{c2}(i_c + i_b - i_{b2}) - \alpha_2 r_{c2}i_{b2} \\
i_b + i_c &= i_e
\end{aligned}\right\} \quad (6・29)$$

これらの式を，$r_{c1}, r_{c2} \gg r_{b1}, r_{b2}, r_{e1}, r_{e2}$ として整理すると，次式が得られる．

$$v_1 = \left\{r_{b1} + r_{e2} + \frac{r_{c1} + (1-\alpha_2)r_{c2}}{(1-\alpha_1)r_{c1} + r_{c2}}(r_{b2} + r_{e1})\right\}i_b$$
$$+ \left\{r_{e2} + \frac{(1-\alpha_2)r_{c2}}{(1-\alpha_1)r_{c1} + r_{c2}}(r_{b2} + r_{e1})\right\}i_c \quad (6・30)$$

$$v_2 = \frac{(1-\alpha_1)(1-\alpha_2)r_{c1}r_{c2} - r_{c1}r_{c2}}{(1-\alpha_1)r_{c1} + r_{c2}}i_b$$
$$+ \frac{(1-\alpha_1)(1-\alpha_2)r_{c1}r_{c2}}{(1-\alpha_1)r_{c1} + r_{c2}}i_c \quad (6・31)$$

ここでダーリントン接続トランジスタを**図 6・18** のように1個のトランジスタで等価的に表すと，図 6・18 では

$$\left.\begin{aligned}
v_1 &= (r_b + r_e)i_b + r_e i_c \\
v_2 &= (r_e - \beta r_m)i_b + (r_e + r_m)i_c
\end{aligned}\right\} \quad (6・32)$$

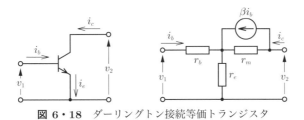

図 6·18 ダーリントン接続等価トランジスタ

が成立するから，式 (6·30)，(6·31)，(6·32) より

$$r_b = r_{b1} + \frac{r_{c1}}{(1-\alpha_1)r_{c1}+r_{c2}}(r_{b2}+r_{e1})$$
$$\approx r_{b1} + \frac{r_{c1}}{r_{c2}}(r_{b2}+r_{e1}) \tag{6·33}$$

$$r_e = r_{e2} + \frac{(1-\alpha_2)r_{c2}}{(1-\alpha_1)r_{c1}+r_{c2}}(r_{e1}+r_{b2})$$
$$\approx r_{e2} + (1-\alpha_2)(r_{e1}+r_{b2}) \approx r_{e2} \tag{6·34}$$

$$r_m \approx \frac{(1-\alpha_1)(1-\alpha_2)r_{c1}r_{c2}}{(1-\alpha_1)r_{c1}+r_{c2}}$$
$$\approx (1-\alpha_1)(1-\alpha_2)r_{c1} \tag{6·35}$$

$$\beta \approx \frac{\alpha_1+\alpha_2-\alpha_1\alpha_2}{(1-\alpha_1)(1-\alpha_2)} \approx \beta_1\beta_2 \tag{6·36}$$

が得られる．式 (6·36) が示すように，ダーリントン接続トランジスタの総合の電流増幅率は，それぞれのトランジスタの電流増幅率の積となり，きわめて大きな値となる．

【問 6·5】 ダーリントン接続トランジスタをエミッタ接地で使用した場合の入力インピーダンスを求めよ．ただし，両トランジスタのパラメータは等しいとし，$r_b = 50\,\Omega$，$r_e = 26\,\Omega$，$r_c = 5\,\mathrm{M}\Omega$，$\beta = 99$（$\alpha = 0.99$）とする．

6·7 直流増幅回路

6·7·1 直結増幅回路の問題点

直流から増幅することを目的とする直流増幅回路では，第 3 章 3·7 節で述べた RC 結合増幅回路は使用できず，**図 6·19** のようにコンデンサを使用しないで直結合にしなければならない．このような直結増幅回路には，二つの大きな問題が

ある．

一つは同種のトランジスタを使用した場合，例えばnpnトランジスタでは，ベースの電位V_{Bi}より，コレクタの電位V_{Ci}が高くなるため

$$V_{B1} < V_{C1} < V_{C2} < \cdots < V_{Cn}$$
(6・37)

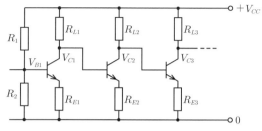

図 6・19 直結増幅回路

となり，後段のトランジスタに適正なバイアスがかけられなくなることである．

第二は，各トランジスタの直流バイアスの変化（例えば温度変化や経年変化によるトランジスタのパラメータ変動に起因する変化等）は，直流増幅回路の利得倍されて出力に現れる．特に前段のトランジスタの変化による影響は大きい．

第二の問題点に関しては，特性の揃ったトランジスタにより構成された差動増幅回路を，使用することによって解決できる．図 6・20 が多段接続の差動増幅回路である．この回路は同相入力に対しては利得が低く，優れた回路であるが，コレクタの電位に関す

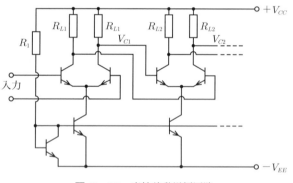

図 6・20 直結差動増幅回路

る第一の問題点に対しては，全く図 6・19 と同じで解決されていない．

第一の問題点を解決するには，直流の電位を下げる方法を考える必要がある．これをレベルシフトという．

6・7・2 レベルシフト回路
〔1〕 抵抗分割レベルシフト

直流の電位を変えることのできる最も簡単な方法は，図 6・21 に示す抵抗分割レベルシフトである．抵抗 R_1 を流れる電流 I_0 は，Q_2 のベース電流を無視すると

$$I_0 = \frac{V_{C1} + V_{BB}}{R_1 + R_2} \quad (6\cdot38)$$

となる．したがって，V_{B2} は

$$V_{B2} = V_{C1} - R_1 I_0$$
$$= \frac{R_2 V_{C1} - R_1 V_{BB}}{R_1 + R_2} \quad (6\cdot39)$$

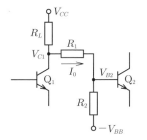

図 6・21 抵抗分割レベルシフト

となり，R_1, R_2 を適当に定めることにより，$V_{B2} < V_{C1}$ とすることができる．

この方法は非常に簡便であるが，信号成分に対して利得が $\dfrac{R_2}{R_1 + R_2}$ 倍低下する欠点がある．ただし，$R_1 + R_2 \gg R_L$ とする．

〔2〕 **直流電流源によるレベルシフト**

図6·21で信号成分に対して利得を低下させないためには，等価的に R_2 を無限大とすればよい．**図6·22** は R_2 の代わりに直流電流源を使用したレベルシフト回路である．トランジスタ Q_3, Q_4 による電流源は，抵抗 R_1 に I_0 という直流電流を流し，R_1 の直流電圧降下分のレベルシフトを行う．このとき

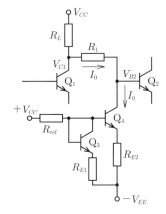

$$V_{B2} = V_{C1} - R_1 I_0 \quad (6\cdot40)$$

となる．I_0 の値は式 (6·19) と同様にして決定できる．直流電流源は信号成分に対しては，式 (6·20) で与えられる内部抵抗を有し，これは数 MΩ という大

図 6・22 電流源レベルシフト

きな値となり，信号成分に対しては，レベルシフトによる減衰は生じない．

〔3〕 **直流電圧源によるレベルシフト**

信号成分に対し，図6·21の R_1 を等価的に零としても利得は低下しない．直流電圧だけレベルシフトし，信号分に対して短絡に見えるためには直流電圧源を用いる．直流電圧源の最も身近なものは電池であり，図6·21の抵抗 R_1 の代わりに適当な電圧の電池を接続すれば，レベルシフトを行うことができる．

しかし，これには両端が接地より浮いた独立した電池が必要である．

図 6·23 はダイオードの順方向電圧を利用したレベルシフト回路で，ダイオー

ドの順方向電圧を V_{BE}（Si：0.6 V，Ge：0.2 V）とすると

$$V_{B2} = V_{C1} - nV_{BE} \qquad (6 \cdot 41)$$

となる．順方向ダイオードの内部抵抗 r_D は，ダイオードの直流電流を I_D とすると

$$r_D = \frac{0.026}{I_D} \; [\Omega] \qquad (6 \cdot 42)$$

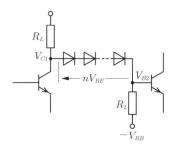

図 6・23 順方向ダイオードレベルシフト

であるから，$R_2 \gg n \cdot r_D$ とすれば信号成分の減衰はなくなる．この回路は低電圧のレベルシフトには最適であり，ダイオード 1〜3 個分のレベルシフトとして集積回路等には多用されている．しかし高電圧のレベルシフトには，多数のダイオードを必要とし不向きである．

図 6・24 はトランジスタを使用して，任意の電圧をシフトできる回路である．図（b）でトランジスタのベース電流を無視すると

$$I_A = \frac{V_{BE}}{R_{B1}} \qquad (6 \cdot 43)$$

となり，コレクタ・エミッタ間の電圧 V_L は

$$V_L = (R_{B1} + R_{B2})I_A = \frac{R_{B1} + R_{B2}}{R_{B1}}V_{BE} \qquad (6 \cdot 44)$$

となる．

V_{BE} はほぼ一定であるから，V_L は定電圧となる．R_{B1}，R_{B2} の値により任意の電圧をレベルシフトすることができる．

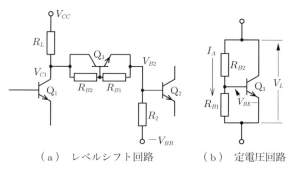

（a） レベルシフト回路　　　（b） 定電圧回路

図 6・24 トランジスタ電圧源レベルシフト

〔4〕 npn, pnp トランジスタの組合せによるレベルシフト

npn トランジスタと pnp トランジスタは，電圧，電流の向きが互いに逆であることを利用すると，レベルシフトを行うことができる．**図 6·25** がその例である．Q_3 の V_{CB} により次段のベース電位 V_{B2} が前段のコレクタ電位 V_{C1} より下がる．この回路は，Q_3 により利得を持たせることもできるという特徴がある．Q_3 の利得 A は

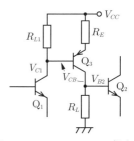

図 6·25 npn, pnp の組合せレベルシフト

$$A \approx -\frac{R_L}{R_E} \tag{6·45}$$

である．しかし，このレベルシフト回路は，2 種のトランジスタを必要とし，特に集積回路内に得られる pnp は非常に特性が悪く[3]，全体の回路の特性がこのトランジスタで決定されてしまう等の欠点がある．

6·7·3 直流増幅回路の実際

図 6·26 は差動 2 段直結回路の例である．Q_1，Q_2 および，Q_5，Q_6 が差動増幅用の対になったトランジスタ[4]，Q_3，Q_4 はエミッタの直流電流源用，また Q_7 は

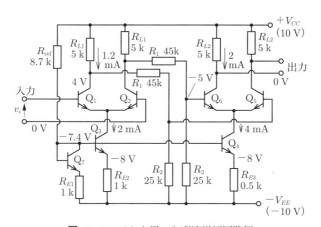

図 6·26 IC を用いた直流増幅回路例

---

3) 6·10 節参照．
4) 対になったトランジスタの特性は揃っている必要がある．デュアルマッチドペアトランジスタなどと称しているトランジスタを使用する．

直流電流源のバイアス用として，ダイオード接続されたトランジスタである．抵抗分割 (R_1, R_2) によるレベルシフト回路を用いている．

各トランジスタの V_{BE} を 0.6 V とし，入力端子の直流電位を零とすると，各部の直流電位，電流は図中に示した値となり，出力端子の直流電位は零となっている．

この回路の差動利得は，差動分に対する図 6·27 の等価回路より求めることができる．図（b）で利得 A_d は

$$A_d = \frac{v_2}{v_1} = \frac{v_2'}{v_1} \cdot \frac{v_2}{v_2'} \tag{6・46}$$

であるから，$\dfrac{v_2'}{v_1}$, $\dfrac{v_2}{v_2'}$ を別々に求める．$\dfrac{v_2'}{v_1}$ は第2段目の入力インピーダンス R_{ie} を考慮すると，次のようになる．ただし，$R_{L1} \ll R_1$ とする．

$$\frac{v_2'}{v_1} = -\frac{\beta R_{L1}}{r_{b1} + (1+\beta)r_{e1}} \cdot \frac{R_2 /\!/ R_{ie}}{R_1 + R_2 /\!/ R_{ie}} \tag{6・47}$$

$$R_{ie} = r_{b2} + (1+\beta)r_{e2} \tag{6・48}$$

また

$$\frac{v_2}{v_2'} = -\frac{\beta R_{L2}}{r_{b2} + (1+\beta)r_{e2}} \tag{6・49}$$

であるから

$$A_d = \frac{\beta^2 R_{L1} R_{L2}}{\{r_{b1}+(1+\beta)r_{e1}\}\{r_{b2}+(1+\beta)r_{e2}\}} \cdot \frac{R_2 /\!/ R_{ie}}{R_1 + R_2 /\!/ R_{ie}} \tag{6・50}$$

となる．$r_{b1} = r_{b2} = 50\,\Omega$, $\beta = 100$, $r_{e1} = 26\,\Omega$, $r_{e2} = 13\,\Omega$ とすると

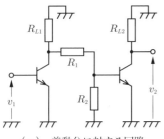
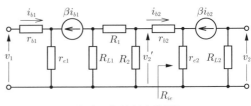

（a）差動分に対する回路　　　　（b）交流等価回路

図 6・27 差動分に対する等価回路

$$A_d \approx 1850 \text{ 倍} \approx 65\,\text{dB}$$

となる．

集積化直流増幅回路の代表的なものに演算増幅器があるが，これについては，第7章で述べる．

【問 6・6】 トランジスタをナレータ・ノレータモデル（図3·9（a））で表したとき，図6·26の直流電位が図に示した値となることを確かめよ．ただし，$V_{B'E} = 0.6\,\text{V}$ とする．

6・8 乗算回路

二つの信号の乗算が必要な場合，乗算は非線形な演算のため，今まで述べたような線形な回路では実現できず，素子の非線形な要素を使用しなければならない．差動増幅回路の差動利得は，式（6·11）に示したように

$$A_d = \frac{-\beta R_L}{r_b + (1+\beta)r_e}$$

であるから，いま $(1+\beta)r_e \gg r_b$ とすると

$$A_d \approx -\frac{\beta R_L}{(1+\beta)r_e} \approx -\frac{R_L}{r_e} \tag{6・51}$$

となる．r_e の値は第2章（式（2·52））で述べたように，トランジスタのエミッタ電流 I_E に反比例するから，式（6·51）は

$$A_d \approx -\frac{qR_L}{kT}I_E \tag{6・52}$$

となる．ここで，**図 6·28** の差動増幅回路で，Q_1，Q_2 のエミッタ電流を供給している電流源トランジスタ Q_3 の電流 I_0 を，V_2 で制御することを考えてみる．出力電圧 V_o は，式（6·52）より

$$V_o \approx -\frac{qR_L}{kT}I_E \cdot V_1 \tag{6・53}$$

である．Q_1，Q_2 のバイアス電流 I_E は $V_2 \gg V_{BE3}$ とすると

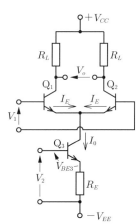

図 6・28 アナログ乗算回路

$$I_E = \frac{I_0}{2} \approx \frac{V_2}{2R_E} \tag{6・54}$$

となる．これを式 (6·53) に代入すると

$$V_o \approx -\frac{qR_L}{2kTR_E} V_1 \cdot V_2 \tag{6・55}$$

となり，入力電圧 V_1，V_2 の積に比例した出力が得られる．

図 6·28 の回路は，$V_2 \gg V_{BE3}$ でなければならず，また，V_2 の変化により Q_1，Q_2 に同相成分が現れる（バイアスが変動する）等の欠点がある．**図 6·29** は，この欠点を取り除き，V_2 は正負いずれでも動作する乗算回路である．出力電圧 V_o は式 (6·55) と同一である．この回路は，V_2 により I_5，I_6 の電流配分が変化しても，Q_1，Q_4 のコレクタ電圧は変化しないため，V_2 の変化による同相成分が出力に現れない．また，V_2 は微小な電圧でも動作するという特徴がある．

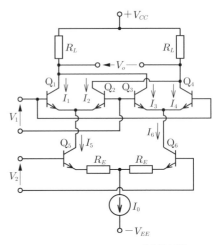

図 6・29 IC アナログ乗算回路

図 6·29 で乗算が精度良く，また安定に行われるためには，トランジスタの電気的特性，温度特性等が揃っていることが必要である．この条件は回路を集積回路化することにより容易に達成できる．

乗算回路は，単に信号の乗算ばかりでなく，第 9 章で述べるが，乗算を基本とした各種変復調回路，位相比較回路等にも応用でき，各種システムを構成する上で，非常に重要な回路である．

6・9 大信号増幅回路

6・9・1 トランジスタの大振幅動作

バイポーラトランジスタや FET 等の能動素子は，非線形特性を有しているが，取り扱う信号の振幅が微小な場合は，線形な等価回路（交流等価回路）で表すことができ，線形計算により利得等の動作量が求められた．しかし，取り扱う信号

の振幅が大きい場合は，交流等価回路による方法は使用できず，一般に**図式解法**という手段が用いられる．

図 6·30 はエミッタ接地トランジスタの大振幅動作の様子を示したものである．大信号を効率良く取り扱うことができるように，微小信号回路のとき使用したエミッタの抵抗 R_E は普通使用されない．図（a）では次式が成立する．

$$V_{CE} = V_{CC} - R_L I_C \tag{6·56}$$

この式を，トランジスタの V_{CE}–I_C 特性曲線上に描くと，図（b）の直流負荷線 Ⓐ–Ⓑ が得られる．ただし

$$I_{CM} = \frac{V_{CC}}{R_L} \tag{6·57}$$

である．トランジスタの電圧，電流，電力には許容される最大値があり，図（b）に示すように**最大許容コレクタ電流** $I_{C\max}$，**最大許容コレクタ電圧** $V_{CE\max}$，**最大許容コレクタ損失** $P_{C\max}$ で囲まれた領域内に，Ⓐ–Ⓑ の負荷直線が入るようにしなければならない．

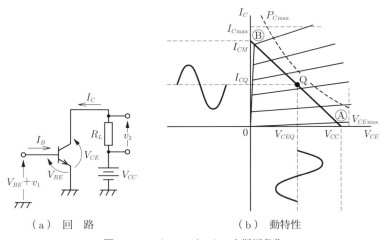

（a）回路　　　　　（b）動特性

図 6·30 トランジスタの大振幅動作

この負荷線上を，トランジスタの電圧は $0 \sim V_{CC}$，電流は $0 \sim I_{CM}$ の間を動作点 Q を中心として，入力信号 v_1 に応じて変化する．信号の振幅が大きい場合は，このような負荷線を引き，特性曲線を用いて回路を解析しなければならない．この方法を図式解法という．

6・9・2　A級電力増幅回路

スピーカを鳴らしたり，アンテナより電波を発射する場合は，大振幅の電圧および電流，または電力を必要とする．このような場合，電力増幅回路が使用される．ここでは特に低周波の電力増幅回路について述べる．

図 6·30（b）で V_{CE} および I_C の波形が，ひずむことなく最大の振幅を得るには，変化の中心値，すなわちバイアス点を負荷直線Ⓐ–Ⓑの中央に設定する．これを A 級電力増幅回路という．

正弦波信号の場合を考えてみよう．無ひずみの最大信号時には，負荷 R_L に流れる信号電流の最大値は $\dfrac{I_{CM}}{2}$ であるから，R_L に出てくる最大出力電力 P_L は

$$P_L = \left(\frac{I_{CM}}{2\sqrt{2}}\right)^2 R_L = \frac{V_{CC}^2}{8R_L} \tag{6・58}$$

となる．このとき，電源の供給する直流電力 P_{DC} は，I_C の平均値を $\bar{I}_C$ とすれば $\bar{I}_C = I_{CQ} = \dfrac{I_{CM}}{2}$ であるから

$$P_{DC} = \bar{I}_C V_{CC} = \frac{V_{CC}^2}{2R_L} \tag{6・59}$$

が得られる．電力増幅回路の**電力効率** η を

$$\eta = \frac{P_L}{P_{DC}} \tag{6・60}$$

と定義すると，式（6·58），（6·59）より

$$\eta = \frac{P_L}{P_{DC}} = \frac{1}{4} \tag{6・61}$$

となり，A級電力増幅回路の電力効率は25%である．負荷抵抗に直流が流れることにより消費される電力 P_{RL} と，トランジスタのコレクタで熱となるコレクタ損失 P_C が残りの電力である．これらの電力は，次のように求められる．

$$P_{RL} = \bar{I}_C^2 R_L = \frac{V_{CC}^2}{4R_L} \tag{6・62}$$

$$P_C = \frac{I_{CM}}{2\sqrt{2}} \cdot \frac{V_{CC}}{2\sqrt{2}} = \frac{V_{CC}^2}{8R_L} \tag{6・63}$$

P_{RL} が P_{DC} の 50%, P_C が 25% である.

図 6·30 (a) の回路は, 負荷抵抗 R_L に信号電流のほかに, 平均直流電流 ($\bar{I}_C = I_Q$) がいつも流れており, 負荷がスピーカ等の場合は好ましくない. **図 6·31** は直流電流源を用いて, 負荷抵抗 R_L に直流バイアス電流が流れないようにした回路である. 正負 2 電源を使用し, 電流源トランジスタ Q_2 のコレクタ電流 I_{C2} を, 無信号時の増幅トランジスタ Q_1 のコレクタ電流 I_{C1} に等しくすると, 負荷抵抗の無信号時の直流電流は零となる. 入力に信号が入ると, I_{C1} が入力信号に応じて変化し, この変化分が I_o として負荷抵抗に流れる. したがって次式が成立する.

$$\begin{aligned} V_{CE1} &= V_{CC} - R_L I_o \\ &= V_{CC} - R_L (I_{C1} - I_{CQ}) \end{aligned} \quad (6 \cdot 64)$$

ただし, I_{CQ} は Q_1 のコレクタバイアス電流である. 式 (6·64) より図 6·31 (b) の直流負荷線Ⓐ-Ⓑが得られる. $I_o = 0$ のとき, $V_{CE1} = V_{CC}$ であるから, 動作点は $V_{CE1} = V_{CC}$ 上にある. したがって, 無ひずみ最大振幅を得るには, $V_{CC} = V_{EE}$ とすることが望ましい. このとき, $I_{CM} = 2I_{CQ} = \dfrac{2V_{CC}}{R_L}$ となる.

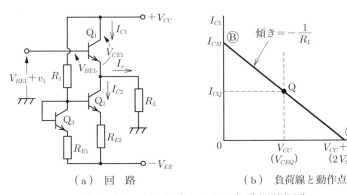

(a) 回 路　　　　(b) 負荷線と動作点

図 6·31　電流源を使用した A 級電力増幅回路

出力最大電力 P_L は, I_o の最大振幅が $\dfrac{I_{CM}}{2}$ であるから, 次のようになる.

$$P_L = \left(\frac{I_{CM}}{2\sqrt{2}}\right)^2 R_L = \frac{V_{CC}^2}{2R_L} \quad (6 \cdot 65)$$

このとき電源の直流電力 P_{DC} は

$$P_{DC} = I_{CQ}(V_{CC} + V_{EE}) = \frac{2V_{CC}^2}{R_L} \tag{6・66}$$

となる．したがって，電力効率 η は

$$\eta = \frac{P_L}{P_{DC}} = \frac{1}{4} \tag{6・67}$$

となり，25％である．Q_1 のコレクタ損失 P_{C1} は

$$P_{C1} = \frac{I_{CM}}{2\sqrt{2}} \cdot \frac{V_{CC}}{\sqrt{2}} = \frac{V_{CC}^2}{2R_L} \tag{6・68}$$

となり，P_{DC} の25％である．残りの50％の電力は，直流電流源トランジスタ Q_2 のコレクタ損失 P_{C2} と，R_{E2} の直流電力となる．R_{E2} の直流電力が小さいとすると

$$P_{C2} \approx I_{CQ} \cdot V_{EE} = \frac{V_{CC}^2}{R_L} \tag{6・69}$$

となる．

図 6・31 の Q_1 はコレクタ接地回路として動作しているため，電圧利得は 1 である．したがって，入力電圧 v_1 は図 6・30 に比較して，大きな振幅が必要である．

A 級電力増幅回路は，無信号時も電源の電力 P_{DC} は同じで，この電力はすべて Q_1，Q_2 のコレクタ損失（図 6・30 の場合は，コレクタ損失と，負荷の直流損失）であり，熱となってしまう．

【問 6・7】 図 6・31 の回路で最大出力 10 W を得たい．使用すべきトランジスタの最大許容コレクタ損失は，いくら以上必要か．

6・9・3　B 級プッシュプル電力増幅回路

A 級電力増幅回路は，信号振幅の大小にかかわらず一定の直流電力を消費し，また効率も 25％と低い．無信号時には電流が流れないようにし，効率を高めた回路が**図 6・32** に示す B 級プッシュプル回路（B 級 p–p 回路）である．入力信号がない場合，ベースの直流電位は 0 V であるため，Q_1，Q_2 には電流が流れない．Q_1，Q_2 は npn，pnp と極性が逆のトランジスタであるから，図に示すように入力電圧の極性により，Q_1 あるいは Q_2 のいずれかが動作し，負荷抵抗に電流 I_o を流す．入力波形の正負の半分を別々のトランジスタで増幅し，負荷で再び合成している．

6・9 大信号増幅回路

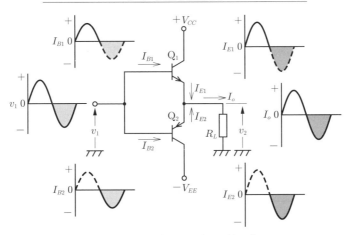

図 6・32 B級 p–p 電力増幅回路

図 6・32 の負荷線は，**図 6・33** の直線Ⓐ–Ⓑのようになる．したがって，I_o あるいは v_2 が無ひずみで最大振幅となるためには，$V_{CC} = V_{EE}$ とする．動作点は $I_{E1} = I_{E2} = 0$ の点，すなわち Q 点である．最大信号時の出力電力 P_L は，$V_{CC} = V_{EE}$ の場合，次のようになる

$$P_L = \left(\frac{I_{CM}}{\sqrt{2}}\right)^2 R_L = \frac{V_{CC}^2}{2R_L} \tag{6・70}$$

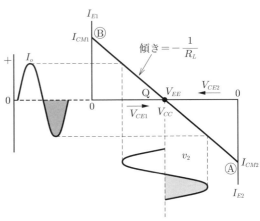

図 6・33 B級 p–p 回路の動特性

ただし，$I_{CM} = I_{CM1} = I_{CM2} = \dfrac{V_{CC}}{R_L} = \dfrac{V_{EE}}{R_L}$ とする．

電源の電流は，V_{CC}，V_{EE} にそれぞれ半周期ごとに流れるから

$$P_{DC} = V_{CC} \cdot \bar{I}_{C1} + V_{EE} \cdot \bar{I}_{C2} \tag{6・71}$$

が，電源の電力である．ただし $\bar{I}_{C1}$, $\bar{I}_{C2}$ は Q_1, Q_2 の平均コレクタ電流で，次のように求められる．

$$\bar{I}_{C1} = \bar{I}_{C2} = \frac{1}{2\pi} \int_0^\pi I_{CM} \sin\theta \cdot d\theta$$
$$= \frac{I_{CM}}{\pi} = \frac{V_{CC}}{\pi R_L} \tag{6・72}$$

したがって，P_{DC} は

$$P_{DC} = \frac{2 V_{CC}{}^2}{\pi R_L} \tag{6・73}$$

となる．式 (6・70)，(6・73) より電力効率 η は

$$\eta = \frac{P_L}{P_{DC}} = \frac{\pi}{4} \approx 0.785 \tag{6・74}$$

となり，電力効率は 78.5%と A 級に比較して改善される．

B 級 p-p 電力増幅回路は，信号の大小に応じて，電源の供給電力も変化し，無信号時には電源電力は零となる効率の良い増幅回路である．しかし，トランジスタのコレクタ電流（エミッタ電流）は，ベース・エミッタ間にある程度の電圧（$V_{B'E}$）をかけなければ流れない．したがって，図 6・32 の回路では，入力電圧が $\pm V_{B'E}$ 以内のときには出力が出ず，**図 6・34** に示すようなひずみが出力波形に生じる．これを**クロスオーバひずみ**という．これを除くには，実際の回路ではあらかじめ，微小なバイアスを与えておく．**図 6・35** にその例を示す．ダイオード Q_4，Q_5 は Q_1，Q_2 のベース・エミッタ間に順方向のバイアスをかけるためのレベルシフトダイオードである．Q_6 はエミッタ接地増幅回路 Q_3 の能動負荷で，大きな電圧利得が得られるようになっている．

B 級 p-p 電力増幅回路では，二つのトランジスタ Q_1，Q_2 の特性が揃っている必要がある．npn，pnp で特性の合っているものを，ペアトランジスタ（**コンプリメンタリ対**トランジスタ）として入手できる．

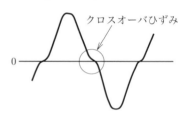

図 6・34 クロスオーバひずみ

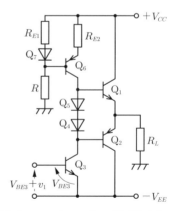

図 6・35 クロスオーバひずみのない p-p 回路

電力増幅回路には，A 級，B 級のほかにトランジスタのベース・エミッタ間を，逆方向にバイアスした C 級電力増幅回路がある．この回路は非常に電力効率が高いが，線形な増幅ができないため，負荷に共振回路を設け，不要な高調波を取り除かなければならない．C 級電力増幅回路は，高周波の電力増幅回路として使用される．

6・10 集積回路の概要

集積回路（IC）は数 mm 角のシリコン基板（**チップ**という）上に，トランジスタ，抵抗，小容量のコンデンサを，拡散，エピタキシャル成長，エッチング，フォトリソグラフィ，蒸着などにより同時に作り配線を行ったもので，隣り合った素子どうしの絶縁の方法，配線が重なり合わないような部品配置など，個別部品とは異なった方法がとられている．本節では集積回路[5]の構造とその製造プロセスについて簡単に述べる．

6・10・1 集積回路素子の構造

図 6・36 は集積回路中の npn トランジスタと抵抗の断面図である．図でわかるように各素子は，p 形基板上に作られた n 形の"島"の中に形成されている．p 形基板を回路中の最も低い電位に接続しておくと，n 形の各島と p 形基板の間は pn 接合の逆バイアスとなり，空乏層を介して各島が分離できる．これを pn 接合による分離（**アイソレーション**）という．抵抗は n 形の島の上に p 形領域を形成し，

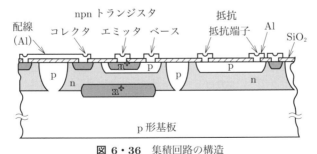

図 6・36 集積回路の構造

---

[5] ここで述べる集積回路を**モノリシック IC** といい，このほかに抵抗，コンデンサを印刷技術や蒸着により作り，トランジスタと組み合わせる**ハイブリッド IC** がある．

このp形半導体が有する抵抗を利用する．このとき，n形の島の電位を回路中のもっとも高い電位に接続しておけば，p形の抵抗はn形の島より絶縁できる．

　トランジスタは，さらにp形領域の中にn形のエミッタ領域（n^+）を作り，図のように縦にnpnの構造となるようにする．エミッタのn形を作るとき，その深さを制御することにより，ベース幅を0.5～1μm程度にできる．そのため，βも100～500と大きくできる．コレクタ領域のn形にあるn^+の層は，不純物濃度の高いn形層で，ベース・コレクタ接合面からコレクタ端子までの抵抗を小さくする目的で作られている．これを**コレクタ埋め込み層**という．

　SiO_2はシリコンの酸化膜で，非常に良い絶縁膜である．各素子間の配線はアルミニウムを蒸着することによって行う．

　図6·37は接合形FETとpnpトランジスタの断面図である．接合形FETはnpnトランジスタと構造的には同一である．pnpトランジスタは，図に示すように横方向にp–n–pという構造をしている．これを**横形pnpトランジスタ（ラテラルpnpトランジスタ）**という．横形pnpトランジスタは，ベース幅Wを小さくすることが技術的に困難であるため，βの大きなトランジスタは得にくく[6]，また周波数特性も悪い．したがって，横形pnpトランジスタの使用はできるだけ避けるほうが望ましい．実際には，レベルシフト，能動負荷などのように直接信号を増幅しない場所に使われることが多い．

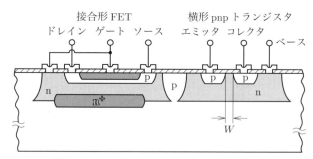

図6·37　FETとpnpトランジスタの構造

　図6·38はp形基板をコレクタとした縦形のpnpトランジスタである．これを**基板pnpトランジスタ**という．この場合βは横形pnpトランジスタよりやや大きくできる．また，大きなコレクタ面積となるため，大電流のpnpトランジスタを

---

[6]　$\beta = 20$程度

作ることができる．しかし，構造的にコレクタが最低電位に接続されているため，コレクタ接地回路しか実現できない．コレクタ接地のプッシュプル出力段に使われることがある．

コンデンサはpn接合の空乏層によって生じる接合容量が使われる．

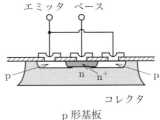

図 6・38 基板 pnp トランジスタ

集積回路では素子の占める面積は，トランジスタが最小で，次に抵抗，容量の順である．したがって，容量は特別な場合を除いて，あまり使用されない．実用的な抵抗値の範囲は，$100\,\Omega \sim 30\,\mathrm{k}\Omega$，容量値は $50\,\mathrm{pF}$ 以下である．集積回路に作られる素子の値は，その絶対値精度は $10 \sim 30\%$ と誤差が大きく，個別部品（$\pm 1 \sim 20\%$）と比較してあまり良くない．一方素子の相対誤差は $0.1 \sim 1\%$ 程度で非常に整合性が良いのが特徴である．また，集積回路自体が非常に小さく，各素子が近接して配置されるため素子間の温度差がなく，温度的な性質も集積回路素子では良く揃うのも特徴の一つである．

6・10・2 集積回路の製造工程

集積回路製造の基本は，不純物の拡散である．**図 6・39** はn形層の表面を酸化膜で覆い，その一部に穴（**拡散窓**という）をあけ，この穴より13族の元素であるホウ素（B）を拡散している様子を示す．n形基板を $1\,000 \sim 1\,300\,°\mathrm{C}$ 程度に加熱し，気体化された不純物ガス中を通すと，熱エネルギーによりBがn形Si中に拡散し，p形領域を作る．このようにしてpn接合を形成する．必要な部分に拡散窓を開けるには，フォトリソグラフィとエッチングが利用される．**図 6・40** に示すように，$\mathrm{SiO_2}$ で覆っ

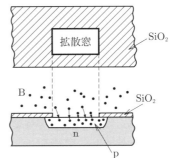

図 6・39 拡散窓を通して不純物の拡散

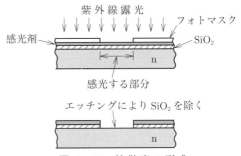

図 6・40 拡散窓の形成

たn形基板の表面に感光剤（**フォトレジスト**と呼ぶ）を塗付する．次に拡散窓を作りたい部分だけに光が当たるように，**フォトマスク**を通して紫外線で露光する．その後，溶剤により感光した部分の感光剤を取り除き，残った感光剤を保護膜にしてエッチングにより拡散窓を開ける．最後に感光剤を除去する．

　以上の工程を数回繰り返すことによって，集積回路は製造される．**図6・41**にnpnトランジスタのできるまでの工程を示す．図（a）はn^+形埋込み層の拡散による形成である．埋込み層形成の後，酸化膜を取り除き，その上に（b）のようにn形層を結晶成長させる（これを**エピタキシャル成長**という）．次にpn接合分離を作るため，p形不純物を拡散窓を通して拡散する（図（c））．以下同様に，図（d），（e）に示すようにベース領域，エミッタ領域の順に不純物拡散を行い，最後に電極および配線を蒸着して集積回路ができる．

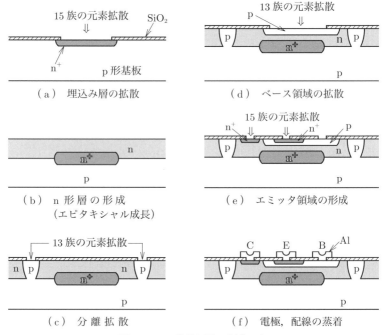

図 6・41　集積回路の製造工程

　抵抗，コンデンサ，FETなども，上記工程の中で同時に作られる．
　集積回路には，不純物拡散量や深さの制御，微細なマスクのパターンの精度，各拡散時におけるマスクの正確な位置合わせなど，きわめて高度な技術が要求される．

演 習 問 題

6・1 図 6・3 の差動増幅回路で，両トランジスタの特性が等しく，交流等価回路パラメータを $r_b = 50\,\Omega$, $r_e = 26\,\Omega$, $\beta = 99$ とし，また $R_L = 5\,\text{k}\Omega$, $R_E = 5\,\text{k}\Omega$ とする．$v_1 = v_s + v_n$, $v_2 = -v_s + v_n$ と表したとき，$v_s = 10\,\text{mV}$, $v_n = 1\,\text{mV}$ として，v_3, v_o における v_s の成分と，v_n の成分を求めよ．

6・2 図 6・42 の回路は可変抵抗 $2R$ により，同相利得に影響を与えず，差動利得だけ可変であることを示せ．

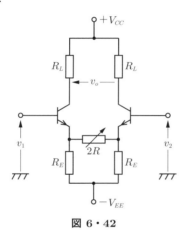

図 6・42

6・3 図 6・43（a）の FET 差動増幅回路の，差動利得 A_d，同相利得 A_c，同相除去比 CMRR を求めよ．ただし，FET の等価回路は図（b）とする．

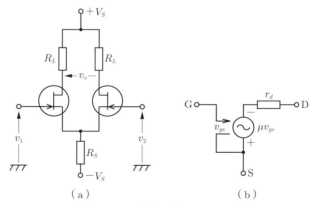

図 6・43

6・4 図 6・44 は Q_2 の電流 I_{C2} を Q_1 の電流 I_{ref} より少なくしたい場合に用いられる回路である。I_{C2}, I_{ref} が与えられたとき、R_E の値を求めよ。ただし Q_1, Q_2 の特性は等しいとする。

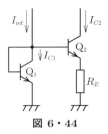

図 6・44

6・5 図 6・45 の回路について、C_1, C_2 の交流インピーダンスは十分小さく、また Q_1, Q_2 の出力インピーダンスは十分大きいとする。

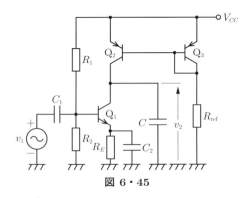

図 6・45

（1） 電圧利得 $A_v = \dfrac{v_2}{v_1}$ を求め、v_2 は v_1 を時間積分した電圧となることを示せ。ただし、トランジスタの交流等価回路は図 6・48（b）とする。

（2） $|A_v| = 1$ となる周波数 f_T を求めよ。

6・6 図 6・46（a）の回路で，トランジスタの直流等価回路を図（b）とするとき，Q_2 のコレクタ直流電位 V_{C2} を 0 V にしたい．R_1 の値を決定せよ．

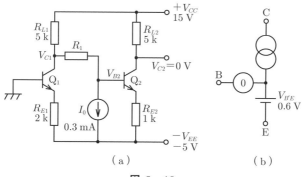

図 6・46

6・7 図 6・47 の回路で $V_{C2} = 0$ としたい．R_{B1}，R_{B2} を決定せよ．ただし，トランジスタの直流等価回路は図 6・46（b）とする．

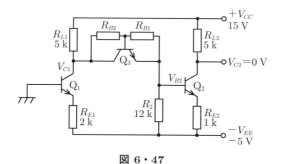

図 6・47

6・8 図 6・48（a）のレベルシフト回路のインピーダンス Z_o を求めよ．ただし，トランジスタの交流等価回路は図（b）とする．

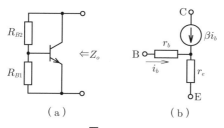

図 6・48

6・9 図 6·29 の乗算回路の入力 V_1 に**図 6·49** に示す矩形波を，また V_2 として V_1 と周波数が等しく位相のずれた正弦波を加えた．図（a），（b），（c）の場合について，出力波形を描き，出力波形の平均値と位相のずれとの関係を調べよ．

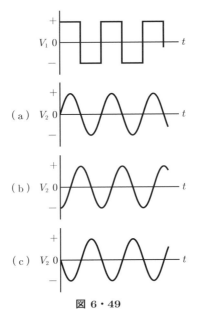

図 6・49

6・10 図 6·29 の乗算回路に，$V_1 = A\cos\omega t$, $V_2 = B\cos(\omega t + \phi)$ と表される電圧を加えたとき，出力 V_o の時間平均値 $\bar{V}_o$ を求めよ．また，$\bar{V}_o = 0$ となる ϕ を求めよ．

6・11 図 6·32 の B 級 p–p 電力増幅回路の出力電流の振幅が kI_{CM} ($k \leq 1$) のとき，出力電力 P_L，電源電力 P_{DC}，トランジスタのコレクタ損失（2本分）P_C を求めよ．また P_C が最大となる k の値を求めよ．このとき P_C は最大出力電力の何%か．ただしトランジスタの V_{BE} は無視してよい．

6・12 図 6·31 の A 級電力増幅回路と，図 6·32 の B 級 p–p 電力増幅回路で，最大許容コレクタ損失が等しいトランジスタを使用した場合の最大出力電力の比較を行え．

第 7 章
演算増幅器回路

　演算増幅器（オペアンプ）は，もともとアナログ電子計算機に用いられていた高利得の増幅器で，加減算，微積分，その他の演算を行っていた．集積回路の技術の進歩とともに，演算増幅器も集積回路化され，非常に高性能な演算増幅器が安価に入手できるようになった．演算増幅器を使用することにより，増幅回路を始め，種々の演算回路を容易にしかも高性能に実現することができる．ときには個別部品を使用する場合より，簡単でかつ特性の優れた回路が得られる．

　本章では演算増幅器の特性，基本的な使い方，およびいくつかの応用回路について述べる．

7・1　理想演算増幅器と等価回路

7・1・1　演算増幅器の特性を表す基本パラメータ

　演算増幅器は特殊なものを除き，一般に図7・1に示すように二つの入力端子と一つの出力端子を持ち，二つの入力端子間に加えられた信号を増幅する増幅器である．これは第6章で述べた単一出力形差動増幅器の一種と考えてよい．入力端子①（＋の符号の端子）を**非反転**（または**正相**）**入力端子**，入力端子②（－の符号の端子）を**反転**（または**逆相**）**入力端子**という．

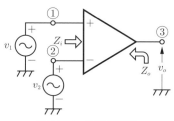

図7・1　演算増幅器

　図7・1に示すように，入力電圧 v_1, v_2 を加えると，出力電圧 v_o は

$$v_o = A_d(v_1 - v_2) + A_c\left(\frac{v_1 + v_2}{2}\right) \tag{7・1}$$

となる．このとき，A_d を差動利得，A_c を同相利得という．また A_c と A_d の比を

同相除去比(CMRR)という．すなわち

$$\text{CMRR} = \frac{A_d}{A_c} \tag{7・2}$$

これらは演算増幅器の特性を表す非常に重要な量である．

演算増幅器として要求される理想的な特性と，実際の演算増幅器の特性の比較を，**表7·1**に示す．表に示す理想特性を有する演算増幅器を，**理想演算増幅器**という．表よりわかるように，実際の演算増幅器は，帯域幅を除いては，ほとんど理想に近い特性を有している．差動利得の周波数特性は，**図7·2**に示すようにf_c(10 Hz程度)より下り始め，ほぼ1 MHzで利得は1となる．この周波数f_Tを**単位利得(ユニティゲイン)周波数**という．特に広帯域化を目的とした演算増幅器でf_Tが10 MHz以上のものもある．

表7·1 演算増幅器の理想特性と実際の特性

パラメータ	理想特性	実際の特性*	理想度
差動利得(A_d)	∞	100 dB 以上	◎
同相除去比(CMRR)	∞	90 dB 以上	◎
入力インピーダンス(Z_i)	∞	2 MΩ (バイポーラトランジスタ入力)　10^6 MΩ(FET 入力)	○　◎
出力インピーダンス(Z_o)	0	50 Ω	○
帯域幅(f_c) -3 dB	∞	10 Hz	×

(注)＊LM 741 または，LF 356 形汎用演算増幅器

図7·2の特性では，(周波数)×(その周波数での利得) = 一定，という関係がある．この値を**利得帯域幅積(GB積)**といい，演算増幅器の能力を表す一つの指標となる．

差動利得の帯域幅は非常に狭いが，差動利得がもともと大きいため，10 kHz程度までの周波数範囲(音声帯域という)では，実際の演算増幅器はまだ利

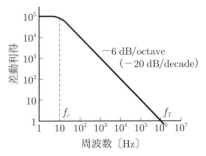

図7·2 演算増幅器の周波数特性例(LM 741)

【問7・1】 図7·2の演算増幅器のGB積はいくらか．

7・1・2 理想演算増幅器の等価回路

演算増幅器は非常に利得が大きいため，わずかな入力電圧でも出力は飽和してしまう．そのため，通常第5章で述べた負帰還回路として使用される．また負帰還回路として演算増幅器を使用すると，ループ利得を非常に大きくとれるため，負帰還の特徴を十分発揮できる．

図7·3は演算増幅器の最も基本的な回路である．インピーダンス Z_2 により，出力より反転入力端子へ負帰還がかかっている．いま，差動利得 A_d だけを有限とし，他の特性は理想的として，図7·3の利得 $G = \dfrac{v_o}{v_1}$ を求めてみよう．図7·3より次式が成立する．

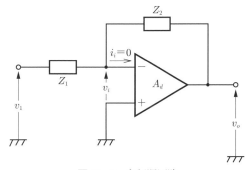

図7・3 負帰還回路

$$\left.\begin{aligned}v_o &= -A_d v_i \\ v_i &= \frac{Z_2}{Z_1+Z_2}v_1 + \frac{Z_1}{Z_1+Z_2}v_o\end{aligned}\right\} \quad (7\cdot3)$$

これより v_i を消去すると

$$G = \frac{v_o}{v_1} = \frac{-\dfrac{A_d Z_2}{Z_1+Z_2}}{1+\dfrac{A_d Z_1}{Z_1+Z_2}} \tag{7・4}$$

と利得は求められる．式 (7·4) で $A_d \to \infty$ とすると

$$G = \frac{v_o}{v_1} = -\frac{Z_2}{Z_1} \tag{7・5}$$

となり，Z_1, Z_2 だけで利得が決定される．これは，第5章の式 (5·4) に相当する．

次に，演算増幅器自体の入力電圧 v_i を求めてみると，式 (7·3)，(7·4) より

$$v_i = -\frac{v_o}{A_d}$$

$$= \frac{\dfrac{Z_2}{Z_1+Z_2}}{1+\dfrac{A_d Z_1}{Z_1+Z_2}} v_1 \tag{7・6}$$

となる. $A_d \to \infty$ とすると，式 (7・6) は

$$v_i = 0 \tag{7・7}$$

となり，入力電圧 v_1 が零でなくても，演算増幅器の入力電圧 v_i は常に零である. 逆に，もし v_i が零でなければ，v_o は無限大となり回路は正常に動作しないことになる. また理想演算増幅器の入力インピーダンスは無限大であるから，入力電流 i_1 も零となる.

以上の結果より，理想演算増幅器の二つの入力端子間は，電圧も電流も零，すなわち等価的にナレータとみなせることがわかる．一方，出力端子の電圧，電流は Z_1, Z_2, v_1 などまわりの回路により決定され，出力端子は等価的にノレータの端子であることになる．したがって，理想演算増幅器は，ナレータ，ノレータを用いて，**図7・4** の等価回路（**ナレータ・ノレータモデル**）で表すことができる．この等価回路は，差動利得が非常に大きいとみなせる周波数範囲（音声周波数帯）では，きわめて近似度の良い表現法である．

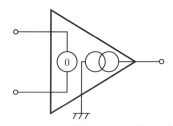

図7・4 理想演算増幅器の等価回路（ナレータ・ノレータモデル）

【問7・2】 図7.3をナレータ・ノレータモデルで表し，利得 $G=\dfrac{v_o}{v_1}$ が式 (7・5) となることを確かめよ．

7・1・3 演算増幅器の二次的パラメータ

表7・1の基本的なパラメータのほかに，利得などとは直接関係はないが実際に演算増幅器を使用する際，問題となることがある二次的なパラメータとして，オフセットとスルーレートがある．

〔1〕 **オフセット**

演算増幅器は理想的には，入力電圧を零にすると出力電圧も零とならなければならない．しかし，実際の演算増幅器では，入力の差動回路の不揃いにより出力が零とならない．このときの出力電圧をオフセット電圧という．オフセット電圧

は，等価的に**図7.5**に示すように微小な電圧 V_{off} が，入力端子に接続されているとみなせる．この電圧 V_{off} を**入力オフセット電圧**（または**入力換算オフセット電圧**）という．

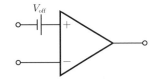

図7・5 入力換算オフセット電圧

入力オフセット電圧は，バイポーラトランジスタ入力の演算増幅器で数 mV，FET 入力の演算増幅器では数十 mV である．精密な直流増幅器や長時間の積分を行う積分回路では，オフセット電圧が誤差の原因となるので，注意が必要である．演算増幅器には，オフセット調整端子がついており，これに適当な電圧を加えることによりオフセットを零にできる．

演算増幅器の入力端子には入力段を構成している差動増幅回路のバイアス電流が流れる．**図7.6**のように，入力端子に抵抗が接続されている場合，入力バイアス電流 I_{B1}，I_{B2} により，電圧降下 V_1，V_2 が生じ，これが演算増幅器の入力電圧となる．このとき出力電圧 V_o は

$$V_o = R_2 \left(I_{B1} - \frac{R_3}{R_1 /\!/ R_2} I_{B2} \right) \quad (7\cdot8)$$

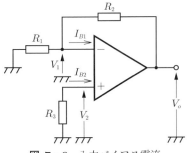

図7・6 入力バイアス電流

となる．$I_{B1} = I_{B2}$ の場合は，$R_3 = R_1 /\!/ R_2$ とすることにより，入力バイアス電流の影響を打ち消すことができる．

$I_{B1} \neq I_{B2}$ の場合は，出力にオフセットとして電圧が残る．I_{B1} と I_{B2} の差を**入力オフセット電流** I_{off} という．バイポーラトランジスタ入力では，I_{off} は数十 nA であり，また FET 入力の演算増幅器では，もともとバイアス電流が小さいため，I_{off} は 1 pA 以下の値となる．

〔2〕 **スルーレート**

演算増幅器にパルスのように振幅が急激に変化する入力電圧を加えると，出力は入力の変化に追従できず，**図7.7**に示すように，一定の傾きで変化する．このとき，出力が変化できる最大の傾斜をスルーレートといい，次式で定義される．

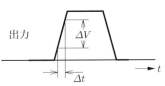

図7・7 スルーレートによる波形のひずみ

$$SR = \frac{\Delta V}{\Delta t} \quad [\text{V}/\mu\text{s}] \tag{7・9}$$

スルーレートは，パルスのような速い立ち上りの波形ばかりでなく，正弦波を取り扱う場合も，その振幅が大きい場合や周波数が高い場合は問題となる．正弦波 $v_o = V_m \sin \omega t$ を考えると，その振幅の変化は

$$\frac{dv_o}{dt} = \omega V_m \cos \omega t \tag{7・10}$$

であるから，式 (7・10) の最大値 (ωV_m) が，演算増幅器のスルーレートを超えると，波形にひずみが生じる．したがって無ひずみの条件は

$$\omega V_m \leq SR \tag{7・11}$$

となる．無ひずみで増幅できる周波数範囲は

$$f \leq \frac{SR}{2\pi V_m} \tag{7・12}$$

となり，正弦波の振幅 V_m に反比例することになる．

スルーレートは特に取り扱う信号の振幅が大きい場合に注意が必要である．

【問 7・3】 汎用演算増幅器 LM 741 は $SR = 0.5 \,\text{V}/\mu\text{s}$ である．正弦波で $5 \,\text{V}_\text{p-p}$[1] の無ひずみ出力が得られる最大周波数はいくらか．また $10 \,\text{kHz}$ では，無ひずみ最大出力電圧はいくらか．

7・2 演算増幅器の基本回路

7・2・1 逆相増幅回路

図 7・3 の Z_1, Z_2 をともに抵抗とした**図 7・8**（a）を逆相増幅回路という．利得は，式 (7・5) より

$$G = \frac{v_o}{v_1} = -\frac{R_2}{R_1} \tag{7・13}$$

となる．図（b）は図（a）のナレータ・ノレータモデルによる等価回路である．$v' = 0$ であるから，入力電流 i_1 は

---

1) $\text{V}_\text{p-p}$ は電圧の最大値と最小値の差 (peak-to-peak) を表す．

7・2 演算増幅器の基本回路

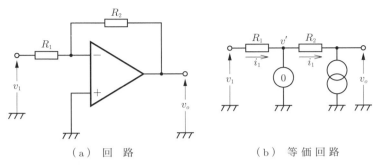

(a) 回 路　　　　　　　(b) 等価回路

図 7・8 逆相増幅回路

$$i_1 = \frac{v_1}{R_1} \tag{7・14}$$

となり，この回路の入力インピーダンス Z_{in} は

$$Z_{\text{in}} = \frac{v_1}{i_1} = R_1 \tag{7・15}$$

となる．演算増幅器自体の入力インピーダンスは大きいが，図7・8の逆相増幅回路を構成すると，入力インピーダンスは，逆相入力端子に接続された抵抗値に等しくなる．

一方，出力インピーダンスは，図7・8が並列帰還であることを考慮すると，ほぼ零と考えてよい．

7・2・2 正相増幅回路

図7・9（a）の回路を正相増幅回路という．図（b）の等価回路を用いて，利

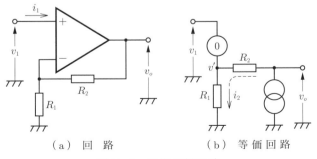

(a) 回 路　　　　　　　(b) 等価回路

図 7・9 正相増幅回路

得を求めてみよう．ナレータの電圧は零であるから，v_1 と v' は等しくなる．したがって R_1 を流れる電流 i_2 は

$$i_2 = \frac{v'}{R_1} = \frac{v_1}{R_1} \tag{7・16}$$

となる．ナレータには電流が流れないから，i_2 はすべて R_2 を流れる．出力電圧 v_o は

$$v_o = (R_1 + R_2) i_2 = \frac{R_1 + R_2}{R_1} v_1 \tag{7・17}$$

となり，利得は

$$G = \frac{v_o}{v_1} = 1 + \frac{R_2}{R_1} \tag{7・18}$$

と求められる．

正相増幅回路の場合は，入力電流 i_1 が流れないから，入力インピーダンスは無限大となる．出力インピーダンスは，出力側が並列帰還であるため，十分低く零とみなしてよい．

正相増幅回路の特別な場合として，$R_1 = \infty$，$R_2 = 0$ とした**図 7·10** の回路を**電圧フォロワ（ボルテージフォロワ）**という．入力インピーダンスがきわめて高く，また低出力インピーダンスであり，利得はほぼ 1 である．電圧フォロワは，回路と回路を接続する際，互いに影響を及ぼさないように，回路と回路の間に挿入される**バッファ**としてよく用いられる．

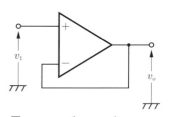

図 7・10 ボルテージフォロワ

7・2・3 増幅器の利得と帯域幅の関係

理想演算増幅器の利得は，周波数に無関係に無限大であるが，実際の演算増幅器では，図 7·2 のような特性をしている．これを式で表すと，第 4 章で述べたように

$$A_d = \frac{A_{d0}}{1 + \dfrac{jf}{f_c}} \tag{7・19}$$

となる．ただし，A_{d0} は直流における利得，f_c は利得が A_{d0} より 3 dB 低下するしゃ断周波数である．式 (7·19) を変形すると，次式が得られる．

7・2 演算増幅器の基本回路

$$A_d = \frac{A_{d0}f_c}{jf + f_c} = \frac{\text{GB}}{jf + f_c} \tag{7・20}$$

ただし,GB は演算増幅器の利得帯域幅積である.

次に,演算増幅器を用いて,正相増幅回路を構成した場合の帯域幅を求めてみよう.図7・9 (a) で演算増幅器の利得を式 (7・19) とした場合,利得 $G = \dfrac{v_2}{v_1}$ は次のようになる.

$$G = \frac{v_2}{v_1} = \frac{A_d}{1 + \dfrac{R_1}{R_1 + R_2}A_d} = \frac{G_0}{1 + \dfrac{jf}{f_c'}} = \frac{G_0 f_c'}{jf + f_c'} \tag{7・21}$$

ただし,G_0 は直流利得,f_c' はしゃ断周波数で,次のように与えられる.

$$G_0 = \frac{A_{d0}}{1 + \dfrac{A_{d0}R_1}{R_1 + R_2}} \tag{7・22}$$

$$f_c' = f_c\left(1 + \frac{A_{d0}R_1}{R_1 + R_2}\right) \tag{7・23}$$

式 (7・22),(7・23) より,負帰還により直流利得の低下した分だけ,帯域幅 f_c' は f_c より増加していることがわかる.

ここで,直流利得と帯域幅(しゃ断周波数)の積を求めてみると,式 (7・22),(7・23) より

$$G_0 f_c' = A_{d0}f_c = \text{GB} \tag{7・24}$$

となり,直流利得の大きさに無関係に,常に演算増幅器の利得帯域幅積に等しくなる.すなわち,演算増幅器による正相増幅回路の利得 × 帯域幅は常に一定である.

図 7・8 の逆相増幅回路の場合は,利得 × 帯域幅は

$$G_0 f_c' = \frac{R_2}{R_1 + R_2}\text{GB} \tag{7・25}$$

となり,$R_2 \gg R_1$ の範囲では,ほぼ一定で演算増幅器の利得帯域幅積に等しい.

この性質は,演算増幅器の利得が,図 7・2 のように,周波数に反比例して低下する特性を有する場合に成立する.

【問7・4】 汎用演算増幅器 LF 356 は,GB = 5 MHz である.利得 40 dB(100 倍)の正相増幅器を実現したとき,帯域幅はいくらになるか.

7・3 演算増幅器の線形演算回路への応用

演算増幅器を使用すると各種の演算回路が実現できる．ここでは線形演算回路の基本的なものについて述べる．

7・3・1 加算回路

図 7・11 は 3 入力の加算回路とその等価回路である．図（b）において，$v' = 0$ であるから，入力の各抵抗を流れる電流は，次のようになる．

$$i_1 = \frac{v_1}{R_1}, \quad i_2 = \frac{v_2}{R_2}, \quad i_3 = \frac{v_3}{R_3} \tag{7・26}$$

これらの電流はナレータには流れないから，すべて R_f を流れる．したがって出力電圧 v_o は

$$\begin{aligned} v_o &= -R_f i = -R_f(i_1 + i_2 + i_3) \\ &= -R_f \left(\frac{v_1}{R_1} + \frac{v_2}{R_2} + \frac{v_3}{R_3} \right) \end{aligned} \tag{7・27}$$

となり，v_1，v_2，v_3 の重み付き加算が得られる．

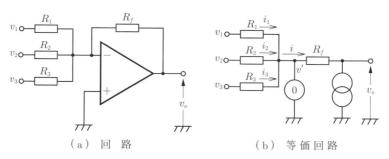

図 7・11 加算回路

7・3・2 減算回路

演算増幅器は正相，逆相の二つの入力端子を有しているから，これを同時に使用すると，減算回路が得られる．**図 7・12** にその回路を示す．等価回路において，次式が成立する．

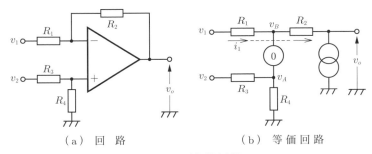

(a) 回 路　　　　　　(b) 等 価 回 路

図 7・12 減 算 回 路

$$v_B = v_A = \frac{R_4}{R_3 + R_4} v_2 \tag{7・28}$$

$$i_1 = \frac{v_1 - v_B}{R_1} \tag{7・29}$$

$$v_o = v_B - R_2 i_1 \tag{7・30}$$

これらの式より，v_A，v_B，i_1 を消去して v_o を求めると

$$v_o = -\frac{R_2}{R_1} v_1 + \frac{R_4(R_1 + R_2)}{R_1(R_3 + R_4)} v_2 \tag{7・31}$$

となる．簡単のために $\dfrac{R_2}{R_1} = \dfrac{R_4}{R_3}$ とすると

$$v_o = -\frac{R_2}{R_1}(v_1 - v_2) \tag{7・32}$$

が得られ，v_1 と v_2 の差が求められる．

図（a）の入力側の抵抗 R_1，R_3 を加算回路の場合と同様に，複数個にすることにより，多入力の加減算回路を作ることもできる．

【問 7・5】 $v_o = 2v_2 - 4v_1$ となる減算回路を実現せよ．

7・3・3　高入力インピーダンス差動増幅回路

図 7·12（a）の減算回路は $R_1/R_2 = R_3/R_4$ とすれば，式（7·32）に示すように，差動増幅回路の一種となるが，正相入力側と逆相入力側で，入力インピーダンスが異なるため，v_1，v_2 の信号源インピーダンスが零でない場合は，CMRR が劣化する等，差動増幅回路としては，あまり特性が良くない．

図 7·13 は，図 7·12（a）の入力に $\mathrm{O_{p1}}$，$\mathrm{O_{p2}}$ による正相増幅回路を付加したも

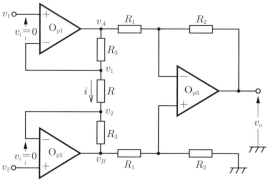

図 7・13 高入力インピーダンス差動増幅回路

ので，高入力インピーダンスとなっている．演算増幅器を理想的とみなすと，抵抗 R を流れる電流 i は

$$i = \frac{v_1 - v_2}{R} \tag{7・33}$$

となる．したがって，電圧 v_A, v_B は，次のようになる．

$$v_A = v_1 + R_3 i = v_1 + \frac{R_3}{R}(v_1 - v_2) \tag{7・34}$$

$$v_B = v_2 - R_3 i = v_2 - \frac{R_3}{R}(v_1 - v_2) \tag{7・35}$$

v_A, v_B は $\mathrm{O_{p3}}$ により構成される減算回路の入力に相当するから，式 (7・34), (7・35) を式 (7・32) に代入すると

$$\begin{aligned} v_o &= -\frac{R_2}{R_1}(v_A - v_B) \\ &= -\frac{R_2}{R_1}\left(1 + \frac{2R_3}{R}\right)(v_1 - v_2) \end{aligned} \tag{7・36}$$

が得られる．この回路は1個の抵抗 R により差動利得を変えることができる．また，入力インピーダンスがきわめて大きいため，信号源 v_1, v_2 の内部インピーダンスの影響も受けない．

同相除去比についても，$\mathrm{O_{p3}}$ だけの回路に比較して，$\left(1 + \dfrac{2R_3}{R}\right)$ 倍改善され，きわめて優れた差動増幅回路である．

7・3・4 積分回路

図 7・14（a）は入力電圧の時間積分を得る回路である．図（b）の等価回路で $v' = 0$ であるから

$$i_1 = \frac{v_1}{R} \tag{7・37}$$

が成立する．i_1 はすべてコンデンサ C に流れるから，出力電圧 v_o は

$$v_o = -\frac{1}{C}\int i_1 dt = -\frac{1}{CR}\int v_1 dt \tag{7・38}$$

となり，入力 v_1 の積分値が出力に得られる．積分回路では，入力オフセット電圧がある場合，長時間の積分を行うと，出力に誤差となって現れるからオフセット調整を入念に行う必要がある．また，入力端子のバイアス電流も積分誤差の原因となるため，バイアス電流の小さい FET 入力の演算増幅器を使用すべきである．

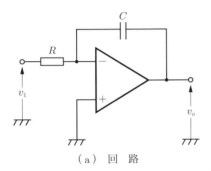
（a）回　路

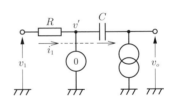
（b）等価回路

図 7・14 積分回路

実際の積分回路では，コンデンサの初期電荷を放電させるための回路等を付加して，**図 7・15** のように構成する．まず積分開始前に，スイッチ S_1 を開放し，S_2 を閉じて C の電荷を放電する．次に S_1 を閉じ S_2 を開き，入力 v_1 の積分を必要な時間だけ行う．その後 S_1，S_2 ともに開放すると，積分結果を保持することができる．次の積分を始めるには，S_2 を閉じ C の電荷を再び放電してから行う．

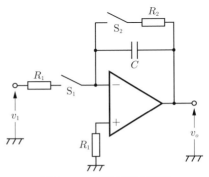

図 7・15 積分回路の実際

正相入力端子の抵抗 R_1 は，入力バイアス電流によるオフセットを打ち消すために接続されている．

7・4 演算増幅器の非線形演算回路への応用

7・4・1 非線形演算回路の基本回路

図 7·3 の Z_1 または Z_2 を**図 7·16** のように非線形素子に置き換えることにより，非線形演算回路を実現できる．いま非線形素子の電圧，電流の関係を，次のように表す．

$$V_N = f(I_N) \tag{7・39}$$

$$I_N = g(V_N) \tag{7・40}$$

ただし，$f(x)$ は x の非線形関数であり，また $g(x)$ は $f(x)$ の逆関数 $(g(x) = f^{-1}(x))$ とする．

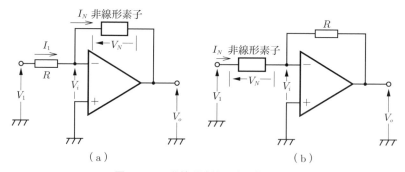

図 7・16 非線形演算回路の基本回路

図 7·16（a）の回路では，$V_i = 0$ であるから

$$I_1 = \frac{V_1}{R} = I_N \tag{7・41}$$

となる．出力電圧 V_o は

$$V_o = -V_N = -f(I_N) = -f\left(\frac{V_1}{R}\right) \tag{7・42}$$

となり，V_1 の非線形演算出力が得られる．

次に図(b)の回路では，$V_i = 0$ であるから

$$V_N = V_1 \tag{7・43}$$

が成立し，出力電圧は

$$V_o = -RI_N = -R \cdot g(V_N)$$
$$= -R \cdot g(V_1) \tag{7・44}$$

となり，この場合も非線形演算出力が得られる．

図(a)と(b)に同一の非線形素子を使用すると，互いに逆演算回路となる．すなわち，図(b)の出力は

$$V_o = -R \cdot g(V_1)$$
$$= -R \cdot f^{-1}(V_1)$$

と表され，式(7.42)の逆演算を行うことができる．

非線形素子として，ダイオードや，トランジスタが用いられる(**図7·17**)．ダイオードの電圧，電流の関係は第2章で述べたように（式(2.24)）

$$I_N = I_S \left(e^{\frac{q}{kT}V_N} - 1 \right)$$
$$\approx I_S e^{\frac{q}{kT}V_N} \tag{7・45}$$

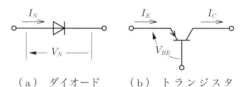

(a) ダイオード　　(b) トランジスタ

図 7・17 非線形素子

あるいは，逆に

$$V_N = \frac{kT}{q} \ln \frac{I_N}{I_S} \tag{7・46}$$

である．またトランジスタのエミッタ電流 I_E と，エミッタ・ベース間電圧 V_{BE} との関係も式(7·45)，(7·46)と全く同じである．

ダイオードやトランジスタをそのまま非線形素子として使用すれば，対数，逆対数演算回路が実現できる．

ダイオードは，スイッチとして使うこともできる．すなわち，順方向バイアスではスイッチがオンの状態，また逆方向バイアスではオフの状態のスイッチとな

る．この性質を利用して，種々の非線形2端子を実現できる．

図7·18，**7·19** にダイオードによる2種の非線形特性例を示す．

図7·18（a）では，V_N が電池の電圧 V_B を超えると電流 I_N が流れ始め，図（b）のような特性となる．V_D はダイオードの順方向電圧である．ダイオードが導通すると電流は抵抗 R で決定される傾きで，V_N の増加とともに増える．

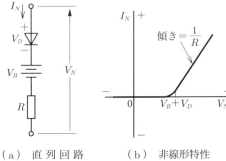

（a）直列回路　　（b）非線形特性

図7·18 非線形2端子（直列形）

図7·19では，電流 I_N が小さい範囲および負の場合は，ダイオードはオフの状態であるから，V_N は RI_N となる．電流が増加し RI_N が V_B より大になるとダイオードが導通し，V_N を一定（V_D+V_B）に保つ．

図7·18，7·19を適当に組み合わせると種々の特性を近似できる．

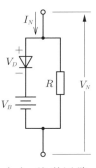 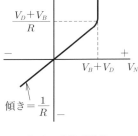

（a）並列回路　　（b）非線形特性

図7·19 非線形2端子（並列形）

7·4·2 対数変換回路

ダイオードまたはトランジスタの特性を利用すると，対数変換回路を実現できる．**図7·20** にその原理図を示す．これより

$$I_E = \frac{I_C}{\alpha_0} = \frac{I_1}{\alpha_0} = \frac{V_1}{\alpha_0 R} \qquad (7\cdot47)$$

が得られる．

出力 V_o は $-V_{BE}$ に等しいから，式(7·46)より

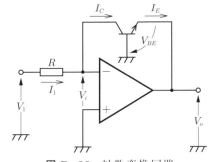

図7·20 対数変換回路

$$V_o = -V_{BE} = -\frac{kT}{q}\ln\frac{I_E}{I_S}$$

$$= -\frac{kT}{q}\ln\frac{V_1}{\alpha_0 R I_S} \tag{7・48}$$

または，常用対数で表すと

$$V_o = -2.3\frac{kT}{q}\log_{10}\frac{V_1}{\alpha_0 R I_S} \tag{7・49}$$

が得られる．

対数変換回路は広い振幅範囲の信号を扱ったり，電圧，電流をデシベルで表現する場合に用いられる．図 7・20 の回路のままでは，温度変化等により出力が変動するため，実際の回路では式（7・49）の係数や，I_S の温度補償を行わなければならない．

【問 7・6】 入力電圧が 0.01 V のとき出力が 0 V となるような対数変換回路を設計せよ．このとき，入力電圧が 10 倍になるごとに，出力電圧は何〔V〕変化するか．ただし $\alpha_0 = 1.0$, $I_S = 10^{-7}$ A とする．

7・4・3 逆対数変換回路

対数と逆対数は互いに逆変換であるから，図 7・20 のトランジスタと抵抗 R を入れ換えれば，逆対数変換回路が得られる．**図 7・21** にこれを示す．出力電圧 V_o は

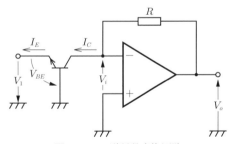

図 7・21 逆対数変換回路

$$\begin{aligned}
V_o &= R I_C = \alpha_0 R I_E \\
&= \alpha_0 R I_S \left(e^{\frac{q}{kT}V_{BE}} - 1\right) \\
&= \alpha_0 R I_S \left(e^{\frac{q}{kT}V_1} - 1\right) \\
&\approx \alpha_0 R I_S e^{\frac{q}{kT}V_1} \\
&= \alpha_0 R I_S 10^{\frac{q}{2.3kT}V_1}
\end{aligned} \tag{7・50}$$

となり，入力電圧 V_1 の逆対数（指数）変換が得られる．

逆対数はデシベル表示をリニア表示に変換したり，対数変換，加減算回路と組み合わせて，乗算，除算を行うことができる．

【問 7・7】 対数,逆対数変換回路を用いて,2 入力の乗算回路の原理を示せ.

7・4・4 波形変換回路
ダイオードをスイッチとして用い,演算増幅器と組み合わせて各種の波形変換回路を実現できる.

〔1〕 振幅圧縮回路
図 7·22 は,図 7·18 の非線形素子を用いた振幅圧縮回路である.$V_i = 0$ であるから,出力電圧 V_o が $-V_A \sim V_B$ の間ではダイオード D_A,D_B ともにオフの状態になる.したがって,回路は利得 $-\dfrac{R_2}{R_1}$ を有する逆相増幅器となる.V_o が V_B を超えると D_B が導通し,R_2 と R_B が並列になるため利得が $-\dfrac{R_2 /\!/ R_B}{R_1}$ に変わる.また,V_0 が $-V_A$ 以下では D_A が導通し,利得は $-\dfrac{R_2 /\!/ R_A}{R_1}$ となる.したがって,全体の特性は**図 7·23** のようになり,出力振幅が $-V_A$,V_B の外側で圧縮される特性となる.

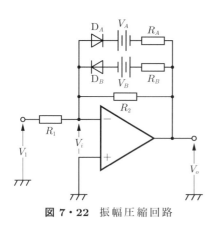

図 7・22 振幅圧縮回路   **図 7・23** 振幅圧縮回路の特性

図 7·22 は,独立した直流電池 V_A,V_B を必要とするが,**図 7·24** のような回路により,電源電圧 V_{CC},$-V_{EE}$ より等価的に V_A,V_B を作ることができる.このとき,$R_A{}'$,$R_B{}'$ は次のようになる.

7・4　演算増幅器の非線形演算回路への応用

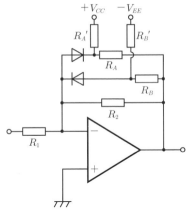

図 7・24　振幅圧縮回路（電池を使用しない回路）

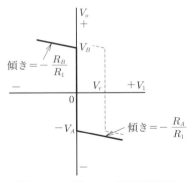

図 7・25　零レベル検出回路特性
（図 7・24 の $R_2 = \infty$）

$$\left.\begin{aligned}R_A{}' &= \frac{V_{CC}}{V_A}R_A \\ R_B{}' &= \frac{V_{EE}}{V_B}R_B\end{aligned}\right\} \quad (7\cdot51)$$

振幅圧縮回路で $R_2 = \infty$ とすると，**図 7・25** のような特性となり，波形の零レベルを検出する零レベル検出回路を実現できる．このとき正相入力端子に適当な直流電圧 V_r を加えておくと，図 7・25 の点線に示すような特性となり，入力電圧のレベル V_r を検出する回路も実現できる．

〔2〕**振幅伸張回路**

振幅伸張は振幅圧縮の逆演算であるから，図 7・22 の非線形 2 端子と抵抗 R_1 を入れ替えることによって実現でき，**図 7・26** の回路となる．$V_i = 0$ であることに注意すると，この回路の入出力特性は図（b）のようになる．ただし

$$\left.\begin{aligned}V_A &= \frac{R_A}{R_A{}'}V_{CC} \\ V_B &= \frac{R_B}{R_B{}'}V_{EE}\end{aligned}\right\} \quad (7\cdot52)$$

である．入力電圧が，$-V_A$ より下がるか，または V_B を超えると，出力の振幅が増大する特性となる．

〔3〕**半波整流回路（理想ダイオード）**

ダイオードを整流回路に使用する場合，シリコンダイオードでは約 0.6 V 以上，

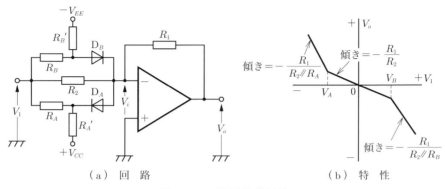

(a) 回路　　　　　　　　　　(b) 特性

図 7・26 振幅伸張回路

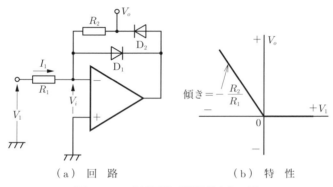

(a) 回路　　　　　　　　　　(b) 特性

図 7・27 整流回路（理想ダイオード）

ゲルマニウムダイオードでは約 0.2 V 以上の順方向電圧を必要とし，微小な電圧の整流はできない．**図 7·27** はこの欠点を取り除いた回路である．

$V_1 \geq 0$ の範囲では，D_1 が導通し，D_2 はオフしている．したがって，R_2 には電流が流れないから，出力電圧 V_o は

$$V_o = V_i = 0 \tag{7・53}$$

となる．$V_1 < 0$ では D_1 がオフし，D_2 が導通する．このとき，V_o は

$$V_o = -R_2 I_1 = -\frac{R_2}{R_1} V_1 \tag{7・54}$$

となる．以上より全体の特性は図（b）のようになり，ダイオードの順方向の非線形特性は現れず，直線性の良い整流回路が得られる．

〔4〕 関数の折れ線近似

図7・24,7・26の抵抗R_1をダイオードによる非線形2端子とすることにより,図7・23,7・26(b)の特性より複雑な非線形特性を実現できる.これを利用すると,任意の非線形関数を折れ線で近似し,その折れ線の傾き,折れ点の電圧などから,非線形2端子の各素子値が決定できる.すなわち,非線形関数発生回路を実現することができる.例えば,入力電圧の3乗に比例する回路や,平方根に比例する回路などが実現できる.

7・5　演算増幅器の内部回路

代表的なIC演算増幅器であるLM 741について,その内部回路を調べてみよう.**図7・28**にLM 741の内部回路を示す.回路は大別して入力差動増幅段,高利得増幅段,B級p-p出力段の三つの部分に分けられる.その他各段に直流バイアスを供給する回路がある.

入力差動増幅段　Q_1,Q_2が差動入力回路を構成している.差動入力成分に対して,ベース接地として動作するQ_3,Q_4により,直流のレベルシフトを行っている.Q_5,Q_6,Q_7はカレントミラー回路による単一出力への変換回路である.この出力は次段の高利得増幅段の入力Q_{16}のベースへ供給される.Q_8,Q_9は同

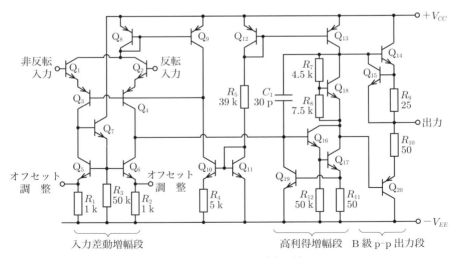

図 7・28　LM 741 の内部回路

相入力分に対するカレントミラー回路（図 6・2（b）参照）であり，Q_{10} の能動負荷により高利得を得て，Q_3，Q_4 のベースへ負帰還をかけている．これにより同相分に対する利得を下げて CMRR を向上させるとともに，直流バイアスの安定化を図っている．

高利得増幅段　ダーリントン接続された Q_{16}，Q_{17} により高入力インピーダンスを達成すると同時に，Q_{13} の能動負荷を用いて，高利得を得ている．Q_{18} はB 級 p–p 出力段のバイアスを与えるレベルシフト回路である（図 6・24 参照）．C_1 は位相補償用のコンデンサである．ミラー効果を利用して，小容量で等価的に大容量と同じ効果を得ている（図 5・15 参照）．スルーレートは，C_1 を充放電する速度で決定され，また差動利得の周波数特性も C_1 によって定まる．

　この演算増幅器は，100％の負帰還（電圧フォロワ回路はこの例である）をかけても，発振をしないよう十分に位相補償を行っている．このような演算増幅器を**内部補償形演算増幅器**という．これに対し，ループ利得に応じて必要なだけ位相補償を，外部に個別部品の抵抗，コンデンサ等を付加して行うものを，**外部補償形演算増幅器**という．

B 級 p–p 出力段　Q_{14}，Q_{20} によりプッシュプル回路を構成している．クロスオーバひずみを減少させるため，Q_{18}，R_7，R_8 による直流電圧により，Q_{14}，Q_{20} のベース間にバイアスを与え，無信号時にもわずかなバイアス電流が流れるようにしている．Q_{15} および Q_{19} は出力保護用のトランジスタである．出力端子より流出する電流が過大となると，R_9 の電圧降下により Q_{15} が導通し，Q_{14} への入力電流を減少させて Q_{14} を保護する．逆に Q_{17} の電流が増加し，Q_{20} へ出力より流入する電流が過大になると，R_{11} の電圧降下により，Q_{19} が導通し高利得増幅段の利得を下げ，Q_{20} を保護している．

　このように，IC 演算増幅器は，第 6 章で述べたアナログ集積回路の組合せで構成されていることがわかる．集積回路では特有の回路構成が行われ，特に直結にするための直流レベルシフト（Q_3，Q_4，Q_{18}），特性の悪い横形 pnp トランジスタ（Q_3，Q_4，Q_8，Q_9，Q_{12}，Q_{13}）の使い方，基板 pnp（Q_{20}）による p–p 回路等に工夫が行われ，アナログの IC としては，きわめて優れた回路となっている．

演習問題

7・1 図 7·29 は可変利得逆相増幅回路である．$R_2 \gg r$ として，利得 $G = \dfrac{v_o}{v_1}$ を求めよ．

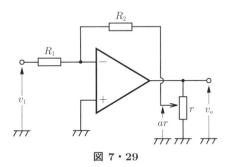

図 7・29

7・2 図 7·30 の利得 $G = \dfrac{v_o}{v_1}$ を求め，$R_1 = 10\,\mathrm{k\Omega}$ のとき，$G = -1\,000$ とするには，R_2，R_3，R_4 をいくらにしたらよいか．

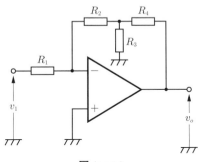

図 7・30

7・3 図 7·31 の入力コンダクタンス $G_i = \dfrac{I_1}{V_1}$ を求めよ．

7・4 図 7·31 の演算増幅器の出力電圧は，V_{CC} または，$-V_{EE}$ になると飽和して一定になると仮定して，V_1 と I_1 の関係を図示せよ．

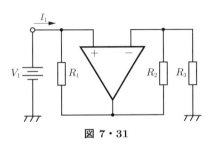

図 7・31

7・5 図 7·32 の入力インピーダンス $Z_i = \dfrac{v_1}{i_1}$ を求めよ.

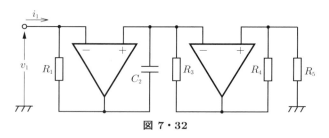

図 7・32

7・6 図 7·33 は正係数の積分回路である．出力 v_o を求めよ．

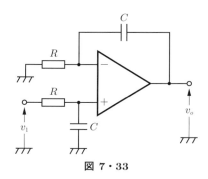

図 7・33

7・7 図 7·34 の回路で，各ダイオードは順方向に 0.6 V 以上の電圧がかかると導通し，内部抵抗は零となるとする．V_1 と V_o の関係を折れ線で示せ．

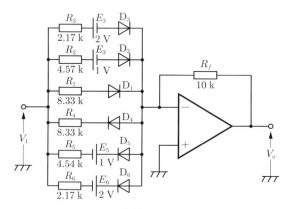

図 7・34

7・8 図 7・35 は R_4 により電圧利得を正から負へ連続して変えられる回路である．利得 $G = \dfrac{v_o}{v_1}$ を求めよ．

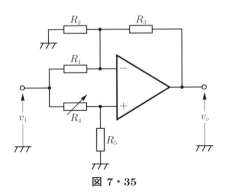

図 7・35

7・9 図 7・36 は全域通過回路と呼ばれる回路である．$G(j\omega) = \dfrac{v_o}{v_1}$ を求め，次に $|G(j\omega)|$ および $\angle G(j\omega)$ を求めよ．

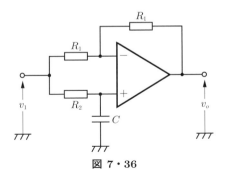

図 7・36

第 8 章

発振回路

　交流信号を発生するための発振回路は，厳密には非線形な回路のため解析は難しいが，回路が発振している状態では，ほぼ線形回路とみなして，発振周波数，増幅器の必要利得等を計算できる．発振回路は原理的には，第 5 章で述べた正帰還回路のループ利得を 1 以上にすれば得られる．

　本章では低周波発振回路，高周波発振回路，水晶発振回路を中心とした正弦波発振回路について述べ，電圧制御発振回路と PLL（位相同期ループ）についても言及する．

8・1　発振回路の発振条件

　図 8・1 は正帰還回路である．この回路の電圧利得は，第 5 章で示したように

$$G = \frac{v_2}{v_1} = \frac{A}{1 - AH} \quad (8 \cdot 1)$$

となる．式 (8・1) で $AH = 1$ とすると，$G = \infty$ となり，$v_1 = 0$ でも出力 v_2 は零とならない．これが回路が発振している状態である．したがって，発振しているとき，ループ利得は

$$AH = 1 \quad (8 \cdot 2)$$

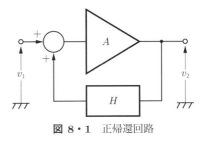

図 8・1　正帰還回路

となっている．$AH > 1$ の場合は，発振振幅が次第に増大する．増幅器の出力が飽和し振幅が抑えられると，等価的に利得が低下し，$AH = 1$ で発振を持続する．したがって，回路が発振するための条件は

$$AH \geq 1 \quad (8 \cdot 3)$$

となる．一般にループ利得 AH は周波数の関数で，複素数値をとる．式 (8·3) を AH の実部および虚部についての条件で表すと，次のようになる．

$$\mathrm{Im}(AH) = 0 \qquad (8\cdot 4)$$

$$\mathrm{Re}(AH) \geq 1 \qquad (8\cdot 5)$$

式 (8·4)，(8·5) を同時に満たすとき，回路は発振することになる．この 2 条件を発振条件といい，式 (8·4) により発振周波数が決定されるため，これを**周波数条件**，式 (8·5) より増幅器の利得が決定され，これを**電力条件**という．

正弦波発振回路は，図 8·1 の H 回路に周波数特性を持たせ，特定の周波数だけについて正帰還がかかるようにしている．一般に低周波発振回路では RC 回路を，また高周波発振回路では LC 回路を H 回路に使用する．

8・2 低周波 RC 発振回路

8・2・1 ウィーンブリッジ発振回路

図 8·2 はウィーンブリッジ発振回路である．演算増幅器と抵抗 R_a，R_b による正相増幅器が使われている．増幅器の入力端子で回路を切り離し，ループ利得を求めると，次のようになる．

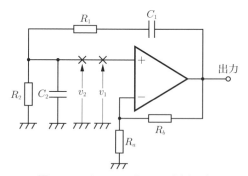

図 8·2 ウィーンブリッジ発振回路

$$AH = \frac{v_2}{v_1} = \frac{A}{1 + \dfrac{R_1}{R_2} + \dfrac{C_2}{C_1} + j\left(\omega C_2 R_1 - \dfrac{1}{\omega C_1 R_2}\right)} \qquad (8\cdot 6)$$

ただし

$$A = 1 + \frac{R_b}{R_a} \tag{8・7}$$

したがって，発振条件は，次のようになる．

（1） 周波数条件：$\mathrm{Im}(AH) = 0$

$$\omega = \frac{1}{\sqrt{C_1 C_2 R_1 R_2}} \tag{8・8}$$

（2） 電力条件：$\mathrm{Re}(AH) \geq 1$

$$A \geq 1 + \frac{R_1}{R_2} + \frac{C_2}{C_1} \tag{8・9}$$

$R_1 = R_2 = R$，$C_1 = C_2 = C$ とすると，各条件は

$$\omega = \frac{1}{CR} \quad \left(f = \frac{1}{2\pi CR} \right) \tag{8・10}$$

$$A \geq 3 \quad \left(1 + \frac{R_b}{R_a} \geq 3 \right) \tag{8・11}$$

となる．

この回路は R_1 と R_2 または，C_1 と C_2 を連動して変えると，可変周波数の発振器となる．このとき，発振周波数に無関係に電力条件は決定されているため，増幅器の利得を変える必要はない．抵抗 R_b に負の温度係数を有するサーミスタ等を使用すると，発振振幅を一定にできる．

【問 8・1】 図 8・2 の回路で発振周波数が 1 kHz となるように各定数を定めよ．

8・2・2　RC 移相形発振回路

図 8・3 は逆相増幅器を用いた RC 移相形発振回路である．RC 回路部で 180°の位相回転を得た周波数が正帰還となり，その周波数で発振する．図の×点で回路を切断し，ループ利得を求めると次のようになる．

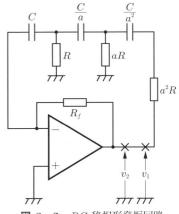

図 8・3　RC 移相形発振回路

$$AH = \frac{v_2}{v_1}$$
$$= \frac{1}{-\dfrac{a^2 R}{R_f} + \dfrac{3a^2+2a}{\omega^2 C^2 R R_f} + j\left(\dfrac{1+2a+3a^2}{\omega C R_f} - \dfrac{a^2}{\omega^3 C^3 R^2 R_f}\right)}$$
(8・12)

したがって，発振条件は次のようになる．

（1） 周波数条件

$$\omega = \frac{1}{CR}\sqrt{\frac{a^2}{1+2a+3a^2}} \qquad (8・13)$$

（2） 電力条件

$$\frac{R_f}{R}\left(8a^2+12a+7+\frac{2}{a}\right)^{-1} \geq 1 \qquad (8・14)$$

$a=1$ とすると，式 (8・13)，(8・14) は

$$\left.\begin{aligned}\omega &= \frac{1}{\sqrt{6}CR} \\ \frac{R_f}{R} &\geq 29\end{aligned}\right\} \qquad (8・15)$$

となる．

図 8・2，図 8・3 でループ利得を求めるには，ループを切り離し，一巡の利得を計算したが，このループの切り離しは，回路のどの点で行っても良い訳ではない．切り離すことによって，回路の電圧，電流の関係が変わらない点で切り離す必要がある．例えば電流が流れていない点（図 8・2 の場合）や，電圧源の端子（図 8・3 の場合）等は切り離し可能な部分である．

RC 発振器では，高抵抗を使用することにより容易に低周波の発振を行うことができ，10 Hz～1 MHz 程度の正弦波を得ることができる．

8・3　高周波 LC 発振回路

高周波では容易にコイルにより特性の良いインダクタンスを実現できるため，発振回路には LC 回路が使用される．

8・3・1 同調形発振回路

図 8・4 は LC の並列共振回路を利用した同調形 LC 発振回路である．共振回路の共振周波数の信号が，巻線比 $n:1$ のトランスの二次側コイル L_2 に誘起され，FET のゲートに帰還される．このとき FET のゲートとドレイン電圧は逆位相であるから，L と L_2 の巻線方向を逆にし，L_2 に L とは逆位相の電圧が発生するようにして，正帰還回路としている．

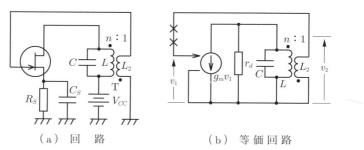

（a）回　路　　　　　（b）等 価 回 路

図 8・4　同調形発振回路

図（b）の等価回路の×点でループを切り離し，ループ利得を求めると，次のようになる．

$$AH = \frac{v_2}{v_1} = \frac{g_m}{n\left(\dfrac{1}{r_d} + j\omega C + \dfrac{1}{j\omega L}\right)}$$

$$= \frac{g_m r_d}{n} \cdot \frac{1}{1 + j\left(\omega C - \dfrac{1}{\omega L}\right)r_d} \tag{8・16}$$

したがって，発振条件は次のように得られる．

（1）周波数条件

$$\omega = \frac{1}{\sqrt{LC}} \tag{8・17}$$

（2）電 力 条 件

$$g_m \geq \frac{n}{r_d} \tag{8・18}$$

【問 8・2】　図 8・4 の発振周波数が 10 MHz になるよう各定数を定めよ．ただし $g_m r_d = 100$ とする．

8・3・2 コルピッツ発振回路

図 8.5 をコルピッツ発振回路という．図（a）はバイアス部分を省略した原理回路で，図（b）はその等価回路である．×部分でループを切り離しループ利得を求めると

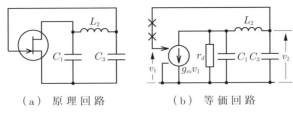

（a） 原 理 回 路　　　（b） 等 価 回 路

図 8・5 コルピッツ発振回路

$$AH = \frac{v_2}{v_1} = \frac{-g_m r_d}{1 - \omega^2 L_2 C_3 + j\omega(C_1 + C_3 - \omega^2 L_2 C_1 C_3)r_d} \quad (8・19)$$

となる．したがって発振条件は

（1） 周波数条件

$$\omega = \sqrt{\frac{C_1 + C_3}{L_2 C_1 C_3}} \quad (8・20)$$

（2） 電 力 条 件

$$g_m r_d = \mu \geq \frac{C_3}{C_1} \quad (8・21)$$

となる．式（8・20）の周波数は，C_1–L_2–C_3 の作るループのインピーダンスが零となる周波数である．

8・3・3　ハートレー発振回路

コルピッツ発振回路のコイルとコンデンサを入れ替えると，**図 8.6** のハートレー発振回路となる．この回路のループ利得を，×部分で回路を切り離して求めると

$$AH = \frac{v_2}{v_1} = \frac{-g_m r_d}{1 - \frac{1}{\omega^2 C_2 L_3} + \frac{r_d}{j\omega}\left(\frac{1}{L_1} + \frac{1}{L_3} - \frac{1}{\omega^2 L_1 L_3 C_2}\right)} \quad (8・22)$$

となり，発振条件は次のようになる．

（1）周波数条件

$$\omega = \frac{1}{\sqrt{(L_1+L_3)C_2}} \tag{8・23}$$

（2）電力条件

$$g_m r_d = \mu \geq \frac{L_1}{L_3} \tag{8・24}$$

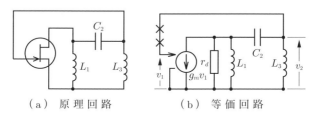

（a）原理回路　　　（b）等価回路

図 8・6 ハートレー発振回路

式（8・23）の周波数は，コルピッツの場合と同様に，図 8・6 の L_1–C_2–L_3 のループのインピーダンスが零となる周波数である．

8・3・4　水晶発振回路

LC 発振回路の発振周波数は，コイルやコンデンサの値によって決定される．これらの値は温度により変化し，また配線間容量やトランジスタの電極間の容量等も加わって，発振周波数変動の原因となる．

安定な発振周波数を得るのに，水晶発振回路が用いられる．**図 8・7** は水晶発振回路に使用される水晶振動子の記号とその等価回路である．水晶振動子は損失がきわめて小さく，ほぼ純粋なリアクタンス 2 端子とみなせる．等価回路で L_s は数 H，C_s は 0.1 pF 以下，C_0 は数 pF 程度の値を持つ．水晶振動子の 2 端子インピーダンスを求めると，次のようになる．

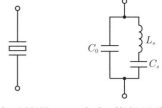

（a）図記号　　（b）等価回路

図 8・7 水晶振動子

$$jX = -j\frac{1-\omega^2 L_s C_s}{\omega(C_0+C_s-\omega^2 L_s C_0 C_s)} \tag{8・25}$$

式 (8·25) を図示すると，**図 8·8** の特性が得られる．f_0 は図 8·7 (b) の L_s, C_s による直列共振の周波数，f_∞ は全体の並列共振周波数で，それぞれ次のような値である．

$$f_0 = \frac{1}{2\pi\sqrt{L_s C_s}} \qquad (8 \cdot 26)$$

$$f_\infty = \frac{1}{2\pi\sqrt{L_s \dfrac{C_0 C_s}{C_0 + C_s}}} \qquad (8 \cdot 27)$$

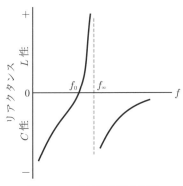

図 8·8 水晶振動子の特性

水晶振動子では，$C_0 \gg C_s$ であるから

$$f_\infty \approx f_0 \qquad (8 \cdot 28)$$

が成立する．f_0 と f_∞ の間で水晶振動子のリアクタンスは誘導性（L とみなせる）で，その値も $0 \sim \infty$ の間で急激に変化している．したがって，水晶振動子を L 性として使用すれば，L の変化に対して周波数の変化が小さく，安定な周波数の発振回路が実現できる．

水晶振動子を L 性として使用するには，図 8·5 のコルピッツ発振回路の L_2 の部分，あるいは，図 8·6 のハートレー発振回路では，L_1 または L_3 の部分に水晶振動子を接続すればよい．

図 8·9 はコルピッツ発振回路の L_2 の部分に水晶振動子を接続した発振回路である．コンデンサ C_3 はトランジスタの入力容量が大きい場合は接続不要である．

ここで数値例を用いて，水晶発振回路の安定性について調べてみよう．水晶振動子の定数を，$L_s = 2.53\,\text{H}$, $C_s = 0.01\,\text{pF}$ ($f_0 = 1\,\text{MHz}$), $C_0 = 3\,\text{pF}$ とする．水晶振動子を図 8·5 の L_2 の部分に用いた場合，発振周波数は，C_1–水晶–C_3 の作るループのインピーダンスが零となる周波数より求められる．

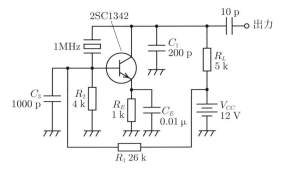

図 8·9 水晶発振回路例

すなわち

$$\frac{1}{j\omega C_1} + \frac{1}{j\omega C_3} + \frac{1 - \omega^2 L_s C_s}{j\omega (C_0 + C_s - \omega^2 L_s C_0 C_s)} = 0 \quad (8\cdot 29)$$

を解いて得られ

$$\begin{aligned}\omega_{osc} &= \frac{1}{\sqrt{L_s C_s}} \sqrt{1 + \frac{C_s}{C + C_0}} \\ &\approx \frac{1}{\sqrt{L_s C_s}} \left\{1 + \frac{C_s}{2(C + C_0)}\right\} \end{aligned} \quad (8\cdot 30)$$

となる.ただし,$C = \dfrac{C_1 C_3}{C_1 + C_3}$ とする.$C_s \ll (C + C_0)$ であるから,発振周波数は水晶振動子の直列共振周波数でほぼ決定されることがわかる.

いま,C が 1% 変化したとすると,図 8·9 の数値例では,式 (8·30) で決定される発振周波数は -2.8×10^{-7} (2.8×10^{-5}%) の変動となり非常に安定である.一方,図 8·5 のコルピッツ発振回路では,C の変化は式 (8·20) よりわかるように,平方根で効くため,C が 1% 変化した場合発振周波数の変動は -0.5% となり,水晶発振回路に比較して非常に大きい.

水晶発振回路の場合,水晶振動子自身の定数が変化すると,発振周波数は変化するから,高安定性が要求されるような場合は,水晶振動子を恒温槽に入れる等,水晶振動子自身の安定化を行わなければならない.

8·3·5 *LC* 発振回路の実際例

図 8·10 に *LC* 発振回路の実際例を示す.この回路は,図 8·5 のコルピッツ発振回路の変形で,**クラップ発振回路**と呼ばれている.C_s, C_0, L_0 よりなる回路が,図 8·5 の L_2 の代わりに接続されている.この部分のリアクタンスは,次のようになる.

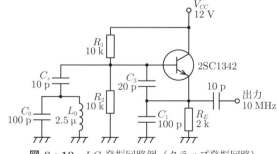

図 8·10 *LC* 発振回路例(クラップ発振回路)

$$jX = \frac{1}{j\omega C_s} + \frac{j\omega L_0}{1-\omega^2 L_0 C_0}$$

$$= -j\frac{1-\omega^2 L_0(C_0+C_s)}{\omega C_s(1-\omega^2 L_0 C_0)} \qquad (8\cdot31)$$

これは水晶振動子のリアクタンス式 (8·25) と同一の形をしている．したがって，その周波数特性も図 8·8 と同形となる．この場合

$$f_0 = \frac{1}{2\pi\sqrt{L_0(C_0+C_s)}} \qquad (8\cdot32)$$

$$f_\infty = \frac{1}{2\pi\sqrt{L_0 C_0}} \qquad (8\cdot33)$$

である．$f_0 \sim f_\infty$ で式 (8·31) は L 性となる．

$C_s \ll C_0$ とすると，$f_0 \approx f_\infty$ となり，発振周波数は，ほぼ $L_0 C_0$ の共振周波数で決定される．

この回路は，発振周波数がトランジスタの電極間容量等の影響をあまり受けないため，L_0，C_0 の温度補償を行うことにより，安定な発振周波数が得られる．

8·4 電圧制御発振回路と PLL

発振回路の発振周波数を可変にするには，普通，可変容量（バリコン）や可変抵抗器等を使用して行うことが多い．しかし，こうした機械的に可動な部品を使用しないで，電子的に発振周波数を可変にできれば，その応用も広い．本節では電圧により発振周波数を制御できる回路（VCO）と，その PLL（位相同期ループ）への応用について述べる．

8·4·1 可変容量ダイオードを用いた電圧制御発振回路

LC 発振回路で，発振周波数を決定しているコンデンサを，電圧により容量値を変えることのできる**可変容量ダイオード**に置き換えると，電圧制御 LC 発振回路が実現できる．可変容量ダイオードは，pn 接合空乏層の作る接合容量を，pn 接合の逆方向電圧により変化させるもので，容量値が逆方向電圧の平方根に逆比例する性質を持っている．

図 8·11 は，図 8·10 の C_0 の部分に可変容量ダイオード（1S1650）を用いた発振回路である．制御電圧 V_C を 1～5 V 変化させると，発振周波数は，約 10.0～

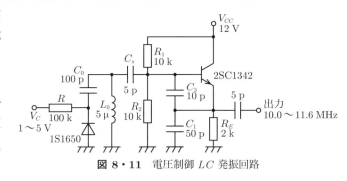

図 8·11　電圧制御 LC 発振回路

11.6 MHz の間で変わる．V_C として，音声信号を加えると，次章で述べる周波数変調波（FM 波）が得られる．

8·4·2　コンデンサの充放電による電圧制御発振回路

　図 8·11 の電圧制御 LC 発振回路は，可変容量ダイオードの容量値が小さいため，高周波（数 MHz 以上）での発振に適し，低周波にはあまり適していない．**図 8·12** は集積回路でよく用いられ，正弦波の発振回路ではないが，低周波から高周波まで広い範囲で使用可能な電圧制御発振回路である．C は外付けのコンデンサで，このコンデンサを一定電流で充放電することにより，発振回路を構成している．Q_1，Q_2 はスイッチとして動作するトランジスタである．Q_5～Q_8 は各トランジスタに直流電流を供給するための電流源である．Q_3，Q_4 は Q_1，Q_2 のベースに電圧を与えるレベルシフトのトランジスタである．いま，制御入力を調整して，Q_5，Q_6 の電

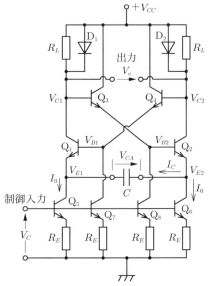

図 8·12　コンデンサの充放電による電圧制御発振回路

流を I_0 に設定したとしよう．Q_1 がしゃ断し Q_2 が導通している状態を考えると，V_{C1} は V_{CC} に等しいから

$$V_{B2} = V_{CC} - V_{BE} \tag{8・34}$$

$$V_{E2} = V_{B2} - V_{BE} = V_{CC} - 2V_{BE} \tag{8・35}$$

となっている．一方 V_{C2} は D_2 の電圧 V_D（$= V_{BE}$）により一定に抑えられ

$$V_{C2} = V_{CC} - V_D \tag{8・36}$$

$$V_{B1} = V_{CC} - V_D - V_{BE} = V_{CC} - 2V_{BE} \tag{8・37}$$

となる．Q_1 はしゃ断しているから，Q_5 の電流はコンデンサ C を流れ，これを充電する．

$$V_{E1} = V_{E2} - V_{CA} = V_{CC} - 2V_{BE} - V_{CA} \tag{8・38}$$

であるから，C が充電され，$V_{CA} \geq V_{BE}$ となると，Q_1 が導通する．すると

$$V_{C1} = V_{CC} - V_D$$

$$V_{B2} = V_{CC} - V_D - V_{BE} = V_{CC} - 2V_{BE}$$

となり，Q_2 のベースの電位が下がり，Q_2 がしゃ断すると同時に

$$V_{C2} = V_{CC}$$

$$V_{B1} = V_{CC} - V_{BE}$$

$$V_{E1} = V_{CC} - 2V_{BE}$$

$$V_{E2} = V_{CC} - 2V_{BE} + V_{CA} \tag{8・39}$$

となる．この状態で C の電荷は Q_6 の電流 I_0 により放電，逆方向に再充電され，式 (8・39) の V_{CA} が $V_{CA} = -V_{BE}$ に充電されると，再び Q_1, Q_2 の状態が逆転する．したがって，V_{CA} および出力 V_o の波形は，**図 8・13** のようになる．

発振周波数は，コンデンサ C を充電する時間より求められ，周期を T とすると

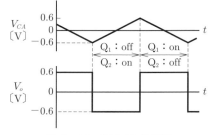

図 8・13 図 8・12 の波形

$$\frac{1}{C}I_0\frac{T}{2}=2V_{BE}$$

であるから，周波数 f は

$$f=\frac{1}{T}=\frac{I_0}{4V_{BE}C} \tag{8・40}$$

である．一方，I_0 は V_C によって決定され

$$I_0=\frac{V_C-V_{BE}}{R_E} \tag{8・41}$$

であるから，発振周波数を V_C により制御することができる．

この発振回路は，発振周波数が V_C に比例する直線制御特性を有し，また 100 MHz 程度の高周波まで C を選ぶことにより発振可能である．しかし，式（8・40）よりわかるように，発振周波数が V_{BE} に直接関係するため，発振周波数の温度依存性が大きい．そのため，I_0 に V_{BE} の逆温度特性を持たせるような温度補償を行う必要がある．

【問 8・3】 図 8・12 で $C=100\,\mathrm{pF}$，$V_{BE}=0.6\,\mathrm{V}$，$R_E=1\,\mathrm{k\Omega}$ とするとき，発振周波数を 3〜5 MHz まで変えるには，V_C の値はいくらか．

8・4・3 PLL の原理

発振器の発振周波数を，ある基準の周波数に一致させたい場合や，周波数が時刻と共に変化している信号の周波数に，発振器の周波数を追従して変化させたい場合等に，PLL（phase locked loop，位相同期ループ）という手法が用いられる．

図 8・14 に PLL の原理図を示す．電圧制御発振器（VCO）は，基準信号がない場合，その固有の発振周波数（これを**フリーランニング周波数**という）f_o の発振

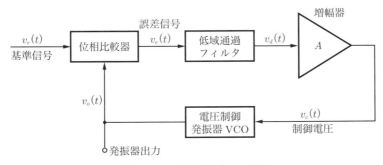

図 8・14 PLL のブロック図

出力 $v_o(t)$ を出力する．この状態で f_o にきわめて近い周波数 f_r を有する基準信号 $v_r(t)$ が入力されると，位相比較器は $v_o(t)$ と $v_r(t)$ の位相差に比例した誤差信号 $v_e(t)$ を出力する．低域通過フィルタにより $v_e(t)$ の中から必要な信号 $v_d(t)$ を取り出す．$v_d(t)$ は増幅され制御電圧 $v_c(t)$ として VCO に入力される．$v_c(t)$ は VCO の周波数 f_o を $v_d(t)$ が小さくなる方向に制御し，f_o を f_r に一致させる．f_o が f_r に一致することを PLL が**ロック**するという．一度ロックすると，PLL は f_r の変化に追従する．PLL が f_r にロックを維持できる周波数範囲を，**ロックレンジ**という．また，PLL が基準信号を捉えロックできる周波数範囲を，**キャプチャレンジ**といい，キャプチャレンジは常に，ロックレンジより狭い．

図 8・14 の位相比較器には，第 6 章 6・8 節で述べた乗算回路が利用される．基準信号，VCO の出力をそれぞれ

$$\left.\begin{array}{l} v_r(t) = V_r \sin(\theta_r(t)) \\ v_o(t) = V_o \sin(\theta_o(t)) \end{array}\right\} \tag{8・42}$$

とし，乗算回路の利得を K とすると，この二つの信号の乗算出力 $v_e(t)$ は

$$\begin{aligned} v_e(t) &= K V_r V_o \sin(\theta_r(t)) \sin(\theta_o(t)) \\ &= V_e \{\cos(\theta_r(t) - \theta_o(t)) - \cos(\theta_r(t) + \theta_o(t))\} \end{aligned} \tag{8・43}$$

となる[1]．ただし，$V_e = K V_r V_o / 2$ とする．式 (8・43) の第 2 項は周波数の高い成分のため，図 8・14 の低域通過フィルタで取り除かれ

$$v_d(t) = V_e \cos(\theta_r(t) - \theta_o(t)) \tag{8・44}$$

が増幅器に入力される．制御電圧 $v_c(t)$ は

$$v_c(t) = A v_d(t) = A V_e \cos(\theta_r(t) - \theta_o(t)) \tag{8・45}$$

となる．

$$\left.\begin{array}{l} \theta_r(t) = 2\pi f_r t + \theta_r \\ \theta_o(t) = 2\pi f_o t + \theta_o \end{array}\right\} \tag{8・46}$$

---

[1] $v_o(t)$ を正弦波としたが，VCO 出力が方形波の場合は，方形波をフーリエ級数に展開して考えれば全く同様に扱える．

8・4 電圧制御発振回路と PLL

とすると，PLL がロックした状態では，$f_o = f_r$ であるから

$$v_c = AV_e \cos(\theta_r - \theta_o) \tag{8・47}$$

となり，一定の制御電圧が発生している．式 (8・47) の制御電圧は，VCO の周波数を f_r に保つのに必要な電圧に等しい．

PLL の一巡の利得（ループ利得）が十分大きい場合は，$v_d(t) \approx 0$ となり

$$\theta_r - \theta_o = \frac{\pi}{2} \tag{8・48}$$

となる．すなわち，基準信号と VCO の出力波形は，位相が 90° ずれている．

電圧制御発振器には，図 8・11, 8・12 の回路が使用される．

PLL を利用すると，基準信号周波数の整数倍あるいは整数分の 1 の周波数に VCO をロックさせることもできる．**図 8・15** はそのブロック図である．分周回路は入力信号の周波数を整数分の 1 倍する回路であり，これは通常ディジタル回路で構成されることが多い．位相比較器の二つの入力の周波数が一致すると

$$\frac{f_r}{n} = \frac{f_o}{m} \tag{8・49}$$

となるから，VCO の出力周波数 f_o は

$$f_o = \frac{m}{n} f_r \tag{8・50}$$

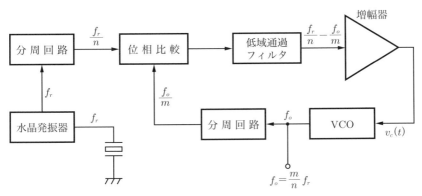

図 8・15 周波数シンセサイザ

となる．整数比 m/n を適当に選ぶことにより，多くの周波数を一つの基準発振周波数 f_r より得ることができる．このような発振器を，**周波数シンセサイザ**と呼び，多チャネルの送受信機等に多く使用されている．

PLL は発振回路ばかりでなく，次章で述べる振幅変調波や周波数変調波の復調等にも使用され，専用の IC 等も数多く発表されている．

演 習 問 題

8・1 図 **8・16** の回路の発振条件を求めよ．

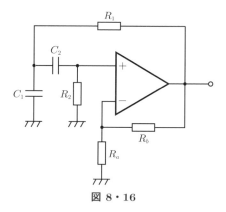

図 8・16

8・2 図 **8・17** の回路の発振条件を求めよ．

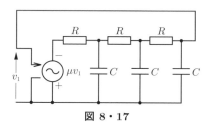

図 8・17

演習問題　　　195

8・3 図 8・18（a）はコルピッツ回路の一種である．発振条件を求めよ．また $C_1, C_2 \gg C_0$ とすると，発振周波数はほぼ L_0, C_0 だけで決定されることを示せ．ただし，FET の等価回路は図（b）とする．

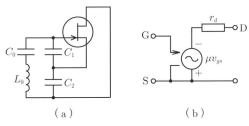

図 8・18

8・4 図 8・19 の水晶発振回路で，C_C により発振周波数をある程度変えられることを示せ．ただし，水晶振動子の等価回路は図 8・7 とし，$C_1, C_2 \gg C_C, C_0$ とする．

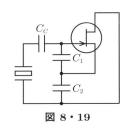

図 8・19

8・5 図 8・20 で r はコイル L_2 の微小な損失である．発振条件を求め，発振周波数が FET のパラメータに依存することを示せ．ただし，FET の等価回路は，図 8・18（b）とする．

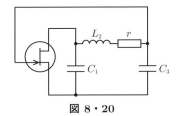

図 8・20

8・6 **図 8・21** は，図 8・20 の発振回路に L_x を付加して，発振周波数が FET の定数と無関係となるようにした回路である．L_x を**安定化リアクタンス**という．L_x の値をどのように選べばよいか．

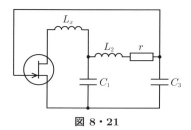

図 8・21

第 9 章
変復調回路

　情報を遠方へ伝達する際，多くの場合無線通信が行われる．音声などの低い周波数の電気信号は，そのままでは効率良く無線電波とすることができない．一方，高周波の電気信号は容易に電波として放射することが可能である．そこで，低周波の情報信号を高周波の電気信号に含ませることにより，電波により情報を伝達できる．情報信号を高周波の電気信号（**搬送波**）に含ませる操作を**変調**といい，再びもとの情報を取り出す操作を**復調**という．

　正弦波の搬送波を $V_0 \cos(\omega_0 t + \phi_0)$ とすると，情報を含ませることが可能なパラメータは，V_0, ω_0, ϕ_0 である．振幅 V_0 を情報信号により変化させることを**振幅変調**，角周波数 ω_0 を変化させることを**周波数変調**，位相 ϕ_0 を変化させることを**位相変調**という．

9・1　振幅変調回路

9・1・1　振幅変調波
〔1〕**両側帯波（DSB 波）**
　搬送波の振幅を情報信号（以後，**変調波**と呼ぶ）により変化させるには，非線形な操作が必要である．もっとも考えやすい方法は，**図 9·1** のように乗算回路により搬送波と変調波の積を得る方法である．いま，搬送波 $v_0(t)$ および変調波 $v_s(t)$ をそれぞれ

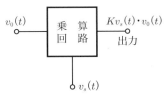

図 9・1　振幅変調の原理

$$v_0(t) = V_0 \cos \omega_0 t \qquad (9・1)$$
$$v_s(t) = V_s \cos \omega_s t \qquad (9・2)$$

とし，乗算回路の利得を K とすると，乗算回路の出力は

$$v_{am}(t) = KV_0V_s\cos\omega_s t \cdot \cos\omega_0 t$$
$$= V\cos\omega_s t \cdot \cos\omega_0 t \tag{9・3}$$

となる．ただし，$V = KV_0V_s$ とする．式（9・3）は次のように変形できる．

$$v_{am}(t) = \frac{V}{2}\{\cos(\omega_0 - \omega_s)t + \cos(\omega_0 + \omega_s)t\} \tag{9・4}$$

すなわち，$v_{am}(t)$（**被変調波**という）は，**図 9・2** に示すように $\omega_0 - \omega_s$ と $\omega_0 + \omega_s$ にスペクトルを持つ．変調波が多くの周波数スペクトルを有する場合は，図に示すように ω_0 を中心として対称にスペクトルが分布する．被変調波のスペクトルが占めている周波数帯域を**占有帯域幅**という．ω_0 より下側のスペクトルを有する波を**下側帯波**，上側を**上側帯波**という．図 9・2 の被変調波は，搬送波の周波数 ω_0 の成分を有していない．このような被変調波を特に**平衡変調波**という．**図 9・3** は平衡変調波の波形である．

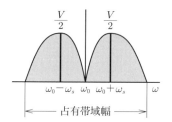

図 9・2 被変調波の周波数スペクトル

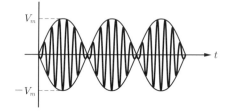

図 9・3 平衡変調波の波形

ラジオ放送では，復調が容易な搬送波成分が含まれている振幅変調波が使われている．単に振幅変調といえば，これを表す場合が多い．いま，**図 9・4** に示す非線形回路の入出力特性が

図 9・4 非線形回路による振幅変調

$$v_2(t) = A_0 + A_1v_1(t) + A_2v_1{}^2(t) + A_3v_1{}^3(t) + \cdots \tag{9・5}$$

で表されるような特性をしているとき（A_i は非線形回路で決まる定数）

$$v_1 = V_0\cos\omega_0 t + V_s\cos\omega_s t \tag{9・6}$$

を入力すると，出力は次のようになる．

$$
\begin{aligned}
v_2(t) &= A_0 + A_1(V_0 \cos\omega_0 t + V_s \cos\omega_s t) \\
&\quad + A_2(V_0 \cos\omega_0 t + V_s \cos\omega_s t)^2 + \cdots \\
&= A_0 + A_1 V_0 \cos\omega_0 t + A_1 V_s \cos\omega_s t \\
&\quad + \frac{A_2 V_0{}^2}{2}(\cos 2\omega_0 t + 1) + \frac{A_2 V_s{}^2}{2}(\cos 2\omega_s t + 1) \\
&\quad + 2 A_2 V_0 V_s \cos\omega_s t \cdot \cos\omega_0 t + \cdots
\end{aligned} \tag{9・7}
$$

$v_2(t)$ を $(\omega_0 - \omega_s) \sim (\omega_0 + \omega_s)$ の周波数成分を通過させる帯域通過フィルタに通すと

$$
\begin{aligned}
v_{am}(t) &= A_1 V_0 \cos\omega_0 t + 2 A_2 V_0 V_s \cos\omega_s t \cdot \cos\omega_0 t \\
&= V_m \cos\omega_0 t + V \cos\omega_s t \cdot \cos\omega_0 t
\end{aligned} \tag{9・8}
$$

が得られる．ただし，$V_m = A_1 V_0$，$V = 2 A_2 V_0 V_s$ とする．第2項は式 (9・3) と同じ平衡変調波であり，第1項は搬送波の成分である．式 (9・8) は次のように表される．

$$
v_{am}(t) = V_m(1 + m\cos\omega_s t)\cos\omega_0 t \tag{9・9}
$$

ここで

$$
m = \frac{V}{V_m} \tag{9・10}
$$

を**変調度**という．式 (9・9) の波形を**図 9・5** に示す．

式 (9・9) は次のように書くことができる．

$$
\begin{aligned}
v_{am} &= V_m \cos\omega_0 t + \frac{mV_m}{2}\cos(\omega_0 - \omega_s)t \\
&\quad + \frac{mV_m}{2}\cos(\omega_0 + \omega_s)t
\end{aligned} \tag{9・11}
$$

したがって，周波数スペクトルは**図 9・6** のように，上下側帯波の他に搬送波成分が含まれている．

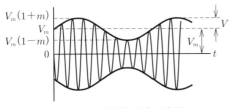

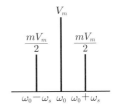

図9・5 振幅変調波の波形

図9・6 振幅変調波の周波数スペクトル

〔2〕 単側帯波（SSB波）

上下側帯波を有する被変調波（DSB波）は占有帯域幅が広い．また図9・5の場合は変調波の情報を含まない搬送波の占める電力が大きく，情報伝達の効率が悪い．振幅変調の被変調波は，上側帯波，下側帯波いずれも変調波の情報をすべて含んでいるため，一方の側帯波だけで情報の伝達には十分である．

搬送波を含まない平衡変調波から帯域通過フィルタを用いて，片側帯波だけを取り出した波を単側帯波（SSB波）という．単側帯波を使用すると，占有周波数帯域幅が1/2となり，また搬送波の電力が不要であるとともに，近接した周波数とのビート[1)]による混信を防ぐことができる．

9・1・2 振幅変調回路

〔1〕 平衡変調回路

平衡変調は乗算回路を使用して実現でき，**図9・7**は第6章で述べたICアナログ乗算回路（図6・29）を用いた例である．通常，搬送波の振幅は十分大きく，図6・29

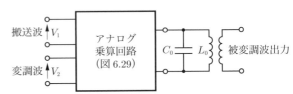

図9・7 アナログ乗算回路による平衡変調回路

の$Q_1 \sim Q_4$のトランジスタはスイッチ動作をする．このとき，搬送波は方形波と考えれば良く，そのフーリエ級数展開は

$$v_0(t) = \sum_{n=1}^{\infty} a_n \cos n\omega_0 t \tag{9・12}$$

---

1) 搬送波の周波数が近接していると，二つの搬送波の差の周波数が可聴音となり，受信信号に妨害を与える．これを**ビート**という．

となる．したがって，式 (9·12) と変調波の積は多くの高調波（$n = 2, 3, 4, \cdots$）を含んでいる．図 9·7 の出力の共振回路は，共振周波数を ω_0 に選び，被変調波として $n = 1$ の成分だけを取り出す帯域通過フィルタである．

搬送波を含む振幅変調波が必要な場合，平衡変調回路の出力に，搬送波を混合することによって得ることができる．

〔2〕 **トランジスタの非線形性による振幅変調回路**

図 9·8 はトランジスタの V_{BE} と I_E の非線形特性を利用した**ベース変調回路**である．V_{BE} と I_E の関係は第 2 章で述べたように

$$I_E = I_S \left(e^{\frac{q}{kT} V_{BE}} - 1 \right) \qquad (9 \cdot 13)$$

であるから，これを級数展開すると

$$I_E = a_0 + a_1 V_{BE} + a_2 (V_{BE})^2 + \cdots \qquad (9 \cdot 14)$$

となる．ただし，a_i は定数である．したがって V_{BE} として搬送波と変調波の和の電圧を加えれば，式 (9·7) と同様に，振幅変調波が得られる．

図 9·8 の R_1, R_2 は回路を A 級で動作させるためのバイアス抵抗である．C_2 は搬送波に対するバイパスコンデンサ，C_3 は変調波に対するバイパスコンデンサである．L_1

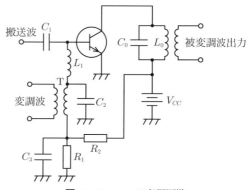

図 9·8 ベース変調回路

は搬送波を阻止し，変調波を通す高調波チョークコイルである．搬送波と変調波電圧の和がベースに加わり，コレクタには，式 (9·7) に示したような高調波を含んだ電流が流れる．コレクタの L_0–C_0 の共振回路により，必要な被変調波だけを取り出している．

この他にトランジスタの非線形特性を利用する振幅変調回路としては，トランジスタのコレクタ側で変調を行うコレクタ変調回路，あるいは，ベース側とコレクタ側の両方を同時に変調するベース・コレクタ同時変調回路等がある．

9・2 振幅変調波の復調回路

9・2・1 包絡線検波回路

包絡線検波回路は，図9.5に示す振幅変調の被変調波の包絡線を取り出す復調回路で，通常，ダイオードによる整流回路が使用される．**図9・9**に回路例を示す．振幅の大きい被変調波を使用すると，ダイオードの特性のほぼ直線部分が使用でき，ひずみが少なくなる．

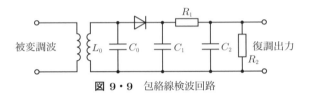

図 9・9 包絡線検波回路

コンデンサ C_1, C_2 がない場合ダイオードの電流は，**図9.10 (a)** に示すような半波整流波形となる．C_1, C_2 を接続すると，半波整流波形より高周波成分が取り除かれ，図9.10 (c) のように包絡線とほぼ同じ出力が得られる．

9・2・2 2乗検波回路

ダイオードの特性の立ち上がり部分の非線形性を使用する検波回路で，被変調波を2乗することにより直流成分，高調波成分に混ざって，変調波成分が発生することを利用する．直流分，高調波分をフィルタで取り除き，目的の変調波を得る．2乗検波は低レベルの被変調波を効率良く復調することができるが，ひずみが多く最近ではほとんど使用されていない．

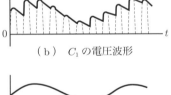

(a) 半波整流波形と包絡線

(b) C_1 の電圧波形

(c) 復調出力波形

図 9・10 包絡線検波の波形

9・2・3 PLLによる振幅復調回路

集積回路の発達に伴い，PLLによる高性能な振幅復調回路が使用されるように

なった．**図9·11**にPLLを用いた復調回路を示す．90°の移相回路は，PLLが被変調波の搬送周波数にロックすると，第8章で述べたように（式(8·48)）PLL出力と搬送波の位相が90°ずれるのを補正するための回路である．

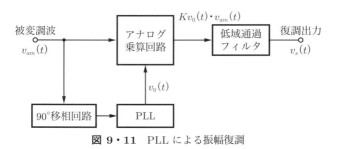

図9·11 PLLによる振幅復調

PLLの出力$v_0(t)$は，搬送波の周波数に等しく振幅が一定の電圧である．すなわち

$$v_0(t) = V_0 \cos \omega_0 t \tag{9·15}$$

これと，振幅変調の被変調波の積を求めると，乗算回路の出力$v_{\text{out}}(t)$は

$$\begin{aligned}
v_{\text{out}}(t) &= KV_0V_m(1 + m\cos\omega_s t)\cos^2\omega_0 t \\
&= \frac{KV_0V_m}{2}(1 + m\cos\omega_s t)(1 + \cos 2\omega_0 t) \\
&= \frac{KV_0V_m}{2} + \frac{KV_0}{2}mV_m\cos\omega_s t \\
&\quad + \frac{KV_0V_m}{2}(1 + m\cos\omega_s t)\cos 2\omega_0 t
\end{aligned} \tag{9·16}$$

となる．ただし，Kは乗算回路の利得定数である．最後の式の第2項が変調波に比例する出力である．第1項は直流成分，第3項は高調波成分である．低域通過フィルタにより高調波分を取り除くと，直流分と変調波成分が出力に出てくる．直流分はコンデンサ等で取り除くことができる．

PLLの出力が方形波の場合は，式(9·15)の代わりに，式(9·12)のように方形波をフーリエ級数展開した形で表し，被変調波との積を求めればよい．この場合は式(9·16)よりさらに高次の高調波が現れるが，低域通過フィルタで取り除かれる．**図9·12**に$v_0(t)$が方形波の場合の波形を示す．乗算回路の出力は，両波整流波形となり図9·10の半波整流波形と比較して効率が良い．

PLLによる復調は，搬送波の周波数に同期させて復調させることから，**同期検波**とも呼ばれる．PLLはキャプチャレンジ以外の信号に対してはロックしないから，帯域フィルタを用いることなく，キャプチャレンジを狭くすることにより，非常に優れた周波数選択特性を持たせることができる．

9・2・4　SSB波の復調回路

SSB波（単側帯波）や平衡変調波は，搬送波成分を外から加えて，振幅変調波に変換した後，包絡線検波，2乗検波などの振幅復調を行えばよい．搬送波は水晶発振回路を用いて高安定

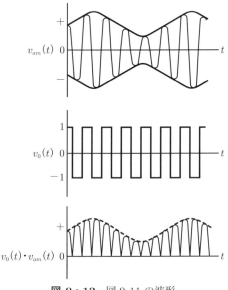

図 9・12　図 9・11 の波形

な周波数を発生させる必要がある．被変調波の搬送周波数と，復調回路で発生させた搬送波用信号の周波数がずれると，復調された波形にひずみが生じる．

図 9・13 は PLL とアナログ乗算回路を用いた SSB 波の復調回路のブロック図である．水晶発振回路の発振周波数として，第8章で述べた周波数シンセサイザ（図 8・15）を用いて，希望の搬送周波数を得ている．周波数シンセサイザの m または n を変えることにより，一つの水晶振動子により，多くの安定な搬送周波数を得ることができる．SSB波，PLLの出力を，それぞれ

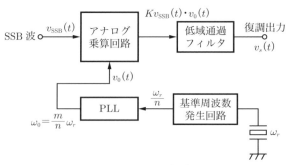

図 9・13　SSB 波の復調

$$v_{\text{SSB}}(t) = V\cos(\omega_0 + \omega_s)t \qquad (9\cdot17)$$

$$v_0(t) = V_0\cos\omega_0 t \qquad (9\cdot18)$$

とすると，乗算回路の出力は

$$\begin{aligned}v_{\text{out}}(t) &= Kv_0(t)\cdot v_{\text{SSB}}(t) \\ &= KV_0V\cos(\omega_0+\omega_s)t\cdot\cos\omega_0 t \\ &= \frac{KV_0V}{2}\{\cos\omega_s t + \cos(2\omega_0+\omega_s)t\}\end{aligned} \qquad (9\cdot19)$$

となり，第1項が変調波に比例し，低域通過フィルタの出力に現れる．この場合，復調出力には直流分は含まれず，変調波成分

$$v_s(t) = kV_s\cos\omega_s t \qquad (9\cdot20)$$

だけとなる．ただし k はフィルタの利得等で決定される定数である．

下側帯波の SSB 波も全く同様にして，復調することができる．

9・3 周波数変調回路

9・3・1 周波数変調波

周波数変調は，搬送波の周波数を変調波によって変化させる変調方式で，被変調波（周波数変調波と以後呼ぶ）は，次式で表される．

$$v_{fm}(t) = V_0\cos\varOmega(t) \qquad (9\cdot21)$$

ただし $\varOmega(t)$ は時刻 t の関数であり，変調波

$$v_s(t) = V_s\cos\omega_s t \qquad (9\cdot22)$$

により，次のように変化する．

$$\frac{d\varOmega(t)}{dt} = \omega_0 + \Delta\omega\cos\omega_s t \qquad (9\cdot23)$$

式 (9・23) はある時刻 t における瞬間の角周波数で，これを**瞬時角周波数**という．ω_0 は変調波が零のときの角周波数で中心角周波数という．また $\Delta\omega$ は変調波の振幅に比例する量で，**最大角周波数偏移**という．

式 (9·23) を積分して，式 (9·21) に代入すると

$$v_{fm}(t) = V_0 \cos\left(\omega_0 t + \frac{\Delta\omega}{\omega_s}\sin\omega_s t\right)$$
$$= V_0 \cos(\omega_0 t + m_f \sin\omega_s t) \qquad (9\cdot 24)$$

となる．ここで

$$m_f = \frac{\Delta\omega}{\omega_s} \qquad (9\cdot 25)$$

を**変調指数**という．図 9·14 に周波数変調波の波形を示す．式 (9·24) を変形すると

$$v_{fm}(t)$$
$$= V_0 \cos(m_f \sin\omega_s t)\cos\omega_0 t$$
$$- V_0 \sin(m_f \sin\omega_s t)\sin\omega_0 t$$
$$\qquad\qquad\qquad (9\cdot 26)$$

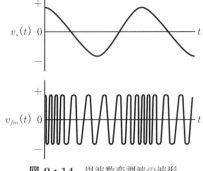

図 9·14 周波数変調波の波形

となる．ここで，第一種ベッセル関数 $J_n(m_f)$ を用いると

$$\left.\begin{aligned}\cos(m_f\sin\omega_s t) &= J_0(m_f) + 2\sum_{n=1}^{\infty} J_{2n}(m_f)\cos 2n\omega_s t \\ \sin(m_f\sin\omega_s t) &= 2\sum_{n=0}^{\infty} J_{2n+1}(m_f)\sin(2n+1)\omega_s t\end{aligned}\right\} \qquad (9\cdot 27)$$

が成立するから，式 (9·26) は次のように表される．

$$\begin{aligned}v_{fm}(t) = V_0 \Bigg[&J_0(m_f)\cos\omega_0 t \\ &+ \sum_{n=1}^{\infty} J_{2n}(m_f)\{\cos(\omega_0+2n\omega_s)t + \cos(\omega_0-2n\omega_s)t\} \\ &+ \sum_{n=0}^{\infty} J_{2n+1}(m_f)\{\cos(\omega_0+(2n+1)\omega_s)t \\ &\qquad\qquad - \cos(\omega_0-(2n+1)\omega_s)t\}\Bigg] \qquad (9\cdot 28)\end{aligned}$$

式 (9·28) よりわかるように，周波数変調波のスペクトルは無限に広がっている．しかし，高次の側帯波は急激に小さくなるため，実用的には帯域幅 ω_B は

$$\omega_B = 2(\Delta\omega + \omega_s) \tag{9·29}$$

で十分であることが知られている．

9・3・2 位相変調波

位相変調は，搬送波の位相を直接変調波で変化させる変調方式で，式 (9·21) の $\Omega(t)$ が次式で表される．

$$\Omega(t) = \omega_0 t + \Delta\phi \cos\omega_s t \tag{9·30}$$

ただし，$\Delta\phi$ は変調波の振幅に比例する量である．したがって，被変調波は次のようになる．

$$v_{pm}(t) = V_0 \cos(\omega_0 t + \Delta\phi \cos\omega_s t) \tag{9·31}$$

瞬時角周波数は

$$\frac{d\Omega(t)}{dt} = \omega_0 - \Delta\phi \cdot \omega_s \sin\omega_s t \tag{9·32}$$

となる．

式 (9·31) の位相変調波と，式 (9·24) の周波数変調波は本質的に同一の形をしており，周波数スペクトルも同様の広がりを示す．ただ，変調波の含む周波数の広がりが大きい場合は，式 (9·24)，(9·30) よりわかるように周波数偏移が ω_s に反比例する周波数変調の方が，スペクトルのまとまりが良い．

9・3・3 周波数変調回路

周波数変調を行うには，発振回路の周波数を決定している定数を，変調波で変化させればよい．

〔1〕 リアクタンストランジスタによる周波数変調

図 9·15 (a) は**リアクタンストランジスタ**と呼ばれる回路で，FET の g_m を変化させることにより，1–1' よりみたアドミタンスを可変とするものである．図 (b) の等価回路より，次式が成立する．

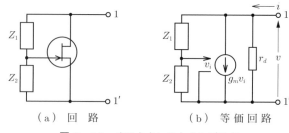

（a）回　路　　　　　（b）等価回路

図 9・15　リアクタンストランジスタ

$$i = \frac{1}{Z_1 + Z_2}v + \frac{1}{r_d}v + g_m v_i \tag{9・33}$$

$$v_i = \frac{Z_2}{Z_1 + Z_2}v \tag{9・34}$$

これより，1–1′ よりみたアドミタンス Y を求めると

$$Y = \frac{i}{v} = \frac{1}{Z_1 + Z_2} + \frac{1}{r_d} + \frac{g_m Z_2}{Z_1 + Z_2} \tag{9・35}$$

$Z_1 = \dfrac{1}{j\omega C_1}$, $Z_2 = R_2$ とし，$|Z_1| \gg Z_2$ とすると

$$Y \approx j\omega C_1 (1 + g_m R_2) + \frac{1}{r_d} \tag{9・36}$$

となる．FET の g_m はバイアスにより変化できるため，可変リアクタンスが得られる．

図 9・16 はリアクタンストランジスタを用いた周波数変調回路である．Q_1，C_0，$R\,(= R'/\!/R'')$ が可変リアクタンスで，変調波により FET の g_m を変えて，等価

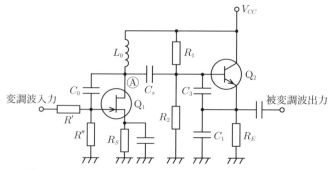

図 9・16　リアクタンストランジスタによる周波数変調回路

的に Q_1 のドレイン（Ⓐ点）よりみた容量値 C を変化させている．Q_2 の LC 発振回路は図 8·10 のクラップ発振回路である．この回路の発振角周波数 ω は

$$\omega = \frac{1}{\sqrt{L_0 C}} = \frac{1}{\sqrt{L_0(1+g_m R)C_0}}$$
$$\approx \frac{1}{\sqrt{L_0 C_0 g_m R}} \tag{9·37}$$

となり，g_m がバイアス点 g_{m0} を中心として，変調波により直線的に変化すると

$$g_m = g_{m0}(1 + k\cos\omega_s t) \tag{9·38}$$

となる．ただし，k は変調波の振幅に比例する値で $k \ll 1$ とする．式 (9·38) を式 (9·37) に代入すると

$$\omega = \frac{1}{\sqrt{L_0 C_0 g_{m0} R}} \cdot \frac{1}{\sqrt{1+k\cos\omega_s t}}$$
$$\approx \omega_0 \left(1 - \frac{k}{2}\cos\omega_s t\right) \tag{9·39}$$

となり，周波数変調の瞬時角周波数が得られる．ただし，$\omega_0 = \dfrac{1}{\sqrt{L_0 C_0 g_{m0} R}}$ である．

〔2〕 **可変容量ダイオードによる周波数変調**

第 8 章で述べた可変容量ダイオードを用いた電圧制御発振回路（図 8·11）の制御電圧 V_C を，変調波とすることにより，周波数変調を行うことができる．

pn 接合の不純物濃度が p 形から n 形へ階段状に変化する場合（階段接合という）は，接合容量 C は逆方向電圧 V により

$$C \propto \frac{1}{\sqrt{V}} = \frac{1}{\sqrt{V_0 + V_s\cos\omega_s t}} \tag{9·40}$$

と表される．ただし，V_0 はダイオードの直流逆バイアス電圧である．したがって，発振角周波数 ω は

$$\omega = \frac{1}{\sqrt{L_0 C_0'(1+k\cos\omega_s t)}} \tag{9·41}$$

という形になる．ただし，C_0' は無変調時の容量である．$k \ll 1$ とすると

$$\omega = \omega_0 \left(1 - \frac{k}{2}\cos\omega_s t\right) \tag{9・42}$$

となり，周波数変調波が得られる．ただし，k は変調波の振幅に比例する値である．リアクタンストランジスタ，可変容量ダイオードのいずれの場合も，発振周波数は変調波と線形関係にないため，変調波の振幅が大きくなると，被変調波にひずみを生じるので注意が必要である．

9・4 周波数変調波の復調回路

9・4・1 共振回路の特性を利用する復調回路

周波数変調波を復調するには，周波数の偏移に比例して被変調波の振幅が変化する回路を用いて，一度振幅変調波に変換して，振幅復調を行えばよい．周波数の変化を振幅の変化に変換するのに，普通，共振回路が利用される．

〔1〕 **スロープ検波回路**

図9・17は並列共振回路を用いた周波数変調波の復調回路である．C_0, L_0 の共振回路の電圧 v は，図9・18のような特性となる．いま，共振角周波数 $\omega_\infty = \dfrac{1}{\sqrt{L_0 C_0}}$ を，被変調波の中心角周波数 ω_0 より高く選び，ω_0 が共振特性のほぼ直線部分Q点にくるようにする．振幅一定の被変調波は共振特性により，周波数変化に応じてその振幅が変化し，v には振幅変調波が現れる．ダイオードと C, R により包絡線検波を行って，

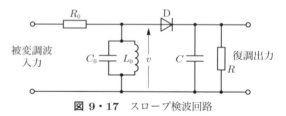

図 9・17　スロープ検波回路

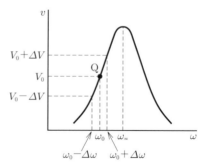

図 9・18　共振特性と振幅

変調波信号を再生する．この回路は並列共振特性の傾斜部（スロープ）を利用するため，**スロープ検波**と呼ばれる．

スロープ検波回路は，非常に簡易であるが，共振特性の直線部が狭いため，広い周波数偏移を有する周波数変調波の復調には，ひずみを生じる．

〔2〕 ピークディファレンシャル検波

図 9·19 はピークディファレンシャル検波回路といい，スロープ検波回路の欠点を改良し，集積回路化に適した復調回路である．動作の基本部分は，**図 9·20**（a）に示す L_0, C_0, C_s より成る共振回路である．この共振回路は，第 8 章の図 8·10 に用いられた回路で，そのインピーダンスは，式 (8·31), (8·32), (8·33) で表されるように，直列共振と並列共振の両方を有する．図 9·20 (a) の電圧 v_1 および v_2 は，次式で表される．

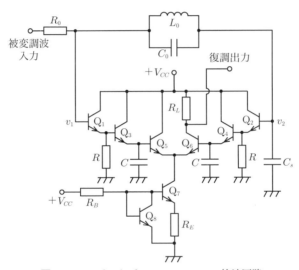

図 9·19 ピークディファレンシャル検波回路

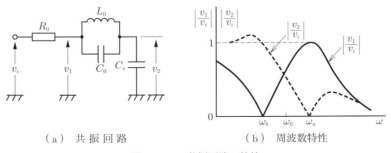

（a）共振回路　　　　　　　（b）周波数特性

図 9·20 共振回路の特性

$$\frac{v_1}{v_i} = \frac{1 - \dfrac{\omega^2}{\omega_b{}^2}}{j\omega C_s R_0 \left(1 - \dfrac{\omega^2}{\omega_a{}^2}\right) + \left(1 - \dfrac{\omega^2}{\omega_b{}^2}\right)} \qquad (9 \cdot 43)$$

$$\frac{v_2}{v_i} = \frac{1 - \dfrac{\omega^2}{\omega_a{}^2}}{j\omega C_s R_0 \left(1 - \dfrac{\omega^2}{\omega_a{}^2}\right) + \left(1 - \dfrac{\omega^2}{\omega_b{}^2}\right)} \qquad (9 \cdot 44)$$

ただし

$$\omega_a = \frac{1}{\sqrt{L_0 C_0}}, \qquad \omega_b = \frac{1}{\sqrt{L_0(C_0 + C_s)}} \qquad (9 \cdot 45)$$

したがって，式 (9·43)，(9·44) の振幅特性は，図 9·20（b）のようになる．被変調波の中心角周波数 ω_0 を図のように選ぶと，v_1，v_2 の振幅は周波数の変化に応じて，互いに逆の向きに変化する．こうして，振幅変調波に変換された信号 v_1，v_2 は，それぞれ図 9·19 のエミッタフォロワ Q_1，Q_2 に入力され，Q_3，Q_4 のベース・エミッタ間ダイオードおよびコンデンサ C により包絡線検波が行われる．

Q_5，Q_6 は差動増幅器で，v_1，v_2 の包絡線検波後の信号を増幅する．出力では v_2 の位相は反転されるから，全体の特性は**図 9·21** のように S 字特性となる．この回路はスロープ検波と比較して，特性の直線部分が広く，ひずみの少ない出力が得られる．

スロープ検波，ピークディファレンシャル検波のほかに，共振回路の特性を利用した復調回路にフォスタ・シーリ検波，レシオ検波などがある．

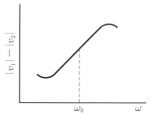

図 9·21 ピークディファレンシャル回路の特性

9·4·2 乗算回路を用いた復調回路

〔1〕 クワッドラチャ検波回路

図 9·22 はアナログ乗算回路を用いたクワッドラチャ検波回路である．C_s，R_0，L_0，C_0 より構成される回路は，周波数偏移に応じて信号の位相を変える移相回路である．移相回路の特性は

$$\frac{V(s)}{V_{fm}(s)} = \frac{s^2 L_0 C_s}{s^2 L_0 (C_0 + C_s) + s\dfrac{L_0}{R_0} + 1} \qquad (9 \cdot 46)$$

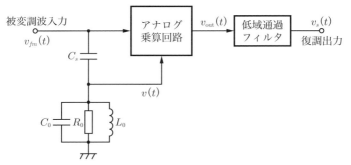

図 9・22 クワッドラチャ検波回路

となる. ただし, $s = j\omega$ である.

$$\omega_0 = \frac{1}{\sqrt{L_0(C_0 + C_s)}}, \quad Q = \frac{R_0}{\omega_0 L_0} \tag{9・47}$$

とおくと, $\omega \approx \omega_0$ では, 式 (9·46) の位相 ϕ は

$$\begin{aligned}\phi &= \frac{\pi}{2} - \tan^{-1}\left[Q\left(\frac{\omega}{\omega_0} - \frac{\omega_0}{\omega}\right)\right] \\ &\approx \frac{\pi}{2} - \tan^{-1}\frac{2Q \cdot \Delta\omega}{\omega_0} \approx \frac{\pi}{2} - 2Q\frac{\Delta\omega}{\omega_0}\end{aligned} \tag{9・48}$$

ただし, $|\Delta\omega| = |\omega - \omega_0| \ll \dfrac{\omega_0}{Q}$ とする. 式 (9·48) より, 位相の変化量は周波数偏移 $\Delta\omega$ に比例することがわかる.

一方, 周波数変調波の瞬時角周波数 ω は, 式 (9·23) より

$$\omega = \omega_0 + \Delta\omega \cos\omega_s t \tag{9・49}$$

であるから, 式 (9·48) の $\Delta\omega$ を, $\Delta\omega \cos\omega_s t$ に置き換えると

$$\phi = \frac{\pi}{2} - 2Q\frac{\Delta\omega}{\omega_0}\cos\omega_s t \tag{9・50}$$

となる. したがって, 図 9·22 の $v(t)$ は次式で表される.

$$\begin{aligned}v(t) &= V\cos\left(\Omega(t) + \frac{\pi}{2} - 2Q\frac{\Delta\omega}{\omega_0}\cos\omega_s t\right) \\ &= -V\sin\left(\Omega(t) - 2Q\frac{\Delta\omega}{\omega_0}\cos\omega_s t\right)\end{aligned} \tag{9・51}$$

ただし，V は $v(t)$ の振幅である．乗算回路の出力は

$$
\begin{aligned}
v_{\text{out}}(t) &= K v_{fm}(t) \cdot v(t) \\
&= -K V_0 V \sin\left(\Omega(t) - 2Q\frac{\Delta\omega}{\omega_0}\cos\omega_s t\right)\cos\Omega(t) \\
&= -\frac{KV_0 V}{2}\left\{\sin\left(2\Omega(t) - 2Q\frac{\Delta\omega}{\omega_0}\cos\omega_s t\right)\right. \\
&\quad \left. - \sin\left(2Q\frac{\Delta\omega}{\omega_0}\cos\omega_s t\right)\right\}
\end{aligned}
\tag{9・52}
$$

第1項は低域通過フィルタで取り除かれ，第2項が出力となる．$2Q\dfrac{\Delta\omega}{\omega_0} \ll 1$ とすると

$$
v_s(t) \approx \frac{KQV_0 V}{\omega_0} \cdot \Delta\omega\cos\omega_s t \propto V_s\cos\omega_s t \tag{9・53}
$$

となり，変調波が復調できる．

$v_{fm}(t)$，$v(t)$ の振幅が変化すると，ひずみが生じるので振幅制限回路等により，振幅を一定にする必要がある．実際の回路では，$v_{fm}(t)$，$v(t)$ の振幅を十分大きくし，アナログ乗算回路をスイッチ回路として使用して，$v_{fm}(t)$，$v(t)$ の振幅を一定にする効果をもたせている．

〔2〕 **PLL による復調回路**

図 9・23 は PLL を用いた周波数変調波の復調回路の原理図である．VCO の発振角周波数を

$$
\omega_{\text{VCO}} = \omega_0 + kv_c(t) \tag{9・54}
$$

とすると，PLL がロックした状態では，ω_{VCO} と周波数変調波の瞬時角周波数は等しくなる．周波数変調波の瞬時角周波数式 (9・23) と式 (9・54) を等置すると

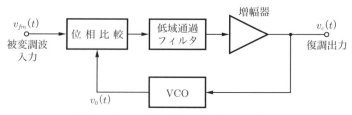

図 9・23 PLL による周波数変調波の復調

$$v_c(t) = \frac{\Delta\omega}{k}\cos\omega_s t \propto V_s \cos\omega_s t \tag{9・55}$$

となり,制御電圧 $v_c(t)$ が復調波となる.PLL はキャプチャレンジ以外の信号には応答しないため,選択特性の良い復調回路が得られる.

演 習 問 題

9・1 単一余弦波の変調波で振幅変調された波形の,搬送波,上側帯波,下側帯波の電力の割合を求めよ.ただし変調度を m とする.

9・2 変調波が近接した2角周波数 ω_1, ω_2 を有し

$$v_s(t) = V_s(\cos\omega_1 t + \cos\omega_2 t)$$

と表されるとき,搬送波

$$v_0(t) = V_0 \cos\omega_0 t$$

を単側帯(SSB)波変調した被変調波を求め,この波形の概略を描け.ただし,$\omega_0 \gg \omega_1, \omega_2$ とする.

9・3 振幅変調波を2乗すると,変調波が復調されることを示せ.

9・4 SSB 波を復調するとき,復調側で発生させた搬送波が被変調の搬送波と周波数が異なる場合,出力はどうなるか.

9・5 図 **9・24** は**リング変調回路**といい,平衡変調波を得る回路である.搬送波の振幅が十分大きく,搬送波に対して,各ダイオードはスイッチとして動作するものとして,

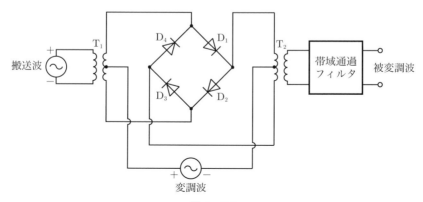

図 9・24

被変調波の波形の概略を描き，平衡変調波となることを確かめよ．ただし，T_1, T_2 のインダクタンスは，変調波に対しては十分インピーダンスが低いものとし，帯域通過フィルタは搬送波付近の周波数を通すものとする．

9・6 図 9・25 は**アームストロング回路**と呼ばれる位相変調回路のブロック図である．位相変調波 $v_{pm}(t)$ を

$$v_{pm}(t) = V_0 \cos(\omega_0 t + \Delta\phi \cos\omega_s t)$$

とし，$\Delta\phi \ll 1$ とするとき，上式は図 9・25 の回路で実現できることを示せ．

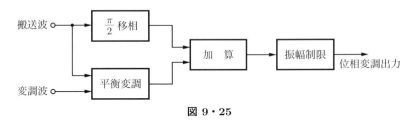

図 9・25

9・7 位相変調回路を利用して，周波数変調を行うには，図 9・25 の回路に何を付加すればよいか．

第10章
コンピュータによる電子回路解析の概要

　アナログ電子回路のコンピュータによる解析は，初期のころはトランジスタ数個，節点数で数十程度の回路に適用されていたが，コンピュータの計算速度の向上，記憶容量の飛躍的な増大にともない，現在では素子数の上限は撤廃されている．
　コンピュータによる電子回路の解析は，主として，回路の動作点を定める直流解析，振幅の変化の大きい場合の過渡解析，微小振幅動作時の交流解析が可能であり，このためのプログラムが多種開発されている．
　本章では，コンピュータによる電子回路解析の概要について述べる．

10・1　コンピュータによる解析の意義

　設計した電子回路が，正常に動作するか否かを調べるには，実際に回路を構成して確かめるのが最も確実な方法である．しかし，集積回路のような場合，回路を実際に実現するには多大な費用を要する．これを個別部品で構成しても，集積回路特有の条件，例えば素子間の整合性，素子の寸法により決定されるパラメータの値，寄生素子等は，個別部品では達成できない．また，非線形な特性の解析，例えば過渡応答，発振回路の厳密な解析等は，小規模な回路であっても，我々が直接計算するのは非常に困難である．さらに，素子値のばらつきによる特性の変動計算，逆に仕様が与えられた場合の素子値の最適設計なども，コンピュータに助けを借りなければならない仕事の例である．
　このようなコンピュータ使用の要求は，回路の規模が大であるほど，強くなってくる．特に集積回路の設計では，コストの低減，設計時間の短縮には，コンピュータによる回路解析は不可欠となっている．

10・2 回路解析手法の概要

10・2・1 素子のモデル化

コンピュータで電子回路を解析する際，重要な点はダイオードやトランジスタの特性を，いかに正確に表現するかである．大部分の集中定数素子は，次の基本的な素子の組合せで表現できる．

（a） 線形または非線形抵抗

$$V = R(V, I) \cdot I \tag{10・1}$$

（b） 線形または非線形容量

$$I = C(V, I) \frac{dV}{dt} \tag{10・2}$$

（c） 線形または非線形インダクタ

$$V = L(V, I) \frac{dI}{dt} \tag{10・3}$$

（d） 4種の線形制御電源
（変換定数が非線形な制御電源は，非線形素子と線形制御電源の組合せで実現できる）

（e） 独立電圧源および独立電流源

図 10·1 はダイオードのモデルである．R_1 は電極の接触抵抗，半導体の抵抗，リード線の抵抗等である．R_2 は pn 接合の漏れ電流による等価抵抗，C_j は pn 接合容量，C_d は pn 接合の拡散容量である．C_j, C_d は一般に非線形な特性を有する．D は真性のダイオードで，電圧・電流関係が

$$I_D = I_S \left(e^{\frac{q}{kT} V_D} - 1 \right) \tag{10・4}$$

と表される非線形抵抗と考えればよい．

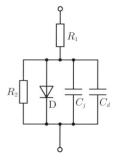

図 10・1 ダイオードのモデル

図 10·1 のように，単にダイオードでも特性を正確に表現するには，複雑なモデルとなる．

トランジスタは，E–B′間，B′–C間の2個のダイオードと制御電源を用いて，モデル化することができる．**図10·2**に**エバース・モルのモデル**を示す．制御電源を除いては，ダイオードのモデルと全く同じである．第2章の等価回路図2·37と異なる点は，E–B′間にも制御電源が接続されている点である．これはトランジスタが，エミッタ側とコレクタ側が原理的に対称な構造となっており，コレクタ側からのキャリアの注入に対しても，モデルを成立させるためである．さらに広範囲な領域で正確に特性を表現できる**ガンメル・プーンモデル**と呼ばれるモデルもある．

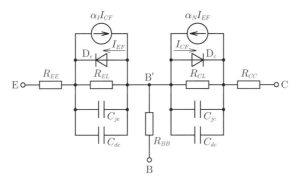

図10·2 トランジスタのモデル（エバース・モルのモデル）

これらのモデルは，あらかじめプログラムの中に格納されており，使用トランジスタの各定数を指定することにより，自動的に関数を発生する．また，各定数を指定しない場合は，プログラム内部で定められた値を自動的に使用するようになっていることが多い．

接合形FET，MOSFET，その他の素子も同様にモデル化して計算を行う．

10·2·2 直流解析

直流解析は回路のバイアス点を決定するための解析で，すべてのコンデンサを開放し，コイルを短絡し，抵抗（線形，または非線形）と制御電源，直流独立電源より回路は構成される．キルヒホッフの法則を用いて，非線形連立方程式を求め，これを解くことによって，回路の直流解を得る．

非線形連立方程式は，ニュートン・ラフソン法等によって解を求めることができる．

直流解析の応用として，入力の電圧・電流特性，入出力の直流伝達特性，回路中のある素子に対するバイアス点の最適設計，温度変化に対するバイアス点の変動等の計算を行うことができる．

10・2・3 過渡解析

パルス波を入力した場合や大振幅の正弦波入力の場合等の解析は，直流解析のバイアス点を初期状態としての過渡応答として計算する．この解析では，微分方程式を数値積分することにより解が求められる．

正弦波の大振幅動作に関しては，出力波形のフーリエ解析も可能であり，ひずみ等の検討にも有効である．

10・2・4 小信号交流解析

小信号交流解析は，直流解析で求めたバイアス点における微小信号線形モデルを用いて，回路の周波数特性等を求める解析である．通常この解析には，節点解析による線形連立方程式が用いられるが，電圧源や電圧制御電圧源など節点解析では許されない素子も使用可能な，混合解析を使用する場合も多い．

節点解析による連立方程式の係数行列は零要素が多く，これを解く際，スパース処理を行い効率良く解が求められるようにしている．

小信号交流解析は，出力の振幅，位相，実部，虚部を希望周波数範囲で求めることができる．また，抵抗や半導体素子の発生する雑音による出力雑音，等価入力換算雑音を求めることもできる．その他応用として，素子感度，最悪条件の下での特性解析，素子値を記号のままで解析を行い伝達関数などを算出するプログラムもある．

10・3 コンピュータによる解析例

回路解析汎用プログラム **SPICE** (Simulation Program with Integrated Circuit Emphasis) による解析例を示そう．SPICE は米国カリフォルニア大学バークレイ校で開発された汎用回路解析プログラムで，直流解析，交流解析および過渡解析の機能を有している．ここでは，無料で利用できる LTspice（アナログ・デバイセズ社）を用いて，エミッタ接地増幅回路の小信号解析，過渡解析を行っ

てみよう．

　回路解析をコンピュータで行うには，プログラムに回路情報を入力する必要がある．LTspiceでは直接回路図をコンピュータの画面上に描いて，回路情報を入力することができる．**図10・3**はコンピュータ上に描いたエミッタ接地増幅回路である．トランジスタ2N4124は，あらかじめプログラム内に格納されているトランジスタで，そのほか各種のトランジスタが登録されており，これを使用することによりトランジスタの多くのパラメータを入力することなく，解析することができる．登録されていないトランジスタについては，そのカタログなどから，パラメータを得て入力する必要がある．

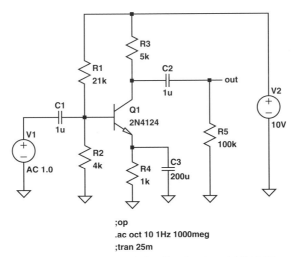

図10・3 コンピュータ上に描いたエミッタ接地回路

回路図の下部に記載されている

　　;op
　　.ac oct 10 1Hz 1000meg
　　;tran 25m

は，回路の解析条件を示しており，1行目の;opは直流動作点の解析，2行目は交流解析の条件を表し，1Hzから1000MHzまで1オクターブ当たり10点の解析をすることを意味している．3行目の;tran 25mは0から25msまで過渡解析を行うことを示している．

図 10·4 は直流解析の結果で，各節点の電位，トランジスタの各端子のバイアス電流，抵抗，コンデンサの直流電流が算出されている．理想的なコンデンサでは直流電流は流れないはずであるが，非常にわずかな直流電流が見られる．直流解析のためにコンデンサを開放すると，どこにも接続されていない節点（例えば，直列接続されたコンデンサどうしの接続点）などが生じ，解析できなくなりエラーとなる．これを防止するために，直流解析以外の解析に影響を及ぼさない程度の高抵抗（$10^{18}\,\Omega/\mu\mathrm{F}$）が，あらかじめコンデンサに並列に接続されている．そのため，解析結果ではきわめてわずかな直流電流がコンデンサの端子に流れている．

```
        --- Operating Point ---

V(n001):        10              voltage
V(n005):        1.57692         voltage
V(n002):        5.1507          voltage
V(n006):        0.973294        voltage
V(n004):        0               voltage
V(n003):        5.1507e-013     voltage
Ic(Q1):         0.00096986      device_current
Ib(Q1):         3.43427e-006    device_current
Ie(Q1):         -0.000973294    device_current
I(C3):          -5.1507e-018    device_current
I(C2):          1.94659e-016    device_current
I(C1):          1.57692e-018    device_current
I(R5):          5.1507e-018     device_current
I(R4):          0.000973294     device_current
I(R3):          0.00096986      device_current
I(R2):          0.000197115     device_current
I(R1):          0.000200549     device_current
I(V2):          -0.00117041     device_current
I(V1):          1.57692e-018    device_current
```

図 10·4 直流解析結果（各部の動作点）

図 10·5 は交流解析の結果で，エミッタ接地回路の利得の周波数特性を表している．図より，この回路は電圧利得が約 $45\,\mathrm{dB}$（180 倍）で，また利得の帯域幅は，$50\,\mathrm{Hz}\sim10\,\mathrm{MHz}$ と読み取れる．電圧利得はふつう入出力電圧の比をとることにより求めるのであるが，交流解析では，入力信号として $1\,\mathrm{V}$ の正弦波を加えることにより，入出力電圧の比を求めることなく，出力電圧の値が増幅器の利得として得られる．実際の回路では，$1\,\mathrm{V}$ の入力を加えるとトランジスタが飽和して，増幅回路として正常に動作しない．しかし，交流解析で使用する等価回路は線形であるため，電圧，電流の大きさには制限がなく，$1\,\mathrm{V}$ の入力電圧でも飽和することなく解析は正常に実行できる．

図 10·6 に過渡応答の解析結果を示す．この過渡応答では，入力に $1\,\mathrm{kHz}$ の正弦波電圧を加え，その振幅を徐々に増大させたとき，トランジスタのコレクタ電圧の波形の時間的変化を計算したものである．バイアス電圧である $5.4\,\mathrm{V}$ を中心

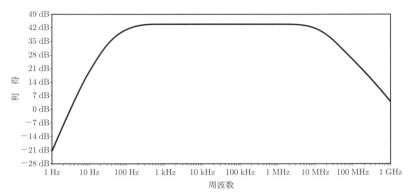

図 10・5 交流解析結果（利得の周波数特性）

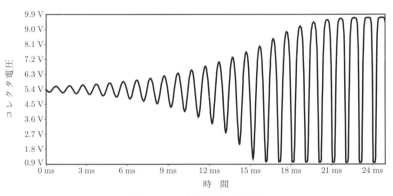

図 10・6 過渡解析結果

として，正弦波が出力されているが，10 ms 程度から波形の下側がひずみ出して，20 ms 付近からは波形の上部がつぶれ始めていることがわかる．ひずみが目立たない出力振幅は 3 V 程度とみられる．

問 題 解 答

第 1 章

【問 1・1】 電流源を図 1・7（b）とすると，式（1・6）より

$$\rho = R = 10\,\Omega, \qquad I_0 = \frac{V_0}{R} = \frac{10\,\text{V}}{10\,\Omega} = 1\,\text{A}$$

となる．

【問 1・2】 電圧–電流の変換式（1・6）より電圧，電流が定まらない．

【問 1・3】 例えば解図 1 の回路が考えられる．この回路の電圧 v_2 は

$$v_2 = \frac{\beta R_2}{R_1} v_1$$

となり $\dfrac{\beta R_2}{R_1} > 1$ とすれば電圧が増幅できる．

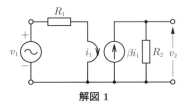

解図 1

【問 1・4】 式（1・6）の関係から，解図 2 の電流源表示が得られる．i_0 は図 1・12（b）の端子 a–a' を短絡したときの電流と同じである．

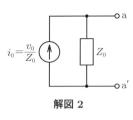

解図 2

【問 1・5】 $20\log 6 = 20\log(2\times 3) = 20\log 2 + 20\log 3 = 15.5\,\text{dB}$，$20\log 5 = 20\log\dfrac{10}{2} = 20\log 10 - 20\log 2 = 14\,\text{dB}$，$20\log 15 = 20\log(3\times 5) = 20\log 3 + 20\log 5 = 23.5\,\text{dB}$

【問 1・6】
$$20\log|K_v| = 20\log\left|\frac{j\omega+\omega_{z1}}{(j\omega+\omega_{p1})(j\omega+\omega_{p2})}\right|$$
$$= 20\log\frac{\omega_{z1}}{\omega_{p1}\omega_{p2}}\left|\frac{1+\dfrac{j\omega}{\omega_{z1}}}{\left(1+\dfrac{j\omega}{\omega_{p1}}\right)\left(1+\dfrac{j\omega}{\omega_{p2}}\right)}\right|$$
$$= 20\log\frac{\omega_{z1}}{\omega_{p1}\omega_{p2}} - 20\log\sqrt{1+\left(\frac{\omega}{\omega_{p1}}\right)^2} + 20\log\sqrt{1+\left(\frac{\omega}{\omega_{z1}}\right)^2}$$
$$- 20\log\sqrt{1+\left(\frac{\omega}{\omega_{p2}}\right)^2}$$

であるから，各項を折れ線近似して全体の特性を，それぞれの項の加減算を行い求める．

演 習 問 題

1・1 負荷の電力 P_L は

$$P_L = \text{Re}(V_L \cdot \overline{I}_L) = \frac{\text{Re}(Z_2)}{|Z_1 + Z_2|^2}|V_0|^2 = \frac{R_2}{(R_1 + R_2)^2 + (X_1 + X_2)^2}|V_0|^2$$

であるから, $X_2 = -X_1$, $R_2 = R_1$ すなわち, $Z_2 = \overline{Z}_1 = R_1 - jX_1$ のとき, P_L は最大となる. これをインピーダンスの**共役整合**という.

1・2 R を流れる電流 i_1 は

$$i_1 = \frac{v_1 + Av_1}{R}$$

であるから

$$\frac{i_1}{v_1} = \frac{1 + A}{R}$$

となる. $A = -2$ とすると

$$\frac{i_1}{v_1} = -\frac{1}{R}$$

となり, 負の値の抵抗(これを**負性抵抗**という)となる.

1・3 v_1, i_2 がそれぞれ単独に存在するときの回路を, **解図 3**(a), (b) に示す. これより, v_2 は

$$v_2 = v_2' + v_2''$$
$$= \frac{R_2}{R_1 + R_2}v_1 + \frac{R_1 R_2}{R_1 + R_2}i_2$$

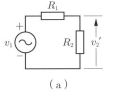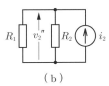

解図 3

1・4 テブナンの定理より, 1–1′ 間の電圧と, 1–1′ よりみた抵抗を求めればよい. 重ねの理により 1–1′ 間の電圧を求めると, $V = 6\,\text{V}$, 1–1′ よりみた抵抗 $R = R_1 /\!/ R_2 /\!/ R_3 = 10\,\Omega$.

1・5 a–a′ より左側をテブナンの定理により書き直すと, **解図 4**(a) となる. 次に解図 4(a) の b–b′ より左側を書き直すと, 解図 4(b) が得られ, V_2 は

$$V_2 = \frac{R_6 V_0''}{R_7 /\!/ R_4 + R_5 + R_6} = 1\,\text{V}$$

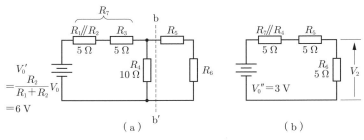

解図 4

1・6 電圧比は，次のようになる．

$$K_v(s) = \frac{v_2}{v_1} = \frac{sC_2R_2 + 1}{s^2C_2C_3R_1R_2 + s(C_2R_2 + C_3R_1 + C_2R_1) + 1}$$

ただし，$s = j\omega$ とする．数値を代入して因数分解すると

$$K_v(j\omega) = \frac{10^{-5}j\omega + 1}{(1.15 \times 10^{-4}j\omega + 1)(4.37 \times 10^{-7}j\omega + 1)}$$

であるから，**解図 5** の折れ線近似が得られる．

1・7 $i_1 = -G_2v_2$, $v_2 = -\dfrac{G_1v_1}{j\omega C}$ より v_2 を消去すると，$i_1 = \dfrac{G_1G_2v_1}{j\omega C}$ となり

$$Z_i = \frac{v_1}{i_1} = j\omega\frac{C}{G_1G_2}$$

を得る．すなわち，インダクタンスが得られる．

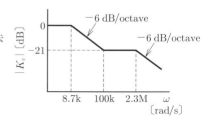

解図 5

第 2 章

【問 2・1】 $p'(x) = p(x) - p_n$ とおくと，式 (2·15) は

$$\frac{\partial^2 p'(x)}{\partial x^2} = \frac{p'(x)}{L_p{}^2}$$

となる．$p'(x) = Ae^{\frac{x}{L_p}} + Be^{-\frac{x}{L_p}}$ が一般解であるから，境界条件 $x = 0$ で $p(x) = p(0)$ ($p'(x) = p(0) - p_n$)，$x = \infty$ で $p(x) = p_n$ ($p'(x) = 0$) より，$A = 0$, $B = p(0) - p_n$ となり

$$p(x) = p'(x) + p_n = (p(0) - p_n)e^{-\frac{x}{L_p}} + p_n$$

【問 2・2】 式 (2·3)，(2·17) より

$$\phi_0 = -\frac{kT}{q}\ln\frac{p_n}{p_p} = -\frac{kT}{q}\ln\frac{n_i{}^2}{p_p n_n}$$
$$= -0.0259\ln\frac{1.69 \times 10^{32}}{10^{21} \times 10^{22}} = 0.64\,\text{V}$$

【問 2・3】 $V = \dfrac{kT}{q}\ln 0.1 = 0.0259 \times (-2.30) = -6.0 \times 10^{-2}\,\text{V}$

【問 2・4】 略

【問 2・5】 式 (2·35) より，変化分を加える前の電圧は

$$V_2 = R_L I_C = 2\,\text{k}\Omega \times 1.5\,\text{mA} = 3\,\text{V}$$

変化分を加えた後は，式 (2·37) より

$$V_2 + \Delta V_2 = \alpha_0 R_L (I_E + \Delta I_E) = 4\,\text{V}$$

したがって，電圧増幅度 A_V は

$$A_V = \frac{\Delta V_2}{\Delta V_1} = \frac{1.0}{0.01} = 100\,\text{倍}$$

【問 2・6】 $\beta_0 = \dfrac{\alpha_0}{1-\alpha_0} = 99, \quad {\beta_0}' = \dfrac{1.001\alpha_0}{1-1.001\alpha_0} \approx 110$

よって変化率は

$$\frac{{\beta_0}' - \beta_0}{\beta_0} = 0.11 = 11\%$$

【問 2・7】 略

【問 2・8】 式 (2·24) より

$$V_D = \frac{kT}{q} \ln\left(\frac{I_D}{I_S} + 1\right)$$

であるから

$$\frac{\partial V_D}{\partial I_D} = \frac{kT}{q} \cdot \frac{1}{\dfrac{I_D}{I_S}+1} \cdot \frac{1}{I_S} = \frac{kT}{q} \cdot \frac{1}{I_D + I_S}$$

$I_{DQ} \gg I_S$ であるから

$$r_D = \frac{\partial V_D}{\partial I_D} = \frac{kT}{q} \cdot \frac{1}{I_{DQ}}$$

【問 2・9】 大振幅の場合，r_e が微分で求められない．

【問 2・10】 h_i 〔Ω〕，h_r 〔電圧比〕，h_f 〔電流比〕，h_o 〔S〕

【問 2・11】 g_m は I_D-V_{GS} 特性，$\dfrac{1}{r_d}$ は I_D-V_{DS} の各動作点での傾きである．

演 習 問 題

2・1 拡散方程式の解は

$$p(x) = Ae^{\frac{x}{L_p}} + Be^{-\frac{x}{L_p}} + p_n$$

であるから，境界条件より

$$A = \frac{-(p(0)-p_n)e^{-\frac{W}{L_p}} - p_n}{e^{\frac{W}{L_p}} - e^{-\frac{W}{L_p}}}$$

$$B = \frac{(p(0) - p_n)e^{\frac{W}{L_p}} + p_n}{e^{\frac{W}{L_p}} - e^{-\frac{W}{L_p}}}$$

$e^x = 1 + x + \dfrac{x^2}{2} + \cdots$ であるから, $x \ll 1$ として第2項まで求めると

$$p(x) \approx \left(1 - \frac{x}{W}\right)p(0)$$

となり, 直線で近似できる.

2・2 解図6の波形 (**全波整流**という) となる.

2・3 $r_c = \infty$ とすると, r_c および $(1-\alpha)r_c$ は開放してよいから, 次式が成立する.

(図2・48 (a))

$$v_1 = r_e i_e + r_b i_b, \quad i_b = i_e - \alpha i_e = (1-\alpha)i_e$$

$$v_2 = R_L \alpha i_e, \quad i_1 = i_e$$

解図6

これらの式より

$$A_v = \frac{v_2}{v_1} = \frac{\alpha R_L}{r_e + (1-\alpha)r_b} = 165, \quad Z_i = \frac{v_1}{i_1} = r_e + (1-\alpha)r_b = 30\,\Omega$$

(図2・48 (b))

$$v_1 = r_b i_b + r_e i_e, \quad i_e = i_b + \beta i_b = (1+\beta)i_b$$

$$v_2 = -R_L \beta i_b, \quad i_1 = i_b$$

これらの式より

$$A_v = \frac{v_2}{v_1} = -\frac{\beta R_L}{r_b + (1+\beta)r_e} = -165, \quad Z_i = \frac{v_1}{i_1} = r_b + (1+\beta)r_e = 3\,\mathrm{k\Omega}$$

2・4 $r_e = 25\,\Omega, \ r_b = 50\,\Omega, \ r_c = 2\,\mathrm{M\Omega}, \ \alpha = 0.99$

2・5 図2・49 (a) では次式が成立する.

$$v_2 = -\frac{R_L}{r_d + R_L}\mu v_{gs}, \quad v_1 = v_{gs}$$

よって

$$A_v = \frac{v_2}{v_1} = -\frac{\mu R_L}{r_d + R_L}$$

図2・49 (b) では次式が成立する.

$$v_2 = \frac{R_S}{r_d + R_S}\mu v_{gs}, \quad v_{gs} = v_1 - v_2$$

これより，v_{gs} を消去すると，

$$A_v = \frac{v_2}{v_1} = \frac{\dfrac{\mu R_s}{r_d + R_s}}{1 + \dfrac{\mu R_s}{r_d + R_s}} = \frac{\mu R_S}{r_d + (1+\mu)R_S}$$

2・6 等価回路より次式を得る．

$$i = \frac{v}{r_d} + g_m v_{gs} + \frac{j\omega C}{1 + j\omega CR}v$$

$$v_{gs} = \frac{\dfrac{1}{j\omega C}}{R + \dfrac{1}{j\omega C}}v = \frac{1}{1+j\omega CR}v$$

よって

$$Z = \frac{v}{i} = \frac{1}{\dfrac{1}{r_d} + \dfrac{g_m + j\omega C}{1 + j\omega CR}} \approx \frac{1}{\dfrac{1}{r_d} + \dfrac{1}{R} + \dfrac{g_m}{j\omega CR}}$$

これは，抵抗 r_d，R，およびインダクタ $L = \dfrac{CR}{g_m}$ の並列である．

第3章

【問 3・1】 $I_1 = 5\,\mathrm{mA}$ のときのダイオードの交流等価抵抗 r_D は，式 (2・51) より $r_D = 5.2\,\Omega$ であるから

$$i_1 = \frac{v_1}{r_D} = \frac{10\,\mathrm{mV}}{5.2\,\Omega} = 1.9\,\mathrm{mA}$$

【問 3・2】 式 (3・4) より，$V_{CB} = \dfrac{V_{CC}}{2}$ とするには，$I_C = 1\,\mathrm{mA}$ である．したがって $I_E = \dfrac{I_C}{\alpha_0} \approx 1.0\,\mathrm{mA}$ であるから，式 (3・2) より

$$R_E \approx \frac{V_{EE} - V_{B'E}}{I_E} = 4.4\,\mathrm{k\Omega}$$

【問 3・3】 $V_B = \dfrac{R_2}{R_1 + R_2}V_{CC} = \dfrac{8 \times 10}{42 + 8} = 1.6\,\mathrm{V}, \quad V_E = V_B - V_{B'E} = 1.0\,\mathrm{V}$

$$I_E = \frac{V_E}{R_E} = 1.0\,\mathrm{mA}, \quad V_C = V_{CC} - R_L I_C = V_{CC} - R_L I_E = 5\,\mathrm{V}$$

【問 3・4】 式 (3・37)〜(3・41) に数値を代入すると

$$Z_{ib} = 30\,\Omega, \quad A_v = 165, \quad A_i = 0.99, \quad A_p = 163$$

【問 3・5】 式 (3·45)〜(3·49) に数値を代入すると

$$Z_{ie} = 3\,\text{k}\Omega, \quad A_v = -165, \quad A_i = -99, \quad A_p = 16\,300$$

【問 3・6】 式 (3·52)〜(3·59) に数値を代入すると

$$Z_{ic} = 500\,\text{k}\Omega, \quad A_v = 0.99, \quad A_i = 100, \quad A_p = 99, \quad Z_{oc} = 35\,\Omega$$

【問 3・7】 (ソース接地) 式 (3·60)〜(3·62) を用いて

$$Z_{is} = \infty, \quad A_v = -45, \quad Z_o = 50\,\text{k}\Omega$$

(ドレイン接地) 式 (3·64)〜(3·68) より

$$Z_{id} = \infty, \quad A_v = 0.98, \quad Z_{od} = 100\,\Omega$$

(ゲート接地) 式 (3·73)〜(3·77) より

$$Z_{ig} = 110\,\Omega, \quad A_v = 45, \quad A_i = 1.0, \quad Z_{og} = 300\,\text{k}\Omega$$

【問 3・8】 まず直流動作点を簡易計算法で求める．Q_1，Q_2 のベース，エミッタ電圧をそれぞれ，V_{B1}，V_{E1}，V_{B2}，V_{E2} とすると

$$V_{B1} = \frac{R_2}{R_1 + R_2} V_{CC} = 1.6\,\text{V}, \quad V_{E1} = V_{B1} - V_{B'E} = 1.0\,\text{V}$$

$$I_{E1} = \frac{V_{E1}}{R_E} = 1.0\,\text{mA}, \quad V_{B2} = \frac{R_4}{R_3 + R_4} V_{CC} = 5.6\,\text{V}$$

$$V_{E2} = V_{B2} - V_{B'E} = 5.0\,\text{V}, \quad I_{E2} = \frac{V_{E2}}{R_{L2}} = 1.0\,\text{mA}$$

したがって，$r_{e1} = r_{e2} = 26\,\Omega$ となる．数値を式 (3·79)，(3·83) に代入すると，$A_v = -115$ となる．

次に C_2 で切り離すと，第 1 段目の利得は，式 (3·47) より，$A_{v1}' = -165$，第 2 段目は式 (3·54) より，$A_{v2}' \approx 1.0$，したがって，両者の積が $A_v' = A_{v1}' \cdot A_{v2}' = -165$ となり，実際の利得と大きく異なってしまう．

演習問題

3・1 (ナレータ・ノレータモデル)

$$V_B = \frac{R_2}{R_1 + R_2} V_{CC} = 1.6\,\text{V}, \quad V_E = V_B - V_{B'E} = 1.0\,\text{V}$$

$$I_E = I_C = \frac{V_E}{R_E} = 1\,\text{mA}, \quad V_C = V_{CC} - R_L I_C = 7\,\text{V}$$

($\alpha_0 = 0.99$ とした場合）式 (3·6)〜(3·14) より，次の結果を得る．

$$V_{BB} = \frac{R_2}{R_1 + R_2} V_{CC} = 1.6\,\mathrm{V}, \quad R_B = R_1 /\!/ R_2 = 6.9\,\mathrm{k\Omega}$$

$$I_E = \frac{V_{BB} - V_{B'E}}{R_E + (R_B + r_b)(1 - \alpha_0)} = 0.93\,\mathrm{mA}$$

$$I_C = \alpha_0 I_E = 0.92\,\mathrm{mA}$$

$$V_E = R_E I_E = 0.93\,\mathrm{V}, \quad V_C = V_{CC} - R_L I_C = 7.4\,\mathrm{V}$$

$$V_B = V_{BB} - R_B I_B = V_{BB} - R_B(1 - \alpha_0)I_E = 1.54\,\mathrm{V}$$

3·2 $V_B = \dfrac{R_2}{R_1 + R_2} V_{CC} = 1.2\,\mathrm{V}$ であるから，$V_C = 1.2\,\mathrm{V}$ のとき $V_{CB} = 0$ となる．このとき $I_C\ (= I_E)$ は $I_C = \dfrac{V_{CC} - V_C}{R_L} = 1.6\,\mathrm{mA}$，したがって $V_E = R_E I_E = 0.8\,\mathrm{V}$ であるから，$V_{B'E} = V_B - V_E = 0.4\,\mathrm{V}$ のとき $V_{CB} = 0$ となる．したがって温度は

$$t = 20 + \frac{0.4 - 0.6}{-0.002} = 120^\circ\mathrm{C}$$

3·3 図 3·30 では

$$V_B = \frac{R_2(V_{CC} - V_D)}{R_1 + R_2} + V_D, \quad V_E = V_B - V_{B'E} = \frac{R_2(V_{CC} - V_D)}{R_1 + R_2}$$

$$V_C = V_{CC} - R_L I_C = V_{CC} - \frac{R_L R_2(V_{CC} - V_D)}{R_E(R_1 + R_2)}$$

が成立するから

$$V_{CB} = V_C - V_B = V_{CC} - \left(\frac{R_L}{R_E} + 1\right) \frac{R_2(V_{CC} - V_D)}{R_1 + R_2} - V_D$$

最後の式より，$\dfrac{\partial V_{CB}}{\partial V_D}$ を求めると

$$\frac{\partial V_{CB}}{\partial V_D} = -1 + \frac{R_2(R_E + R_L)}{R_E(R_1 + R_2)} = -0.35$$

一方，図 3·29 では

$$V_{CB} = V_{CC} - \frac{R_L}{R_E}\left(\frac{R_2 V_{CC}}{R_1 + R_2} - V_{B'E}\right) - \frac{R_2 V_{CC}}{R_1 + R_2}$$

であるから

$$\frac{\partial V_{CB}}{\partial V_{B'E}} = \frac{R_L}{R_E} = 6$$

となり，図 3·30 の方が安定であることがわかる．

3·4 解図 7 のように電圧, 電流を定めると, $V_{DS} = V_{DD} - R_S I_D$ であるから, 負荷線は図 3·13 の直線 AB と同一となる. $V_{DS} = \dfrac{V_{DD}}{2} = 6\,\text{V}$ は Q 点であるから, $I_{DQ} = 3\,\text{mA}$, $V_{GS} = -0.16\,\text{V}$ である. $V_{GS} = V_G - V_S$ より

$$V_G = V_{GS} + V_S = V_{GS} + R_S I_{DQ} = 5.84\,\text{V}$$

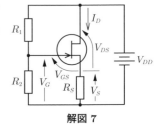

解図 7

一方, $V_G = \dfrac{R_2}{R_1 + R_2} V_{DD}$ であるから

$$\dfrac{R_2}{R_1 + R_2} = \dfrac{5.84}{12}$$

を解いて, 例えば $R_1 = 510\,\Omega$, $R_2 = 490\,\text{k}\Omega$ が得られる.

3·5 (1) $V_{B1} = \dfrac{R_2 V_{CC}}{R_1 + R_2} = 3.6\,\text{V}$, $V_{E1} = V_{B1} - V_{B'E} = 3.0\,\text{V}$

$I_{E1} = \dfrac{V_{E1}}{R_{E1}} = 1.0\,\text{mA}$, $V_{C1} = 10\,\text{V}$, $V_{E2} = V_{E1} - V_{B'E} = 2.4\,\text{V}$

$I_{E2} = \dfrac{V_{E2}}{R_{E2}} = 2.0\,\text{mA} = I_{C2}$, $V_{C2} = V_{CC} - R_L I_{C2} = 6\,\text{V}$

(2) $r_{e1} = 26\,\Omega$, $r_{e2} = 13\,\Omega$ となる.

(a) Q_2 の入力インピーダンス Z_i' は $Z_i' = r_{b2} + (1+\beta)r_{e2} = 1.7\,\text{k}\Omega$. R_{E1} と Z_i' が並列に入るから, 入力インピーダンス Z_i は

$$Z_i = R_1 /\!/ R_2 /\!/ \{r_{b1} + (1+\beta)(r_{e1} + R_{E1} /\!/ Z_i')\} = 10.4\,\text{k}\Omega$$

(b) 1 段目の電圧利得 A_{v1} は

$$A_{v1} = \dfrac{(1+\beta)(R_{E1} /\!/ Z_i')}{r_{b1} + (1+\beta)(r_{e1} + R_{E1} /\!/ Z_i')} = 0.97$$

2 段目の利得 A_{v2} は

$$A_{v2} = \dfrac{-\beta R_L}{r_{b2} + (1+\beta)r_{e2}} = -116$$

全体の利得 A_v は

$$A_v = A_{v1} \times A_{v2} \approx -110\,\text{倍}$$

(c) $Z_o = 2\,\text{k}\Omega$

3·6 (1) $V_B = 2.6\,\text{V}$, $V_E = 2.0\,\text{V}$

$V_C = 10\,\text{V}$

(2) 解図 8 に示す.

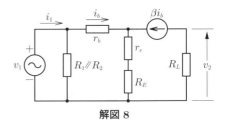

解図 8

(3) r_e と R_E が直列になっていることに注意すると

$$Z_i = R_1 /\!/ R_2 /\!/ \{r_b + (1+\beta)(r_e + R_E)\} = 10.2\,\text{k}\Omega$$

$$A_v = \frac{-\beta R_L}{r_b + (1+\beta)(r_e + R_E)} = -4.9$$

3・7 直流電位を中心に利得倍された信号が，重ね合わされるから，**解図 9**（a），（b）および（c）の波形となる．

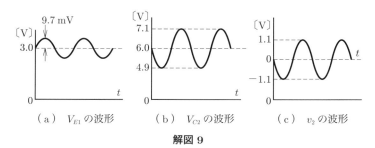

(a) V_{E1} の波形　　(b) V_{C2} の波形　　(c) v_2 の波形

解図 9

3・8 **解図 10** の等価回路より

$$v_2 = \frac{-\mu R_L}{r_d + R_L + R_S} v_{gs}$$

$$v_3 = \frac{\mu R_S}{r_d + R_L + R_S} v_{gs}, \quad v_{gs} = v_1 - v_3$$

が成立する．これより

$$v_2 = -\frac{\mu R_L}{r_d + R_L + (1+\mu)R_S} v_1 = -0.94 v_1,$$

$$v_3 = \frac{\mu R_S}{r_d + R_L + (1+\mu)R_S} \cdot v_1 = 0.94 v_1$$

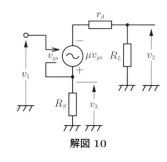

解図 10

となる．v_2, v_3 は符号が反対であるから，位相は 180° ずれている．

3・9 $V_{B1} = \dfrac{R_3}{R_1 + R_2 + R_3} V_{CC} = 1.6\,\text{V}, \quad V_{E1} = V_{B1} - V_{B'E} = 1.0\,\text{V}$

$I_{E1} = I_{E2} = I_{C2} = \dfrac{V_{E1}}{R_E} = 1.0\,\text{mA}, \quad V_{B2} = \dfrac{R_2 + R_3}{R_1 + R_2 + R_3} V_{CC} = 8.0\,\text{V}$

$V_{C1} = V_{B2} - V_{B'E} = 7.4\,\text{V}$

$V_{C2} = V_{CC} - R_L I_{C2} = 14\,\text{V}$

交流等価回路は，**解図 11** となる．

$v_2 = \alpha R_L i_{e2}, \quad i_{e2} = -\beta i_{b1}$

$i_{b1} = \dfrac{v_1}{r_{b1} + (1+\beta)r_{e1}}$

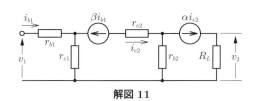

解図 11

が成立するから

$$A_v = \frac{v_2}{v_1} = \frac{-\alpha\beta R_L}{r_{b1} + (1+\beta)r_{e1}} = -196 \text{ 倍}$$

3・10 $I_E = 1.0\,\text{mA}$ として設計してみよう.$r_e = 26\,\Omega$ となる.電圧利得は $\dfrac{-\beta R_L}{r_b + (1+\beta)r_e} \approx$ -200 であるから,$R_L \approx 6\,\text{k}\Omega$ を得る.$V_{RL} : V_{CE} : V_E = 1 : 1 : 0.3$ より,$V_{RL} = R_L I_C = R_L I_E = 6\,\text{V}$ であるから,$V_E = 1.8\,\text{V}$,$R_E = \dfrac{V_E}{I_E} = 1.8\,\text{k}\Omega$,$V_B = V_E + V_{B'E} = 2.4\,\text{V}$,$V_{CC} = V_{RL} + V_{CE} + V_E = 13.8\,\text{V} \approx 14\,\text{V}$.また,$V_B = \dfrac{R_2}{R_1 + R_2}V_{CC} = 2.4\,\text{V}$ より $\dfrac{R_2}{R_1 + R_2} = \dfrac{2.4}{14}$.したがって,例えば $R_2 = 12\,\text{k}\Omega$,$R_1 = 58\,\text{k}\Omega$.C_1,C_2 は普通 $0.1\sim 1\,\mu\text{F}$,C_E は $100\,\mu\text{F}$ 以上が使われる.

第 4 章

【問 4・1】 式 (4・4) より,$C_d = \dfrac{1}{2\pi f_\alpha r_e} = 12.2\,\text{pF}$

【問 4・2】 $C_d = \dfrac{1}{2\pi f_\alpha r_e} = 12.2\,\text{pF}$, $C_t = C_d + (1 + g_m R_L)C_c = 51.3\,\text{pF}$

$$r_t = r_b /\!/ \frac{r_e}{1-\alpha_0} = 49\,\Omega, \quad f_{ch} = \frac{1}{2\pi C_t r_t} = 63.3\,\text{MHz}$$

【問 4・3】 $A_t = \dfrac{A_0}{\left(1 + j\dfrac{f}{f_{ch}}\right)^n}$ であるから,振幅および位相特性は,**解図 12** となる.

【問 4・4】 $R_L = R_{L1} /\!/ r_\pi = 722\,\Omega$

$$f_{ch} = \frac{1}{2\pi C_t R_L} = 4.3\,\text{MHz}$$

【問 4・5】 式 (4・22) より,$L = 26.7\,\mu\text{H}$,$f_{ch} = \dfrac{\omega_0}{2\pi} = 5.1\,\text{MHz}$

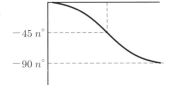

解図 12

演習問題

4・1 まず,I_E を求め,r_e を算出する.

$$V_B = \frac{R_2 V_{CC}}{R_1 + R_2} = 1.6\,\text{V}, \quad V_E = V_B - V_{B'E} = 1.0\,\text{V}, \quad I_E = \frac{V_E}{R_E} = 1\,\text{mA}$$

よって,$r_e = 26\,\Omega$,$r_\pi = 2.6\,\text{k}\Omega$ となる.中域利得 $A_0 = -\dfrac{g_m R_L r_\pi}{r_b + r_\pi} \approx -190$ 倍,$f_{cl} =$

$\frac{1}{2\pi C_1 R_{\text{in}}}$, $R_{\text{in}} = R_1/\!\!/R_2/\!\!/(r_b + r_\pi)$ より,
$f_{cl} \approx 830\,\text{Hz}$. $f_{ch} = \frac{1}{2\pi C_t r_t}$, $C_t = C_\pi +$
$(1 + g_m R_L)C_c$, $r_t = r_b /\!\!/ r_\pi$ より $f_{ch} =$
$5.2\,\text{MHz}$ となるから,総合の特性は,**解図 13**
で表される.

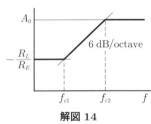

解図 13

特性の各領域を,図のように**低域特性**,**中域特性**,**高域特性**という.

4・2 R_E と C_E の並列インピーダンスを Z_E とすると,利得 A_v は $A_v = \frac{-\beta R_L}{r_b + (1 + \beta)(r_e + Z_E)}$ である. $Z_E = \frac{R_E}{1 + j\omega C_E R_E}$ を代入して整理すると

$$A_v = A_0 \frac{1 + j\omega C_E R_E}{1 + (1+\beta)\frac{R_E}{R_i} + j\omega C_E R_E}$$

ただし $R_i = r_b + (1+\beta)r_e$, $A_0 = \frac{-\beta R_L}{R_i}$ である.これを折れ線近似すると**解図 14** が得られる.ただし

解図 14

$$f_{c1} = \frac{1}{2\pi C_E R_E}$$
$$f_{c2} = \frac{1}{2\pi C_E \left(R_E /\!\!/ \frac{R_i}{1+\beta}\right)} \approx \frac{1}{2\pi C_E \{r_e + (1-\alpha)r_b\}}$$

4・3 (1) $A_v = \dfrac{A_0}{\left(1 + j\dfrac{\omega}{\omega_{c1}}\right)\left(1 + j\dfrac{\omega}{\omega_{c2}}\right)}$

ただし

$$A_0 = \frac{g_{m1}g_{m2}R_{L1}R_{L2}r_{\pi 1}r_{\pi 2}}{(r_{b1}+r_{\pi 1})(R_{L1}+r_{b2}+r_{\pi 2})}, \quad \omega_{c1} = \frac{1}{C_{t1}(r_{b1}/\!\!/r_{\pi 1})}$$
$$\omega_{c2} = \frac{1}{C_{t2}\{(r_{b2}+R_{L1})/\!\!/r_{\pi 2}\}}$$

(2) 数値を代入すると,

$A_0 = 1.1 \times 10^4 = 81\,\text{dB}$

$f_{c1} = 6.5\,\text{MHz}, \quad f_{c2} = 220\,\text{kHz}$

となり,特性は**解図 15** となる.

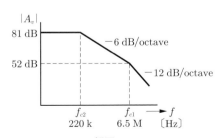

解図 15

4·4 (1) $Z_L = r_d /\!/ R_L /\!/ \dfrac{1}{j\omega C_{ds}}$ とすると

$$i_1 = j\omega C_{gs}v_1 + \dfrac{1}{Z_L + \dfrac{1}{j\omega C_{gd}}}v_1 + g_m v_1 \dfrac{Z_L}{Z_L + \dfrac{1}{j\omega C_{gd}}}$$

$$\therefore\ Y_\text{in} = \dfrac{i_1}{v_1} = j\omega C_{gs} + \dfrac{j\omega C_{gd}}{1 + j\omega C_{gd}Z_L}(1 + g_m Z_L)$$

$$= j\omega C_{gs} + j\omega C_{gd}\dfrac{1 + g_m R + j\omega RC_{ds}}{1 + j\omega R(C_{gd} + C_{ds})}\quad (R = r_d /\!/ R_L)$$

(2) $A_p = \dfrac{(g_m R)^2 + (\omega RC_{gd})^2}{\{(1 + g_m R)(C_{ds} + C_{gd}) - C_{ds}\}\omega^2 R_L RC_{gd}} = 1$ より

$$\omega = \sqrt{\dfrac{g_m}{r_d C_{gd}(C_{ds} + C_{gd})}}$$

$C_{gd} \gg C_{ds}$ とすると

$$\omega \approx \dfrac{\sqrt{\mu}}{C_{gd} r_d}$$

4·5 (1) C より左側をテブナンの定理により，書き直すと**解図 16**（a）が得られる．

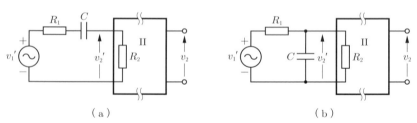

解図 16

抵抗回路 II への入力電圧 $v_2{}'$ は，回路 II の入力抵抗 R_2 を用いて

$$v_2{}' = \dfrac{R_2 v_1{}'}{R_1 + R_2 + \dfrac{1}{j\omega C}}$$

となる．回路 II は周波数特性を持たないから，$v_2{}'$ の定数倍が出力 v_2 となる．したがって，しゃ断周波数は

$$v_2{}' = \dfrac{R_2}{R_1 + R_2} \cdot \dfrac{v_1{}'}{1 + \dfrac{1}{j\omega C(R_1 + R_2)}}$$

より決まり，$f_{ch} = \dfrac{1}{2\pi C(R_1 + R_2)}$ となる．

(2)(1)と同様にして,解図 16(b)の等価回路より回路 II への入力電圧 v_2' は $v_2' = \dfrac{R_2}{R_1+R_2} \cdot \dfrac{1}{1+j\omega C \dfrac{R_1 R_2}{R_1+R_2}} v_1'$ となり,しゃ断周波数は $f_{ch} = \dfrac{1}{2\pi C R_1 /\!/ R_2}$ となる.

4・6 図 4.9 が図 4.21(a)に対応し,図 4.11 が図 4.21(b)に対応することから,式(4・12),式(4・15)が得られる.

第 5 章

【問 5・1】 $V_B = \dfrac{R_2}{R_1+R_2} V_{CC} = 1.6\,\text{V}$, $V_E = V_B - V_{B'E} = 1.0\,\text{V}$, $I_E = \dfrac{V_E}{R_F} = 1\,\text{mA}$

$I_C = I_E$, $V_C = V_{CC} - R_L I_C = 7\,\text{V}$, $r_e = 26\,\Omega$, $G_v = -\dfrac{\beta R_L}{r_b + (1+\beta)(r_s + R_F)} = -4.8$

$Z_{\text{in}} = R_1 /\!/ R_2 /\!/ \{r_b + (1+\beta)(r_e + R_F)\} = 6.5\,\text{k}\Omega$

【問 5・2】 $A = \dfrac{\beta R_L}{r_b + (1+\beta) r_e}$ であるから,$\beta = 99$ のときは,$A = 165$. β が 5% 増加した場合は,$A = 166$. A の増加率 0.6% となる.一方,$G_v = -4.81$ となり増加率は,0.07% となる.

【問 5・3】 FET 1 段当たりの利得は

$$-\dfrac{\mu R_L}{r_d + R_L} = -50$$

である.$R_F \gg R_{L3}$ とすると図 5.10 は**解図 17** のように書ける.

$$A = \left(\dfrac{\mu R_L}{r_d + R_L}\right)^3, \quad v_2 = -A v_i$$

$$v_i = \dfrac{R_F}{\rho + R_F} v_1 + \dfrac{\rho}{\rho + R_F} v_2 \approx v_1 + \dfrac{\rho}{R_F} v_2$$

であるから

$$G_v = \dfrac{v_2}{v_1} = \dfrac{-A}{1 + A\dfrac{\rho}{R_F}} \approx -990$$

ループ利得 $= A\dfrac{\rho}{R_F} = 125$

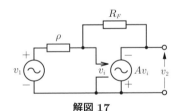

解図 17

演 習 問 題

5・1 $v_2 = A v_i + v_{n2}$, $v_i = v_1 - H v_2 + v_{n1}$ より v_i を消去すると

$$v_2 = G v_1 + G v_{n1} + \dfrac{v_{n2}}{1+AH}$$

となり,v_{n1} は利得倍され,負帰還の効果はない.

5・2 $G_v = \dfrac{A}{1+AH} = \dfrac{A_0}{\left(1+j\dfrac{f}{f_{ch}}\right)\left(1+\dfrac{f_{cl}}{jf}\right)+A_0H}$

$\approx \dfrac{G_0}{\left\{1+j\dfrac{f}{(1+A_0H)f_{ch}}\right\}\left\{1+\dfrac{f_{cl}}{jf(1+A_0H)}\right\}}$ $\quad\left(\text{ただし, } G_0 = \dfrac{A_0}{1+A_0H}\right)$

であるから,低域しゃ断周波数 $f_{cl}' = \dfrac{f_{cl}}{1+A_0H}$, 高域しゃ断周波数 $f_{ch}' = (1+A_0H)f_{ch}$ となる.

5・3 (1) 問 5.3 と同様に $v_2 = \dfrac{(-g_mR)^3}{1+(g_mR)^3\dfrac{\rho}{R_F}}v_1$ であるから

$$v_i = \dfrac{v_2}{(-g_mR)^3} = \dfrac{v_1}{1+(g_mR)^3\dfrac{\rho}{R_F}}$$

となる.ただし $R = R_L /\!/ r_d$ とする. $i_1 = \dfrac{v_1 - v_i}{\rho}$ に代入すると

$$Z_{\text{in}} = \dfrac{v_1}{i_1} = \rho\dfrac{1+(g_mR)^3\dfrac{\rho}{R_F}}{(g_mR)^3\dfrac{\rho}{R_F}} \approx \rho = 1\,\text{k}\Omega$$

次に $v_1 = 0$ として v_2 を加えると, $v_i \approx \dfrac{\rho}{R_F}v_2$ であるから

$$i_2 = \dfrac{v_2}{R} + g_m{}^3R^2v_i = \left(\dfrac{1}{R} + g_m{}^3R^2\dfrac{\rho}{R_F}\right)v_2$$

が成立する.

したがって

$$Z_o = \dfrac{v_2}{i_2} = \dfrac{R}{1+g_m{}^3R^3\dfrac{\rho}{R_F}}$$

(2) $Z_L = R /\!/ \dfrac{1}{j\omega C_S} = \dfrac{R}{1+j\omega C_SR}$ とすると

$$AH = (-g_mZ_L)^3\dfrac{\rho}{R_F} = \left(\dfrac{-g_mR}{1+j\omega C_SR}\right)^3\dfrac{\rho}{R_F} = \dfrac{A_0H}{(1+j\omega C_SR)^3}$$

ただし, $A_0 = (-g_mR)^3$, $H = \dfrac{\rho}{R_F}$.

(3) $\angle AH = -3\tan^{-1}\omega C_SR = -180°$ であるから

$$\tan^{-1}\omega C_SR = 60°$$

よって，$\omega C_S R = \sqrt{3}$ となり，$f = \dfrac{\sqrt{3}}{2\pi C_S R} = 2.76\,\mathrm{MHz}$．このとき $|AH| < 1$ でなければならないから

$$|AH| = \left|\dfrac{A_0 H}{(1+j\sqrt{3})^3}\right| < 1$$

これより，$A_0 H < 8$．また，$(g_m R)^3 \dfrac{\rho}{R_F} < 8$ より，$R_F > 1.25 \times 10^8\,\Omega$．

（4）$AH = \dfrac{A_0 H}{(1+j\omega C_S R)^2 \{1+j\omega(C_0 + C_S)R\}}$ であるから

$$\angle AH = -2\tan^{-1}\omega C_S R - \tan^{-1}\omega(C_0 + C_S)R$$

となる．$\omega(C_0 + C_S)R \gg \omega C_S R$ であるから，$\angle AH = -180°$ の周波数では，$\tan^{-1}\omega(C_0 + C_S)R \approx 90°$ とみなしてよい．したがって，$2\tan^{-1}\omega C_S R = 90°$ より，$\omega C_S R = 1$ となる．

∴ $f = \dfrac{1}{2\pi C_S R} = 1.59\,\mathrm{MHz}$

$|AH| = \left|\dfrac{A_0 H}{(1+j)^2(1+j100)}\right| < 1$ を解くと $A_0 H < 200$．また，$R_F > 5\,\mathrm{M\Omega}$．

5・4（1）**解図 18** の等価回路より，次式が成立する．$R_F \gg R_L,\ \rho,\ r_\pi$ とすると

$$v_2 = -g_m R_L v_{b'e}$$
$$v_{b'e} = \dfrac{r_\pi}{\rho + r_\pi}v_1 + \dfrac{\rho r_\pi}{R_F(\rho + r_\pi)}v_2$$
$$\therefore\ G_0 = \dfrac{v_2}{v_1} = \dfrac{-\dfrac{g_m R_L r_\pi}{\rho + r_\pi}}{1 + \dfrac{g_m R_L \rho r_\pi}{R_F(\rho + r_\pi)}} = -77$$

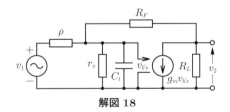

解図 18

（2）$C_t = C_\pi + (1 + g_m R_L)C_c = 520\,\mathrm{pF}$，
$r = r_\pi /\!/ \rho$ とすると

$$G_v = \dfrac{G_0}{1 + \dfrac{j\omega C_t r}{1 + g_m R_L \dfrac{r}{R_F}}}$$

となり，f_{ch} は

$$f_{ch} = \dfrac{1 + g_m R_L \dfrac{r}{R_F}}{2\pi C_t r} \approx 2.0\,\mathrm{MHz}$$

5・5（1） $V_{B1} = \dfrac{R_2}{R_1+R_2} V_{CC} = 2.7\,\text{V}$, $\quad V_{E1} = V_{B1} - V_{B'E} = 2.1\,\text{V}$

$I_{E1} = I_{C1} = \dfrac{V_{E1}}{R_{E1}} = 2.1\,\text{mA}$, $\quad V_{C1} = V_{CC} - R_{L1}I_{C1} = 9.0\,\text{V}$

$V_{E2} = V_{C1} - V_{B'E} = 8.4\,\text{V}$, $\quad I_{E2} = I_{C2} = \dfrac{V_{E2}}{R_{E2}} = 2.1\,\text{mA}$

$V_{C2} = V_{CC} - R_{L2}I_{C2} = 17.4\,\text{V}$

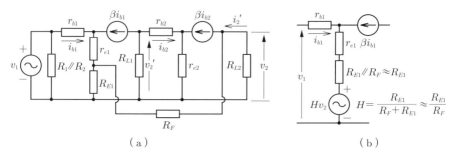

解図 19

（2） 解図 19（a）の等価回路の入力部分を書き直すと図（b）の回路となる．これより第 1 段目の出力電圧 $v_2{}'$ は

$v_2{}' = -\beta R_L i_{b1}$

$v_1 = r_{b1}i_{b1} + (1+\beta)(r_{e1} + R_{E1})i_{b1} + Hv_2$

$R_L = R_{L1} /\!/ \{r_{b2} + (1+\beta)r_{e2}\}$

を解いて，$v_2{}' = \dfrac{-\beta R_L(v_1 - Hv_2)}{r_{b1} + (1+\beta)(r_{e1}+R_{E1})}$ となる．$v_2 = \dfrac{-\beta R_{L2}}{r_{b2}+(1+\beta)r_{e2}} v_2{}'$ に代入すると，$G = \dfrac{v_2}{v_1} = \dfrac{A}{1+AH}$ を得る．ただし

$A = \dfrac{\beta^2 R_L R_{L2}}{\{r_{b1}+(1+\beta)(r_{e1}+R_{E1})\}\{r_{b2}+(1+\beta)r_{e2}\}}$, $\quad H = \dfrac{R_{E1}}{R_F}$

数値を代入すると，$G = 45.6$ となる．

$i_{b1} = \dfrac{v_1 - Hv_2}{r_{b1}+(1+\beta)(r_{e1}+R_{E1})} = \dfrac{v_1 - GHv_1}{r_{b1}+(1+\beta)(r_{e1}+R_{E1})}$

であるから

$Z_i{}' = \dfrac{v_1}{i_{b1}} = (1+AH)\{r_{b1}+(1+\beta)(r_{e1}+R_{E1})\}$

$Z_{\text{in}} = R_1 /\!/ R_2 /\!/ Z_i{}' = 9.0\,\text{k}\Omega$

$v_1 = 0$ のとき

$$i_2' = \beta i_{b2} = \frac{\beta^2 H v_2}{r_{b1} + (1+\beta)(r_{e1} + R_{E1})} \cdot \frac{R_L}{R_{i2}}$$

これより R_{L2} を除いた出力インピーダンス Z_o' は

$$Z_o' = \frac{v_2}{i_2'} = \frac{R_{i2}\{r_{b1} + (1+\beta)(r_{e1} + R_{E1})\}}{\beta^2 H R_L} = 560\,\Omega$$

したがって

$$Z_o = R_{L2} /\!/ Z_o' \approx Z_o' = 76\,\Omega$$

ただし,$R_{i2} = r_{b2} + (1+\beta)r_{e2}$.

5・6 $Z_L = r_d /\!/ R_L /\!/ \dfrac{1}{j\omega C_S} = \dfrac{R}{1+j\omega C_S R}$,$R = r_d /\!/ R_L$,$Z_F = R_F /\!/ \dfrac{1}{j\omega C_F} = \dfrac{R_F}{1+j\omega C_F R_F}$ とすると

$$AH = (-g_m Z_L)^3 \frac{\rho}{Z_F + \rho} = \frac{-(g_m R)^3}{(1+j\omega C_S R)^3} \cdot \frac{(1+j\omega C_F R_F)\rho}{\{1+j\omega C_F(R_F /\!/ \rho)\}(R_F + \rho)}$$

$$\approx -(g_m R)^3 \frac{\rho}{R_F} \cdot \frac{(1+j\omega C_F R_F)}{(1+j\omega C_S R)^3 (1+j\omega C_F \rho)}$$

$$= -(g_m R)^3 \frac{\rho}{R_F} \cdot \frac{1}{(1+j\omega C_S R)^2 (1+j\omega C_F \rho)}$$

$$\therefore \quad \angle AH = -2\tan^{-1}\omega_t C_S R - \tan^{-1}\omega_t C_F \rho$$

となる.

$$\omega_t C_F \rho = \omega_t C_F R_F \frac{\rho}{R_F} = \omega_t C_S R \frac{\rho}{R_F} < \omega_t C_S R$$

であるから,$|\angle AH| < 180°$.

第 6 章

【問 6・1】 式 (6·11),(6·13),(6·15) より,$A_d = -186$,$A_c = -0.49$,CMRR $= 380$,$v_1 = -v_2 = 1\,\text{mV}$ とすると,$v_c = 0$,$v_d = 1\,\text{mV}$ であるから,式 (6·7)〜(6·8) より,$v_3 = -186\,\text{mV}$,$v_4 = 186\,\text{mV}$,$v_o = v_3 - v_4 = -372\,\text{mV}$

【問 6・2】 式 (6·19) より $R_1 = 6.2\,\text{k}\Omega$.式 (6·20) より $Z_o = 2.6\,\text{M}\Omega$.

【問 6・3】 Q_4 の出力インピーダンスは,問 6·1 より $Z_o = 2.6\,\text{M}\Omega$ であるから,式 (6·16) で $R_E = Z_o$ とおいて,CMRR $= 106\,\text{dB}\ (= 196\,000)$.

【問 6・4】 トランジスタ Q_2 の出力インピーダンスを式 (6·20) より求めると,$Z_o = 1.3\,\text{M}\Omega$ となるから,式 (6·28) より,$A_v \approx -27\,000$

【問 6・5】 ダーリングトン等価トランジスタの各パラメータは，式 (6·33)〜(6·36) より，$r_b = 126\,\Omega$，$r_e = 26.8\,\Omega$，$\beta = 9\,800$ であるから，$Z_{\text{in}} = r_b + (1+\beta)r_e = 260\,\text{k}\Omega$ または，エミッタフォロワ–エミッタ接地の縦続と考えると

$$Z_{\text{in}} = r_{b1} + (1+\beta_1)\{r_{e1} + r_{b2} + (1+\beta_2)r_{e2}\}$$
$$\approx (1+\beta_1)(1+\beta_2)r_{e2} = 260\,\text{k}\Omega$$

【問 6・6】 Q_7 の電流 → Q_3 の電流 → Q_1, Q_2 の電流
　　　　　　↓　　　　　　　　　　　　　　↓
　　　　　Q_4 の電流　　　　　　　Q_1, Q_2 のコレクタ電圧
　　　　　　↓　　　　　　　　　　　　　　↓
　　　　Q_5, Q_6 の電流　　　　　Q_5, Q_6 のベース電圧
　　　　　　↓
　　　　Q_5, Q_6 のコレクタ電圧

の順序で求められる．

【問 6・7】 A 級電力増幅回路のコレクタ損失の最大値は，最大出力の 2 倍であるから，

$$P_{C1} = P_{C2} = 20\,\text{W}$$

演習問題

6・1 式 (6·1), (6·2) より $v_c = \dfrac{v_1 + v_2}{2} = v_n$，$v_d = \dfrac{v_1 - v_2}{2} = v_s$ であるから，式 (6·7) に代入すると，$v_3 = -0.49v_n - 187v_s$ となり，v_3 では，v_s 成分：$-1.87\,\text{V}$，v_n 成分：$-0.49\,\text{mV}$．v_o では，$v_o = v_3 - v_4 = -\dfrac{2\beta R_L}{R_{ie}}v_s = -3.74\,\text{V}$（$v_s$ 成分のみで，v_n 成分は零）．

6・2 同相分と差動分に対する等価回路は**解図 20** (a), (b) となるから，同相利得は R に無関係，差動利得は図 (b) より

$$A_d = \dfrac{-\beta R_L}{r_b + (1+\beta)(r_e + R_E /\!/ R)}$$

となり，R により可変となる．

6・3 差動分の等価回路**解図 21** (a) より

$$A_d = \dfrac{v_o{}'}{v_d} = -\dfrac{\mu R_L}{r_d + R_L}$$

を得る．同相分（図 (b)）では，次式が成立する．

$$v_o{}'' = \dfrac{-\mu v_{gs} R_L}{r_d + R_L + 2R_S}, \quad v_{gs} = v_c - \dfrac{2\mu v_{gs} R_S}{r_d + R_L + 2R_S}$$

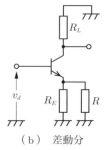

（a）同相分　　（b）差動分

解図 20

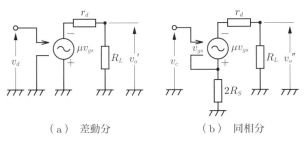

(a) 差動分　　　　(b) 同相分

解図 21

これより

$$A_c = \frac{v_o''}{v_c} = \frac{-\mu R_L}{r_d + R_L + 2(1+\mu)R_S}$$

を得る．よって，$\text{CMRR} = \dfrac{A_d}{A_c} = 1 + \dfrac{2(1+\mu)R_S}{r_d + R_L}$ が得られる．

6・4　$I_{C1} = I_S\left(e^{\frac{q}{kT}V_{BE1}} - 1\right) \approx I_S e^{\frac{q}{kT}V_{BE1}}$

$I_{C2} = I_S\left(e^{\frac{q}{kT}V_{BE2}} - 1\right) \approx I_S e^{\frac{q}{kT}V_{BE2}}$

$V_{BE1} = V_{BE2} + R_E I_{C2}$

の 3 式より

$$R_E = \frac{V_{BE1} - V_{BE2}}{I_{C2}} \approx \frac{kT}{qI_{C2}}\ln\frac{I_{C1}}{I_{C2}} \approx \frac{kT}{qI_{C2}}\ln\frac{I_{\text{ref}}}{I_{C2}}$$

6・5　（1）Q_1 の出力信号成分はすべて C を流れるから

$$v_2 = -\frac{\beta i_b}{j\omega C} = -\frac{\beta}{j\omega C\{r_b + (1+\beta)r_e\}}v_1$$

$$\therefore\quad A_v = -\frac{\beta}{j\omega C\{r_b + (1+\beta)r_e\}} \approx -\frac{g_m}{j\omega C}\quad \left(\text{ただし } g_m = \frac{\alpha}{r_e}\right)$$

利得が $\dfrac{1}{j\omega C}$ に比例するものは積分特性である．すなわち $v_2 = -\dfrac{g_m}{C}\displaystyle\int v_1\,dt$.

（2）$|A_v| = \dfrac{g_m}{\omega C} = 1$ より $f_T = \dfrac{g_m}{2\pi C}$ となる．

6・6　$V_{C2} = 0$ となるには，Q_2 のコレクタ電流は $3\,\text{mA}$ である．したがって Q_2 のエミッタ電圧は $-2\,\text{V}$ となるから，ベース電圧 V_{B2} が $-1.4\,\text{V}$ になるように，R_1 を決定すればよい．一方，R_{L1} には Q_1 のコレクタ電流 $2.2\,\text{mA}$ と I_0 が流れるから，Q_1 のコレクタ電圧 V_{C1} は $2.5\,\text{V}$ である．したがって，R_1 の値は

$$R_1 = \frac{V_{C1} - V_{B2}}{I_0} = \frac{2.5 + 1.4}{0.3} = 13\,\text{k}\Omega$$

6・7 6・6 と同様に $V_{B2} = -1.4\,\text{V}$ となる．R_2 の電流は $\dfrac{V_{B2} - V_{EE}}{R_2} = 0.3\,\text{mA}$．$Q_1$ のコレクタ電流は $2.2\,\text{mA}$ であるから，R_{L1} には $2.5\,\text{mA}$ 流れ，$V_{C1} = 2.5\,\text{V}$ となる．式 (6・44) より

$$1 + \frac{R_{B2}}{R_{B1}} = \frac{V_{C1} - V_{B2}}{V_{BE}} = 6.5 \qquad \therefore \quad \frac{R_{B2}}{R_{B1}} = 5.5$$

となり，例えば，$R_{B1} = 10\,\text{k}\Omega$，$R_{B2} = 55\,\text{k}\Omega$ となる．

6・8 **解図 22** の等価回路で次式が成立する．

$$i = i_1 + \beta i_b, \qquad v = R_{B2}i_1 + R_{B1}(i_1 - i_b)$$
$$\{r_b + (1+\beta)r_e\}i_b = R_{B1}(i_1 - i_b)$$

これより，v と i の関係を求めると，

$$Z_o = \frac{v}{i} = \frac{R_{B1}R_{B2} + (R_{B1} + R_{B2})\{r_b + (1+\beta)r_e\}}{r_b + (1+\beta)(r_e + R_{B1})}$$
$$\approx \frac{R_{B2}}{1+\beta} + \left(1 + \frac{R_{B2}}{R_{B1}}\right)r_e$$

となる．

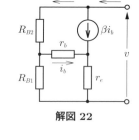

解図 22

6・9 出力波形は**解図 23** のようになり，V_1 と V_2 の位相差を検出できる．

6・10 $V_o = k \cdot A \cdot B \cos\omega t \cos(\omega t + \phi)$
$= \dfrac{kAB}{2}\{\cos\phi + \cos(2\omega t + \phi)\}$

したがって，平均値 $\bar{V}_o$ は

$$\bar{V}_o = \frac{1}{2\pi}\int_0^{2\pi} V\,d\omega t = \frac{kAB}{2}\cos\phi$$

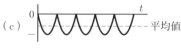

解図 23

となり，$\cos\phi$ に比例した出力が得られる．$\cos\phi = 0$ のとき $\bar{V}_o = 0$ であるから $\phi = \dfrac{\pi}{2}$

6・11 $P_L = \left(\dfrac{kI_{CM}}{\sqrt{2}}\right)^2 R_L = \dfrac{k^2 V_{CC}^2}{2R_L}$

$$P_{DC} = \frac{V_{CC}}{\pi}\int_0^{\pi} kI_{CM}\sin\theta\,d\theta = \frac{2kV_{CC}^2}{\pi R_L}$$
$$P_C = P_{DC} - P_L = \frac{V_{CC}^2}{R_L}\left(\frac{2k}{\pi} - \frac{k^2}{2}\right)$$
$$\frac{\partial P_C}{\partial k} = \frac{V_{CC}^2}{R_L}\left(\frac{2}{\pi} - k\right) = 0$$

より，$k = \dfrac{2}{\pi}$ のとき P_C は最大となり

問題解答　　　245

$$P_{Cm} = \frac{V_{CC}{}^2}{R_L}\left\{\left(\frac{2}{\pi}\right)^2 - \frac{1}{2}\left(\frac{2}{\pi}\right)^2\right\} = \frac{2V_{CC}{}^2}{\pi^2 R_L}$$

最大出力電力は $P_{Lm} = \dfrac{V_{CC}{}^2}{2R_L}$ であるから $\dfrac{P_{Cm}}{P_{Lm}} \approx \dfrac{4}{\pi^2} \approx 0.4 = 40\%$

6・12　図 6·31 では，最大コレクタ損失（2 本分）は，最大出力の 4 倍であるのに対し，図 6·32 では 0.4 倍であるから，B 級 p–p の方が 10 倍出力を多く出せる．

第 7 章

【問 7・1】　$GB = 1\,\mathrm{MHz}$

【問 7・2】　ナレータ・ノレータ表示**解図 24** で，$v = 0$ であるから，$i_1 = \dfrac{v_1}{Z_1}$．ナレータの電流は零であるから，i_1 はすべて Z_2 を流れる．出力電圧 v_o は $v_o = -Z_2 i_1 = -\dfrac{Z_2}{Z_1}v_1$ となり，式 (7·5) が得られた．

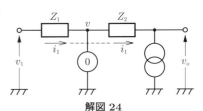

解図 24

【問 7・3】　式 (7·12) より，

$$f = \frac{SR}{2\pi V_m} = \frac{SR}{\pi V_{pp}} = 31.8\,\mathrm{kHz}$$

また

$$V_m = \frac{SR}{2\pi f} = 8\,\mathrm{V} = 16\,\mathrm{V_{p\text{-}p}}$$

【問 7・4】　式 (7·24) より，$f_c{}' = \dfrac{GB}{G_0} = 50\,\mathrm{kHz}$

【問 7・5】　図 7·12 で $R_1 = 5\,\mathrm{k\Omega}$，$R_2 = 20\,\mathrm{k\Omega}$，$R_3 = 15\,\mathrm{k\Omega}$，$R_4 = 10\,\mathrm{k\Omega}$ とすればよい（比が等しければ他の数値でもよい）．

【問 7・6】　式 (7·49) より $\alpha R I_S = V_1$ のとき $V_o = 0$ となるから

$$R = \frac{V_1}{\alpha I_S} = \frac{0.01\,\mathrm{V}}{10^{-7}\,\mathrm{A}} = 100\,\mathrm{k\Omega}$$

とすればよい．このとき，$V_o = -2.3\dfrac{kT}{q}\log\dfrac{V_1}{0.01} = 0.06\log\dfrac{V_1}{0.01}$ であるから，V_1 が 10 倍毎に V_0 は 60 mV 変化する．

【問 7・7】　**解図 25** に例を示す．

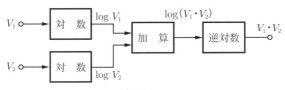

解図 25

演習問題

7・1 解図 26 の等価回路より，次式を得る．

$$i_1 = \frac{v_1}{R_1}$$

$$v = -\frac{R_2}{R_1}v_1$$

$$i_2 = \frac{v}{ar}$$

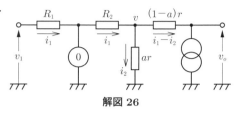

解図 26

よって出力電力は

$$v_o = v - (1-a)r(i_1 - i_2) = -\frac{R_2}{R_1}\left\{\frac{1}{a} + (1-a)\frac{r}{R_2}\right\}v_1$$

$R_2 \gg r$ とすると $G = -\dfrac{R_2}{aR_1}$ $(0 \leq a \leq 1)$

7・2 7.1 と全く同一の等価回路となり，$G = \dfrac{v_o}{v_1} = -\dfrac{1}{R_1}\left\{R_2 + R_4\left(1 + \dfrac{R_2}{R_3}\right)\right\}$ となる．

$R_1 = 10\,\text{k}\Omega$, $G = -1\,000$ とすると，$R_2 = 100\,\text{k}\Omega$, $R_3 = 1.02\,\text{k}\Omega$, $R_4 = 100\,\text{k}\Omega$ が得られる（自由度が一つ多いため，他にも解がある）．

7・3 解図 27 の等価回路を用いると，次のようになる．ナレータの電圧は零であるから，R_3 の電圧も V_1 となり，$I_3 = \dfrac{V_1}{R_3}$．したがって

$$V_N = (R_2 + R_3)I_3 = \left(1 + \frac{R_2}{R_3}\right)V_1$$

よって入力電流は

$$I_1 = I_2 = \frac{V_1 - V_N}{R_1} = -\frac{R_2}{R_1 R_3}V_1 \quad \therefore\quad G_i = \frac{I_1}{V_1} = -\frac{R_2}{R_1 R_3}$$

となり，負の値を有する抵抗（これを**負性抵抗**という）が得られる．

7・4 解図 28 の通り．

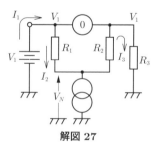

解図 27

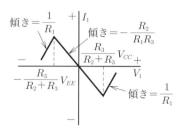

解図 28

7・5 7・3 と全く同様な手順で求めることができ，$Z_i = j\omega \dfrac{C_2 R_1 R_3 R_5}{R_4}$ となり，インダクタンスが実現できる．

7・6 図 7・12 で $R_1 = R_3 \to R$, $R_2 = R_4 \to \dfrac{1}{j\omega C}$, $v_1 = 0$ とした回路が図 7・33 であるから，式（7・32）を用いて

$$v_o = \frac{1}{j\omega CR}v_1 = \frac{1}{CR}\int v_1\, dt$$

となる．

7・7 V_1 が正の側を考える．$0 \leq V_1 < 0.6\,\text{V}$ ではすべてのダイオードはオフであるから，$V_o = 0$，$0.6\,\text{V} \leq V_1 < 1.6\,\text{V}$ では，D_1 が導通し，$V_o = -\dfrac{R_f}{R_1}V_1 = -1.2V_1$，$1.6\,\text{V} \leq V_1 < 2.6\,\text{V}$ では D_1, D_2 が導通し，$V_o = -\dfrac{R_f}{R_1 /\!/ R_2}V_1 = -3.4V_1$．$2.6\,\text{V} \leq V_1$ では D_1, D_2, D_3 が導通し，$V_o = -\dfrac{R_f}{R_1 /\!/ R_2 /\!/ R_3}V_1 = -8.0V_1$．$V_1$ の負側も同様である．V_1-V_o 特性は **解図 29** のように，ほぼ $V_o = -\dfrac{1}{4}V_1{}^3$ を近似している．

解図 29

7・8 減算回路の変形と考えれば 7・3・2 項の解析と同様にして，

$$G = \frac{v_o}{v_1} = \frac{R_5(R_2 + R_3)}{R_2(R_4 + R_5)} - \frac{R_3 R_4}{R_1(R_4 + R_5)}$$

が得られる．

7・9 式（7・31）で，$R_2 \to R_1$, $R_3 \to R_2$, $R_4 \to \dfrac{1}{j\omega C}$, $v_1 = v_2$ とすれば，図 7・36 が得られるから，$G(j\omega) = \dfrac{1 - j\omega C R_2}{1 + j\omega C R_2}$ となる．よって

$$|G(j\omega)| = 1, \quad \angle G(j\omega) = -2\tan^{-1}\omega C R_2$$

となる．振幅一定で，位相だけを遅らせる回路である．

第 8 章

【問 8・1】 $R_1 = R_2 = 10\,\text{k}\Omega$, $C_1 = C_2 = 0.0159\,\mu\text{F}$ ($CR = \dfrac{1}{2\pi f}$ が成立すればよいので解は無数にある)．$R_a = 10\,\text{k}\Omega$, $R_b = 21\,\text{k}\Omega$ $\left(1 + \dfrac{R_b}{R_a} \geq 3\ を満たせばよい\right)$．

【問 8・2】 $LC = \left(\dfrac{1}{2\pi f}\right)^2$ より，$L = 1\,\mu\text{H}$ とすると，$C = 253\,\text{pF}$ となる．電力条件 $g_m r_d \geq n$ より $n \leq 100$．

【問 8・3】 式 (8·40) より $I_0 = 4V_{BE}Cf$ であるから, $f = 3 \sim 5\,\mathrm{MHz}$ では $I_0 = 0.72 \sim 1.2\,\mathrm{mA}$ とすればよい. 式 (8·41) より $V_C = I_0R_E + V_{BE} = 1.32 \sim 1.8\,\mathrm{V}$ の範囲で V_C を変化させればよい.

演 習 問 題

8・1 演算増幅器の入力で回路を切り離し, ループ利得を求めると

$$AH = \frac{A}{1 + \dfrac{C_1R_1}{C_2R_2} + \dfrac{R_1}{R_2} + sC_1R_1 + \dfrac{1}{sC_2R_2}}$$

となる. ただし $s = j\omega$ とする. これより

周波数条件: $\omega = \dfrac{1}{\sqrt{C_1C_2R_1R_2}}$

電力条件: $A = 1 + \dfrac{R_b}{R_a} \geq 1 + \dfrac{C_1R_1}{C_2R_2} + \dfrac{R_1}{R_2}$

を得る.

8・2 ループ利得は

$$AH = \frac{-\mu}{(j\omega CR)^3 + 5(j\omega CR)^2 + 6j\omega CR + 1}$$

よって周波数条件は, $6\omega CR - \omega^3 C^3 R^3 = 0$ より $\omega = \dfrac{\sqrt{6}}{CR}$. 電力条件は, $\dfrac{-\mu}{1 - 5\omega^2 C^2 R^2} \geq 1$ より $\mu \geq 29$.

8・3 解図 30 の等価回路の×点部分で回路を開きループ利得を求めると, $s = j\omega$ として

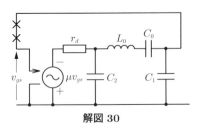

解図 30

$$AH = \frac{-\mu}{s^3L_0C_1C_2r_d + s^2L_0C_1 + sr_d\left(C_1 + C_2 + \dfrac{C_1C_2}{C_0}\right) + 1 + \dfrac{C_1}{C_0}}$$

を得る. これより

周波数条件: $-\omega^3 L_0 C_1 C_2 r_d + \omega r_d\left(C_1 + C_2 + \dfrac{C_1C_2}{C_0}\right) = 0$

より

$$\omega = \frac{1}{\sqrt{L_0\dfrac{C_0C}{C_0+C}}} \quad \left(\text{ただし,}\ C = \frac{C_1C_2}{C_1+C_2}\right)$$

$C \gg C_0$ とすると $\omega \approx \dfrac{1}{\sqrt{L_0C_0}}$. また

電力条件：$\mu \geq \omega^2 L_0 C_1 - 1 - \dfrac{C_1}{C_0} = \dfrac{C_1}{C_2}$

8・4 8・3 と同様の考え方により，発振周波数は，C_C と水晶振動子が直列共振する周波数で決定されるから，$\dfrac{1}{j\omega C_C} + \dfrac{1}{j\omega C_0 + \dfrac{1}{j\omega L_s + \dfrac{1}{j\omega C_s}}} = 0$ を解くと

$$\omega = \dfrac{1}{\sqrt{L_s C_s}}\sqrt{1 + \dfrac{C_s}{C_0 + C_C}}$$

が得られ，C_C により発振周波数を可変できる．

8・5 等価回路は，図 8・5（b）で L_2 に直列に r を接続した形であるから，ループ利得は式 (8・19) で $j\omega L_2 \to j\omega L_2 + r$ と置き換えれば得られ

$$AH = \dfrac{-g_m r_d}{1 + j\omega C_3(j\omega L_2 + r) + j\omega r_d\{C_1 + C_3 + j\omega C_1 C_3(j\omega L_2 + r)\}}$$

$\mathrm{Im}(AH) = 0$ より周波数条件は $\omega = \sqrt{\dfrac{C_3 r + (C_1 + C_3)r_d}{L_2 C_1 C_3 r_d}}$ となり発振周波数はトランジスタのパラメータに依存する．また $\mathrm{Re}(AH) \geq 1$ より電力条件は

$$g_m r_d = \mu \geq \dfrac{C_3}{C_1}\left(1 + \dfrac{r}{r_d}\right) + \dfrac{r}{L_2}\{C_3 r + (C_1 + C_3)r_d\}$$

8・6 ループ利得を求めると，次のようになる．

$$AH = -g_m r_d / \{s^4 C_1 C_3 L_x L_2 + s^3 C_1 C_3 (L_x r + L_2 r_d)$$
$$+ s^2 (C_1 C_3 r_d r + L_x C_1 + L_x C_3 + L_2 C_3) + s(C_1 r_d + C_3 r + C_3 r_d) + 1\}$$

ただし，$s = j\omega$ とする．周波数条件は $(C_1 + C_3)r_d - \omega^2 C_1 C_3 L_2 r_d + r(C_3 - \omega^2 C_1 C_3 L_x) = 0$ となり，$L_x = \dfrac{1}{\omega^2 C_1}$ と定めれば，発振周波数 $\omega = \sqrt{\dfrac{C_1 + C_3}{L_2 C_1 C_3}}$ となり，r_d に無関係となる．この周波数を代入すると，$L_x = \dfrac{C_3}{C_1 + C_3} L_2$．これを**リアクタンス安定化法**という．

第9章
演 習 問 題

9・1 式 (9・11) より，搬送波，側帯波の電圧の最大値は，V_m，$\dfrac{mV_m}{2}$ であるから，電力比は

$$(V_m)^2 : \left(\dfrac{mV_m}{2}\right)^2 = 1 : \dfrac{m^2}{4}$$

9·2 $v_s(t)$ と $v_0(t)$ の積を求め，片側帯波を取り出すと

$$\begin{aligned}
v_{\mathrm{SSB}}(t) &= \frac{V}{2}\{\cos(\omega_0 + \omega_1)t + \cos(\omega_0 + \omega_2)t\} \\
&= V\cos\frac{\omega_1 - \omega_2}{2}t\cos\left(\omega_0 + \frac{\omega_1 + \omega_2}{2}\right)t \\
&\approx V\cos\frac{\omega_1 - \omega_2}{2}t\cos\omega_0 t
\end{aligned}$$

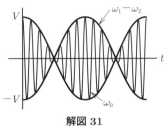

解図 31

となり，波形は**解図 31** となる．

9·3 $(v_{am}(t))^2 = V_m{}^2(1 + m\cos\omega_s t)^2\cos^2\omega_0 t$

$$= \frac{V_m{}^2}{2}(1 + 2m\cos\omega_s t + m^2\cos^2\omega_s t)(1 + \cos 2\omega_0 t)$$

$$= \frac{V_m{}^2}{2}(1 + 2m\cos\omega_s t + m^2\cos^2\omega_s t + \cos 2\omega_0 t + \cdots)$$

より，第 2 項が変調波成分である．第 3 項は，変調波の第 2 高調波成分となる．

9·4 搬送波の周波数のずれを $\Delta\omega$ とすると，図 9·13 の復調出力は，$v_{\mathrm{out}}(t) = kV_s\cos(\omega_s + \Delta\omega)t$ となり $\Delta\omega$ だけ周波数が移動した出力となる．

9·5 搬送波が図 9·24 に示す符号の半サイクルでは，D_1, D_2 が導通し，また反対の半サイクルでは D_3, D_4 が導通する．この動作により出力には，変調波が搬送波の周波数で正負に反転した**解図 32** の波形となる．

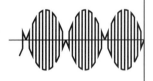

解図 32

9·6 $v_{pm}(t) = V_0\cos(\omega_0 t + \Delta\phi\cos\omega_s t)$

$$= V_0[\cos\omega_0 t\cos(\Delta\phi\cos\omega_s t)$$

$$- \sin\omega_0 t\sin(\Delta\phi\cos\omega_s t)]$$

$$\approx V_0(\cos\omega_0 t - \Delta\phi\cos\omega_s t\sin\omega_0 t)$$

となり，搬送波を $V_0\sin\omega_0 t$，変調波を $\Delta\phi V_0\cos\omega_s t$ とすれば，図 9·25 で実現できる．図 9·25 では加算後の出力は振幅変調分が残るため振幅制限回路を設けてある．

9·7 式 (9.24), (9.31) を比較すると，変調波を時間で積分して位相変調を行うと，周波数変調波となるから，図 9·25 の平衡変調の前に，変調波を積分する積分回路を接続すればよい．

索　引

ア　行

アイソレーション（isolation）……………145
アクセプタ（accepter）………………………21
アームストロング回路（Armstrong modulator）……………………………216
アーリー効果（Early effect）………………46
アーリー電圧（Early voltage）……………39
安定化リアクタンス（stabilizing reactance）……………………………196
安定指数（stability factor）…………………58

位相遅れ補償（phase lag compensation）………………………113
位相進み補償（phase lead compensation）……………113, 115
位相同期ループ（phase locked loop）……191
位相変調（phase modulation）……197, 207
位相補償（phase compensation）…111, 113
移動度（mobility）……………………………22
インピーダンス整合（impedance matching）………………………………2

ウィーンブリッジ発振回路（Wienbridge oscillator）………………………………180

エバース・モルのモデル（Ebers-Moll model）……………………………219
エピタキシャル成長（epitaxial growth）…148
エミッタ接地基本増幅回路………………………67
エミッタ接地電流増幅率……………………39
エミッタ接地 T 形等価回路…………………47
エミッタ注入効率（emitter injection efficiency）……………………………33
エミッタピーキング（emitter peaking）……96
エミッタフォロワ（emitter follower）………69
演算増幅器（operational amplifier）……153

エンハンスメント形 MOSFET（enhancement-mode MOSFET）………………………41
オフセット（offset）…………………………156

カ　行

外部補償形演算増幅器………………………174
開放電圧………………………………………2
拡散（diffusion）……………………………23
拡散長（diffusion length）…………………24
拡散定数（diffusion constant）……………23
拡散方程式……………………………………24
拡散窓…………………………………………147
拡散容量（diffusion capacitor）……………86
重ねの理（principle of superposition）……7
加算回路（adder）…………………………162
カスコード増幅回路（cascode amplifier）…83
下側帯波（lower side band）………………198
可変容量ダイオード…………………188, 209
可変利得逆相増幅回路………………………175
カレントミラー回路（current mirror circuit）………………………126, 128
緩衝増幅器（buffer）…………………………73

帰還回路（feedback circuit）………………99
起電力（electromotive force）………………2
基板ゲート（substrate gate）………………41
基板 pnp トランジスタ（substrate pnp transistor）……………………………146
逆相増幅回路（negative gain amplifier）……………………69, 158
逆相入力端子（inverting input terminal）……………………………153
逆対数変換回路（anti-log amplifier）……169
逆方向バイアス………………………………28
キャプチャレンジ（capture range）………192
キャリア（carrier）…………………………18

共役整合 ·················· 225

空乏層（depletion layer）········ 25, 35
クラップ発振回路（Clapp oscillator）······ 187
クロスオーバひずみ ·················· 144
クワッドラチャ検波回路（quadrature
 detector）·················· 212

結合コンデンサ（coupling capacitor）······· 77
ゲート接地基本増幅回路 ·················· 75
減算回路（subtractor）·················· 162

高域しゃ断周波数 ·················· 90
高周波等価回路 ·················· 85
広帯域増幅回路（wide band amplifier）····· 95
高入力インピーダンス差動増幅回路 ······· 163
高利得増幅回路 ·················· 128
交流等価回路 ·················· 44
高 CMRR 差動増幅回路 ·················· 122
固定バイアス回路 ·················· 62
固有電位障壁（built-in potential）·········· 25
コルピッツ発振回路（Colpitts
 oscillator）·················· 184
コレクタ埋め込み層 ·················· 146
コレクタしゃ断電流 ·················· 32
コレクタ接地基本増幅回路 ·················· 69
コレクタ増倍係数（collector multiplication
 factor）·················· 34
コレクタ損失 ·················· 140
コンプリメンタリ対（complementary
 pair）·················· 144

サ 行

再結合（recombination）·················· 19
最大角周波数偏移 ·················· 205
最大許容コレクタ損失 ·················· 139
最大許容コレクタ電圧 ·················· 139
最大許容コレクタ電流 ·················· 139
差動出力（differential output）······· 127
差動増幅回路（differential
 amplifier）·················· 119, 163
差動利得（differential mode gain）·· 121, 153

しきい電圧（threshold voltage）······· 41

自己バイアス回路 ·················· 63
指数変換 ·················· 169
集積回路（integrated circuit）······ 117, 145
縦続接続（cascade connection）·················· 77
従属電源（controlled source）·················· 5
自由電子（free electron）·················· 18
周波数シンセサイザ（frequency
 synthesizer）·················· 194
周波数変調（frequency modulation）······ 197
出力インピーダンス（output impedance）·· 65
瞬時角周波数（instantaneous angular
 frequency）·················· 205
順方向バイアス ·················· 28
乗算回路（multiplier）·················· 138
小信号等価回路（small signal equivalent
 circuit）·················· 45
上側帯波（upper side band）·················· 198
真性トランジスタ（intrinsic transistor）···· 85
真性半導体 ·················· 17
振幅圧縮回路 ·················· 170
振幅伸張回路 ·················· 171
振幅変調（amplitude modulation）······· 197

水晶振動子（crystal resonator）·············· 185
水晶発振回路（crystal oscillator）·············· 185
スーパーベータトランジスタ（super beta
 transistor）·················· 129
スルーレート（srew rate）·················· 157
スロープ検波（slope detector）·················· 210

正帰還（positive feedback）·················· 100
制御電源（controlled source）·················· 5
正孔（hole）·················· 18
正相増幅回路（positive gain
 amplifier）·················· 69, 159
正相入力端子（non-inverting input
 terminal）·················· 153
生存時間（life time）·················· 24
静特性 ·················· 35, 39
整流回路 ·················· 29
整流作用 ·················· 29
積分回路（integrator）·················· 165
絶縁体 ·················· 17

索　引

接合型 FET（junction field effect transistor）……39
接合面……25
接合容量（junction capacitor）……85
全域通過回路（all-pass circuit）……177
遷移周波数（transition frequency）……87
全波整流……228
占有帯域幅……198

相互コンダクタンス（mutual conductance）……5, 49
増幅回路の縦続接続……77
増幅回路の動作量……64
増幅度（amplification factor）……38
素子感度（element sensitivity）……101
ソース接地基本増幅回路……73

タ　行

帯域幅（band width）……92
ダイオード（diode）……29
ダイオードの交流等価抵抗……44
大信号増幅回路（large signal amplifier）……138
対数変換回路（logarithmic amplifier, log amplifier）……168
多段接続増幅回路……92
ダーリントン接続（Darlington connection）……130
単一出力差動増幅回路……127
単位利得周波数（unity gain frequency）……154
単側帯波（single side band）……200

チップ（chip）……145
チャネル（channel）……40
中域特性……235
中域利得……115
直流増幅回路（direct current amplifier）……131
直流電流源回路（dc current source）……124
直流等価回路……43
直流負荷線（dc load line）……55
直列–直列帰還（series-series feedback）……103, 104, 106
直列ピーキング（series peaking）……95

直列–並列帰還（series-parallel feedback）……104
直結増幅回路……93, 131

低域しゃ断周波数……91
低域特性……235
ディプレション形 MOSFET（depletion-mode MOSFET）……41
デシベル（decibel, dB）……9
テブナンの定理（Thevenin's theorem）……8
電圧安定指数……58
電圧源（voltage source）……1
電圧制御電圧源（voltage controlled voltage source, VCVS）……5
電圧制御電流源（voltage controlled current source, VCCS）……5
電圧制御発振回路（voltage controlled oscillator）……188
電圧増幅率（voltage amplification factor）……49
電圧フォロワ（voltage follower）……160
電圧利得（voltage gain）……65
電界効果トランジスタ（field effect transistor）……39
電源（source）……1
電流安定指数……58
電流源（current source）……1, 3
電流制御電圧源（current controlled voltage source, CCVS）……6
電流制御電流源（current controlled current source, CCCS）……6
電流増幅率（current amplification factor）……33
電流利得（current gain）……65
電力効率……140
電力条件……180
電力増幅回路……140
電力利得（power gain）……65

等価電源定理……9
等価電源表示……9
同期検波（synchronous detection）……204
動作点（operating point）……38, 53
動作量……65

同相除去比（common mode rejection ratio）……123, 154
同相入力成分……119
同相利得（common mode gain）……122, 153
同調形発振回路……183
導電率（conductivity）……22
独立電源（independent source）……1
ドナー（donor）……20
トランジスタ（transistor）……30
トランジスタの高周波等価回路……87
トランジスタの小信号等価回路……44
トランジスタの静特性……35
トランジスタの直流等価回路……43
トランジスタのバイアス回路……54
ドレイン接地基本増幅回路……74
ドレイン抵抗（drain resistance）……49

ナ　行

内部抵抗（internal resistance）……2
内部補償形演算増幅器……174
ナレータ（nullator）……60, 156

入力インピーダンス（input impedance）……65
入力オフセット電圧（input offset voltage）……157
入力オフセット電流（input offset current）……157
入力換算オフセット電圧……157

能動負荷（active load）……129
ノレータ（norator）……60, 156

ハ　行

バイアス（bias）……38
バイアス回路（bias circuit）……54
バイアス回路の温度補償……61
バイアス回路の簡易計算法……59
バイアスの安定度……57
バイパスコンデンサ（bypass capacitor）……67
ハイブリッドIC（hybrid integrated circuit）……145
ハイブリッドπ形等価回路（hybrid π equivalent circuit）……88

バイポーラトランジスタ（bipolar transistor）……30
波形変換回路……170
発振回路（oscillator）……179
発振条件……179
バッファ（buffer）……73, 160
ハートレー発振回路（Hartley oscillator）……184
搬送波（carrier）……197
反転増幅回路（inverting amplifier）……69
反転入力端子（inverting input terminal）……153
半導体（semiconductor）……17

ピーキング（peaking）……95
ピークディファレンシャル検波回路（peak differential detector）……211
非線形演算回路……166
非線形関数発生回路……173
ビート（beat）……200
非反転増幅回路（non-inverting amplifier）……69
非反転入力端子（non-inverting input terminal）……153
被変調波……198
ピンチオフ電圧（pinch-off voltage）……40
フォトマスク（photo mask）……148
フォトレジスト（photoresist）……148
負荷抵抗（load resistor）……55, 65
負帰還（negative feedback）……100
復調（demodulation）……197
復調回路……202, 210
不純物半導体……19
負性抵抗……225
プッシュプル回路（push-pull circuit）……142
フリーランニング周波数（free running frequency）……191

ペアトランジスタ……144
平衡変調回路……201
平衡変調波（balanced modulator）……198

索 引

並列–直列帰還（parallel-series feedback） ……………………104
並列ピーキング（parallel peaking）…………95
並列–並列帰還（parallel-parallel feedback） ……………………104, 108
ベース接地基本増幅回路 ……………………65
ベース接地高周波 T 形等価回路 ……………87
ベース接地低周波 T 形等価回路 ……………46
ベース接地電流増幅率 ……………………32
ベース蓄積電荷 ……………………34
ベース広がり抵抗（base diffused resistor） ……………………43
ベース変調回路 ……………………201
ベース輸送係数（base transport factor）…34
変調（modulation） ……………………197
変調指数 ……………………206
変調度（modulation factor） ……………199
変調波 ……………………197

包絡線検波回路（envelope detector）……202
飽和電流（saturation current） ……………28
ボード線図（Bode diagram） ……………111
ホール（hole） ……………………18
ボルテージフォロワ（voltage follower）…160

マ 行

ミラー効果（Miller effect） ……………………89

モノリシック IC（monolithic integrated circuit） ……………………145

ヤ 行

有能電力（available power） ………………2
ユニティゲイン周波数（unity gain frequency） ……………………154
ユニポーラトランジスタ（unipolar transistor） ……………………42

横形 pnp トランジスタ（lateral pnp transistor） ……………………146

ラ 行

ラテラル pnp トランジスタ（lateral pnp transistor） ……………………146
リアクタンス安定化法 ……………………249
リアクタンストランジスタ（reactance transistor） ……………………207
理想演算増幅器（ideal operational amplifier） ……………………154
理想ダイオード（ideal diode） ……………171
理想電圧源（ideal voltage source） …………4
理想電源 ……………………4
理想電流源（ideal current source） …………4
理想トランジスタ（ideal transistor）………59
利得帯域幅積（gain-band width product） ……………………154, 161
両側帯波（double side band） ……………197
リング変調回路（ring modulator）………215

ループ利得（loop gain） ……………………102

零レベル検出回路（zero level detector）…171
レベルシフト（level shift） ………………132

ロックレンジ（lock range） ………………192

英 数 字

A 級電力増幅回路 ……………………140
B 級プッシュプル電力増幅回路 …………142
C 級電力増幅回路 ……………………145
CMRR（common mode rejection ratio） ……………………123, 154
DSB 波（double side band） ……………197
FET（field effect transistor） ……………39
FET の高周波等価回路 ……………………88
FET の小信号等価回路 ……………………49
FET のバイアス回路 ……………………62
GB 積（gain-bandwidth product）………154
h パラメータ（hybrid parameter）………48
IC（integrated circuit） ……………117, 145
LC 発振回路（LC oscillator）……………182
MOS（metal oxide semiconductor）………41
MOSFET ……………………41

n 形半導体 (n-type semiconductor) ……… 19
p 形半導体 (p-type semiconductor) ……… 20
PLL (phase lock loop) ‥188, 191, 202, 214
pn 接合 (pn junction) ……………………… 25
pn 接合ダイオード ………………………… 29
RC 移相形発振回路 (RC phase shift oscillator) ………………………………… 181
RC 結合増幅回路 ………………………… 77
RC 発振回路 (RC oscillator) …………… 180
SPICE ……………………………………… 220

SSB 波 (single side band wave) ………… 200
T 形等価回路 ……………………………… 46
VCO (voltage controlled oscillator) …… 188
α-しゃ断周波数 (α-cutoff frequency) …… 87

1 電源バイアス回路 ……………………… 56
2 乗検波回路 (square-law detector) …… 202
2 電源バイアス回路 ……………………… 55

〈著者略歴〉

藤井信生（ふじい　のぶお）

工学博士
1966年　慶應義塾大学工学部電気工学科卒業
1971年　東京工業大学大学院博士課程修了
現　在　東京工業大学名誉教授

- 本書の内容に関する質問は，オーム社ホームページの「サポート」から，「お問合せ」の「書籍に関するお問合せ」をご参照いただくか，または書状にてオーム社編集局宛にお願いします。お受けできる質問は本書で紹介した内容に限らせていただきます。なお，電話での質問にはお答えできませんので，あらかじめご了承ください。
- 万一，落丁・乱丁の場合は，送料当社負担でお取替えいたします。当社販売課宛にお送りください。
- 本書の一部の複写複製を希望される場合は，本書扉裏を参照してください。

JCOPY ＜出版者著作権管理機構　委託出版物＞

アナログ電子回路（第2版）
―集積回路化時代の―

2014 年 3 月 1 日　　第 1 版第 1 刷発行
2019 年 10 月 5 日　　第 2 版第 1 刷発行
2025 年 1 月 20 日　　第 2 版第 6 刷発行

著　　者　藤井信生
発行者　村上和夫
発行所　株式会社オーム社
　　　　郵便番号　101-8460
　　　　東京都千代田区神田錦町 3-1
　　　　電話　03(3233)0641(代表)
　　　　URL　https://www.ohmsha.co.jp/

© 藤井信生 2019

印刷・製本　三美印刷
ISBN978-4-274-22432-4　Printed in Japan

関連書籍のご案内

基本を学ぶ シリーズ

基本事項をコンパクトにまとめ，
親切・丁寧に解説した新しい教科書シリーズ！

主に大学、高等専門学校の電気・電子・情報向けの教科書としてセメスタ制の1期（2単位）で学習を修了できるように内容を厳選。

シリーズの特長

◆電気・電子工学の技術・知識を浅く広く学ぶのではなく、専門分野に進んでいくために「本当に必要な事項」を効率良く学べる内容。

◆「です、ます」体を用いたやさしい表現、「語りかけ」口調を意識した親切・丁寧な解説。

◆「吹出し」を用いて図中の重要事項をわかりやすく解説。

◆各章末には学んだ知識が「確実に身につく」練習問題を多数掲載。

基本を学ぶ **回路理論**

●渡部 英二 著　●A5判・160頁　●定価(本体2500円【税別】)

主要目次
1章　回路と回路素子／2章　線形微分方程式と回路の応答／3章　ラプラス変換と回路の応答／4章　回路関数／5章　フーリエ変換と回路の応答

基本を学ぶ **信号処理**

●浜田 望 著　●A5判・194頁　●定価(本体2500円【税別】)

主要目次
1章　信号と信号処理／2章　基本的信号とシステム／3章　連続時間信号のフーリエ解析／4章　離散時間フーリエ変換／5章　離散フーリエ変換／6章　高速フーリエ変換／7章　z変換／8章　サンプリング定理／9章　離散時間システム／10章　フィルタ／11章　相関関数とスペクトル

基本を学ぶ **コンピュータ概論**（改訂2版）

●安井 浩之　木村 誠聡　辻 裕之　共著　●A5判・212頁　●定価(本体2500円【税別】)

主要目次
1章　コンピュータシステム／2章　情報の表現／3章　論理回路とCPU／4章　記憶装置と周辺機器／5章　プログラムとアルゴリズム／6章　OSとアプリケーション／7章　ネットワーク／8章　セキュリティ

もっと詳しい情報をお届けできます。
○書店に商品がない場合または直接ご注文の場合は右記宛にご連絡ください。

ホームページ　https://www.ohmsha.co.jp/
TEL／FAX　TEL.03-3233-0643　FAX.03-3233-3440

(定価は変更される場合があります)

新インターユニバーシティシリーズ のご紹介

- 全体を「共通基礎」「電気エネルギー」「電子・デバイス」「通信・信号処理」「計測・制御」「情報・メディア」の6部門で構成
- 現在のカリキュラムを総合的に精査して，セメスタ制に最適な書目構成をとり，どの巻も各章1講義，全体を半期2単位の講義で終えられるよう内容を構成
- 実際の講義では担当教員が内容を補足しながら教えることを前提として，簡潔な表現のテキスト，わかりやすく工夫された図表でまとめたコンパクトな紙面
- 研究・教育に実績のある，経験豊かな大学教授陣による編集・執筆

●── 各巻 定価（本体2300円【税別】）

確率と確率過程
武田 一哉 編著 ■A5判・160頁

【主要目次】 確率と確率過程の学び方／確率論の基礎／確率変数／多変数と確率分布／離散分布／連続分布／特性関数／分布限界，大数の法則，中心極限定理／推定／統計的検定／確率過程／相関関数とスペクトル／予測と推定

無線通信工学
片山 正昭 編著 ■A5判・176頁

【主要目次】 無線通信工学の学び方／信号の表現と性質／狭帯域信号と線形システム／無線通信路／アナログ振幅変調信号／アナログ角度変調信号／自己相関関数と電力スペクトル密度／線形ディジタル変調信号の基礎／各種線形ディジタル変調方式／定包絡線ディジタル変調信号／OFDM通信方式／スペクトル拡散／多元接続技術

インターネットとWeb技術
松尾 啓志 編著 ■A5判・176頁

【主要目次】 インターネットとWeb技術の学び方／インターネットの歴史と今後／インターネットを支える技術／World Wide Web／SSL／TTS／HTML，CSS／Webプログラミング／データベース／Webアプリケーション／Webシステム構成／ネットワークのセキュリティと心得／インターネットとオープンソフトウェア／ウェブの時代からクラウドの時代へ

メディア情報処理
末永 康仁 編著 ■A5判・176頁

【主要目次】 メディア情報処理の学び方／音声の基礎／音声の分析／音声の合成／音声認識の基礎／連続音声の認識／音声認識の応用／画像の入力と表現／画像処理の形態／2値画像処理／画像の認識／画像の生成／画像応用システム

電子回路
岩田 聡 編著 ■A5判・168頁

【主要目次】 電子回路の学び方／信号とデバイス／回路の働き／等価回路の考え方／小信号を増幅する／組み合わせて使う／差動信号を増幅する／電力増幅回路／負帰還増幅回路／発振回路／オペアンプ／オペアンプの実際／MOSアナログ回路

ディジタル回路
田所 嘉昭 編著 ■A5判・180頁

【主要目次】 ディジタル回路の学び方／ディジタル回路に使われる素子の働き／スイッチングする回路の性能／基本論理ゲート回路／組合せ論理回路（基礎／設計）／順序論理回路／演算回路／メモリとプログラマブルデバイス／A-D，D-A変換回路／回路設計とシミュレーション

電気エネルギー概論
依田 正之 編著 ■A5判・200頁

【主要目次】 電気エネルギー概論の学び方／限りあるエネルギー資源／エネルギーと環境／発電機のしくみ／熱力学と火力発電のしくみ／核エネルギーの利用／力学的エネルギーと水力発電のしくみ／化学エネルギーから電気エネルギーへの変換／光から電気エネルギーへの変換／熱エネルギーから電気エネルギーへの変換／再生可能エネルギーを用いた種々の発電システム／電気エネルギーの伝送／電気エネルギーの貯蔵

システムと制御
早川 義一 編著 ■A5判・192頁

【主要目次】 システム制御の学び方／動的システムと状態方程式／動的システムと伝達関数／システムの周波数特性／フィードバック制御系とブロック線図／フィードバック制御系の安定解析／フィードバック制御系の過渡特性と定常特性／制御対象の同定／伝達関数を用いた制御系設計／時間領域での制御系の解析・設計／非線形システムとファジィ・ニューロ制御／制御応用例

もっと詳しい情報をお届けできます。
※書店に商品がない場合または直接ご注文の場合も右記宛にご連絡ください。

| ホームページ | https://www.ohmsha.co.jp/ |
| TEL／FAX | TEL.03-3233-0643　FAX.03-3233-3440 |

(定価は変更される場合があります)